南方河流生态廊道保护与修复研究

中水珠江规划勘测设计有限公司

施　晔　王丽影　谢海旗　韩妮妮　等著

黄河水利出版社

·郑州·

内 容 提 要

本书以南方河流生态廊道为研究对象,面向当前国家水网建设及生态保护与修复需求,对南方河流生态廊道的基本理论、保护与修复综合技术等内容分别进行研究,并以东江等南方河流作为典型案例,提出了南方河流生态廊道保护与修复的基本框架体系及具体内容。

本书可供从事水资源保护、水环境治理、水生态保护与修复、河流健康评价等相关专业的科研与管理人员、高等院校相关专业师生阅读参考。

图书在版编目(CIP)数据

南方河流生态廊道保护与修复研究. 施晔等著. —
郑州:黄河水利出版社,2023.3
ISBN 978-7-5509-3524-2

Ⅰ.①南… Ⅱ.①施… Ⅲ.①河流-生态环境建设-研究-中国 ②河流-生态恢复-研究-中国 Ⅳ.
①X321.2②X522.06

中国国家版本馆 CIP 数据核字(2023)第 045122 号

组稿编辑 王志宽 电话:0371-66024331 E-mail:278773941@qq.com

责任编辑 景泽龙 责任校对 兰文峡
封面设计 黄瑞宁 责任监制 常红昕
出版发行 黄河水利出版社
地址:河南省郑州市顺河路 49 号 邮政编码:450003
网址:www.yrcp.com E-mail:hhslcbs@126.com
发行部电话:0371-66020550
承印单位 广东虎彩云印刷有限公司
开 本 787 mm×1 092 mm 1/16
印 张 15
字 数 350 千字
版次印次 2023 年 3 月第 1 版 2023 年 3 月第 1 次印刷
定 价 120.00 元

前　言

　　在人类社会发展历程中,河流承担着巨大的责任而又影响深远,其既是生命的摇篮、人与自然对话的纽带,也是城市的天然绿色轴线,更是各种文化流动的符号。人类对河流的认识和理解因时空不同而处于变化状态,河流也以各种方式一直不断地塑造人类社会,人与河流间关系的演变历程中潜藏着各种矛盾,从不同阶段的河流治理任务便可见一斑。综观整个治河史,近200年来,欧美国家走的是"先破坏再治理"的路线,从着手解决水质问题到恢复鱼类洄游通道,再到从控制洪水向管理洪水转变,历经几个重要转折;而国内对河流问题的认识则随着河流功能的改变而不断调整,从重水量、重水质,至重水景、重生态,再到推崇人水和谐共生,其间经历数千年之久。从治河患到兴水业的转变,折射出的是人类社会的发展历程,以及在不同历史时期人类社会对水的需求侧重。而无论人水关系如何,河流一直都是我们赖以生存的根本,依然发挥着不可或缺的功能。

　　随着我国生态文明建设进程的加快,新时期河流被赋予了"幸福河"的功能定位,更为强调人民群众的获得感、幸福感和安全感,这其中凸显的是治水主要矛盾转化的时代背景。在新的背景下,国家从生态安全的角度提出了建设河流生态廊道的号召,要求以"山水林田湖草沙生命共同体"的系统治理思路为指导,因地制宜遵循河流近自然恢复的理念,通过建立河流生态廊道从河源到河口的事关保护与修复的成套技术体系,支撑河流生态系统稳定维持和生态功能提升,也为河流生态廊道建设及管理提供新思路,以积极探索区域生态文明建设的新模式,更为公众提供更多更好的滨水生态空间,满足人民对美好生态环境日益增长的需求。因此,这一系列的要求也直接催生了各地对河流生态廊道建设开展针对性的研究,并着手落实相关建设工作。

　　在我国,南北方因地理位置、地形地貌、气候特点及水热条件等条件不同,河流廊道的特性也互有差异。与北方相比,南方地区水量丰富、水网发达,河流生态廊道的结构更具复杂性,基底及斑块类型呈现多样化特点,生命共同体各要素之间的联系更加紧密。更为重要的是,南方地区本身孕育丰富的生态系统,当河流廊道遭受局部破坏时,丰富的雨热资源可快速恢复或生成新的生态系统,其调节恢复的稳定性较强。但是,近些年南方地区经济社会高速发展,受不合理开发模式和人为活动等因素影响,部分河流廊道出现了空间萎缩、环境恶化、调蓄涵养功能有所减弱等问题,影响区域生态功能的充分发挥,甚至对区域经济社会的发展也形成制约。而且目前我国针对河流生态廊道的研究还不系统,相关标准规范还未制定,实践指导性不足,管理经验也相对欠缺。因此,对照国家和地方关于生态廊道建设的具体要求,开展针对南方地区河流生态廊道的相关研究很有必要,涉及廊道的保护、修复及管理等工作任重道远。

　　本书以问题为导向,以南方河流生态廊道为研究对象,从基础理论、综合技术及典型案例等三部分开展研究。其中,基础理论篇重点就河流生态廊道的概念及内涵进行解析,并结合南方河流水系特点,分析南方河流生态廊道的特征、功能及廊道网络构建等内容,同时对廊道空间范围划分方法及功能完整性评价方法进行研究,为南方地区开展河流生态廊道建设工作提供理论基础。综合技术篇以河流生态廊道保护与修复技术类别展开,分别研究了水源涵养与水土保持、栖息地功能、水生态廊道、水文情势、水环境等方面的保护与修复技术。典型案例篇以东江、猫跳河、天沐河等为案例,对理论适用性进行分析,以期为南方地区开展河流生态廊道保护与修复工作提供指导。

本书各篇章撰写分工如下:第一篇第一章由施晔、韩妮妮、代晓炫撰写,第二章由施晔、王丽影、谢海旗撰写,第三章由王菲、仇永婷、胡和平撰写,第四章由韩妮妮、施晔、曹春顶撰写,第五章由王丽影、王春玲、郑志勤撰写;第二篇第一章由孙浩、陈浩翔、王贤平撰写,第二章由彭柯、郑志勤、杨秋佳撰写,第三章由孔兰、祝银、杨秋佳撰写,第四章由代晓炫、王旭伟、王春玲撰写,第五章由仇永婷、代晓炫、钟翠华撰写;第三篇第一章由韩妮妮、施晔、钟翠华撰写,第二章由王丽影、杨凤娟、郭川撰写,第三章由施晔、王春玲撰写。全书由施晔、孔兰统稿。

在本书构思及撰写过程中,得到了黎开志教授、蒋任飞教授、翁映标教授、肖许沐、黎新欣等的大力支持与帮助,在此深表谢意。

受时间和作者水平所限,本书难免存在不足之处,敬请广大读者批评指正。此外,本书中对于他人的论点和成果都尽量给予引证,如有不慎遗漏之处,恳请相关作者谅解。

作　者

2023 年 2 月

目　录

第一篇　基本理论篇

第一章　河流生态廊道

　　河流生态廊道是联系水、陆生态系统相互作用的纽带,对维持河流生态系统健康稳定有着非常重要的作用,更是区域生态安全保障的重要基石。本章在对廊道概念阐释的基础上,引出河流生态廊道的基本概念,并对其结构、分类、功能进行系统的分析。

第一节　廊道的基本概念

一、廊道的释义

　　廊,原意为房屋前檐伸出的部分,可避风雨、遮太阳的廊子,或者指有顶的过道,如长廊、走廊、画廊、游廊等。也有引申指"庑下,殿下外屋",古人常说的"廊庑""前廊后厦",即为前面有回廊、后面为房子的建筑形式。

　　道,原意为路、方向、途径,如道路、铁道、志同道合等;另引申指法则、规律、道理、道德、道义,如得道多助、道学、传道、医道等。

　　"廊道"分为两种含义:一种为具象的建筑附属结构;另一种为朝某个方向延伸的带状的、异于周边介质的空间范畴。本书所指的廊道,为第二种含义。

二、廊道的概念

　　廊道从建筑实物抽象成一种空间范畴概念后,常被用来描述异于周边介质的大尺度空间事物,例如:文化遗产廊道、城市交通廊道、河流廊道、城市通风廊道等。实质上,廊道是景观生态学中的一个概念,是指不同于周围景观基质的线状或带状景观要素。从这个意义上讲,道路、河流、绿化带、林荫带等都属于廊道。按形状来分,廊道又可分为线状廊道和带状廊道。线状廊道指全部由边缘物种构成的狭长条带,带状廊道指由较丰富的内部物种和边缘物种共同构成的较宽条带。下文以绿道、风景道、文化遗产廊道、城市交通廊道、城市通风廊道等为例,简述廊道的一般含义。

(一)绿道

　　绿道(greenway)一词最初起源于巴黎林荫道,是公园路(parkway)与绿带(greenbelt)两者的融合词,指用来连接各种线形开敞空间的总称,包括社区自行车道、城市滨水道、溪岸树荫步道、野生动物栖息地走廊等。Charles E. Little 在《美国的绿道》(*Greenway for American*)一书中首次提出了绿道的概念,认为绿道主要涵盖 5 种类型,即城市滨河绿道、游憩绿道、具有生态意义的自然廊道、风景和历史路线、全面的绿道系统或网络。19 世纪中期至 20 世纪中期,美国先后兴起出城市公园运动和开敞空间规划的浪潮,随后尝试将兴建的各类绿地空间进行贯通,形成了绿道的雏形。1865 年,美国公园规划师 Frederick Law Olmsted 在编制大学校园和邻近街区规划中最早提及"绿道"概念要素。20 世纪中后期,美国开始涌现了一批对绿道的规划设计和建设施工,1987 年美国总统委员会报告认为"绿道网络像一个巨大的循环系统,将城市和乡村紧密连接起来"。欧洲绿道建设在 20 世纪后半期进入加速阶段,1976 年以后英国伦敦在实施开敞空间规划期间提出了"绿链"(green chains)理念,德国建设了鲁尔工业区绿道,法国建设了卢瓦尔河流域绿道,斯洛文尼亚建设了卢布尔雅那环城绿道等。在亚洲地区,新加坡和日本在绿道建设方面起步较早,新加坡于 1991 年开始绿道建设的尝试,期望建立一个能将全国绿地和水体串联起来的绿色网络;日本陆续建设了具有代表意义的福冈市休闲绿道、龟户绿道公园,综合效果良好。

总体上,我国绿道建设起步较晚,2009 年广东省在国内最早开始了绿道网络建设的探索。2010 年广东省人民政府颁布了《珠江三角洲绿道网总体规划纲要》,提出绿道主要由"绿廊系统和人工系统"两部分构成,并统分为生态型绿道、郊野型绿道和都市型绿道 3 种类型,以及区域绿道、城市绿道和社区绿道 3 个等级,其中,人工系统又包括发展节点、慢行道、标识系统、基础设施和服务系统。自广东省推行后,全国各大城市也陆续开展了绿道建设实践,先后制定了绿道、慢行道的规划方案和建设任务。近些年来,我国各省(区、市)结合环境治理工作,也加快了绿道建设进程,城市绿道、自行车绿道、慢行绿道等各种类型的绿道建设里程大幅增加,大多数城市也制定了绿道建设专项规划,对区域绿道建设起到非常关键的指导作用。

(二)风景道

风景道(scenic byway)起源于美国,是在公园道、绿道基础上发展而来的,目前在国外已成为独立成熟的发展领域,与之相近的概念还有风景路(scenic roads)、风景公路(scenic highway)、风景线路(scenic routes)、自然风景路(natural beauty roads)、风景驾车道(scenic drive)等。关于风景道的概念,美国于 1930 年首次提出,并修建了著名的蓝岭风景道;1976 年,美国出台了《风景和休闲道路法案》,1991 年,又出台了《国家风景道法案》,规范了风景道的标准化建设内容,并从国家层面制定实施了"国家风景道计划",促成了泛美风景道、国家风景道和州级风景道体系的逐渐完善。20 世纪中期的欧洲出现了一大批具有典型代表意义的风景道,如德国的城堡之路、浪漫之路等。

我国关于风景道的建设起步较晚,总体上开始于 2000 年以后,小兴安岭风景观光道、鄂尔多斯风景道、福建宁德滨海风景道是国内早期风景道建设的代表。2016 年,国家发展改革委和国家旅游局联合印发的《全国生态旅游发展规划(2016—2025 年)》,首次在政府文件中提出了国家风景道的概念,并提出要"依托国家交通总体布局,按照景观优美、体验性强、距离适度、带动性大等要求,以国道、省道为基础,加强各类生态旅游资源的有机衔接,打造 25 条国家生态风景道"。全国各省(区、市)也相继出台了有关风景道建设的政策文件,并制定风景道旅游规划,最终也逐渐融入到各地的全域旅游规划体系。

(三)文化遗产廊道

遗产廊道(heritage corridor)理念源自美国 20 世纪 80 年代的大型线性文化景观保护,此理念以特定历史活动、文化事件为线索,把众多遗产单体串联成具有重要历史意义的廊道遗产区加以整体保护,因其具有的战略思维,目前越来越受到国际遗产保护界的关注。欧美国家的遗产廊道侧重点各不相同,美国早期的遗产廊道以运河类遗产廊道为主,如伊利诺伊和密歇根运河、美国黑石河峡谷等遗产廊道;欧洲则是重在践行文化线路(cultural route),如圣奥拉夫之路、维京线路等。

根据我国对"文化遗产廊道"理论研究成果的系统总结,将"文化遗产廊道"理论定义为:在历史上曾经起过重要作用、具有突出的文化主题,其形式可以是道路或具有连贯性的线性文化遗存或条带状文化主题区域,并在遗产保护的基础上能够随着未来社会的发展,可以具有新的社会影响和社会经济带动作用的系统,其尺度大小主要为大尺度。

由于文化伴随着人类社会的演化发展,而人类在生活中常常优先选择河流、道路等便捷的地理与人文设施,因此文化遗产大多会呈现出带状的线性特征。总体上,我国具有这一线性特征的文化遗产资源非常丰富,以京杭大运河为代表的古运河、以茶马古道为代表的古道、丝绸之路、长城遗迹、红军长征路、京沈清文化廊道等,各类线性文化景观分布广泛,记录了中华文化的发展、演化等历史记忆,具有很高的文化价值。

1. 丝绸之路文化廊道

"丝绸之路"是指起始于古代中国,连接亚洲、欧洲和非洲的古代陆上商业贸易路线。狭义的丝绸之路一般指陆上丝绸之路,广义上讲又分为陆上丝绸之路和海上丝绸之路。

陆上丝绸之路是连接中国腹地与欧洲诸地的陆上商业贸易通道,形成于公元前2世纪与公元1世纪间,直至16世纪仍保留使用,是一条东方与西方之间经济、政治、文化进行交流的主要道路。其基本干道由汉武帝派张骞出使西域而形成,具体以西汉时期长安为起点(东汉时为洛阳),经河西走廊到敦煌。

2. 京杭大运河文化廊道

京杭大运河始建于春秋时期,是世界上里程最长、工程最大的古代运河,也是最古老的运河之一,与长城、坎儿井并称为中国古代的三项伟大工程,并且使用至今,是中国古代劳动人民创造的一项伟大工程,是中国文化地位的象征之一。京杭大运河是"中国第二条黄金水道",主要由人工河道、部分河流和湖泊共同组成。大运河南起余杭(今杭州),北到涿郡(今北京),途经今浙江、江苏、山东、河北四省及天津、北京两市,贯通海河、黄河、淮河、长江、钱塘江五大水系,主要水源为微山湖,大运河全长约1 797 km。大运河对中国南北地区之间的经济、文化发展与交流,特别是对沿线地区工农业经济的发展起到了巨大的作用。

大运河文化区域分七块:燕赵通惠文化区、北运河文化区、南运河文化区、齐鲁运河文化区、中运河文化区、里运河文化区、江南运河文化区(秦始皇在嘉兴境内开凿的一条重要河道,奠定以后江南运河走向)。据《越绝书》记载,秦始皇从嘉兴"治陵水道,到钱塘越地,通浙江"。京杭大运河文化是一种社会现象,是大运河自开凿以来长期创造形成的产物;又是一种历史现象,是运河流域社会历史的积淀物,其囊括了中国若干个朝代的政治、经济、军事等国家因素,也创造出流域多民族的历史、地理、风土人情、传统习俗、生活方式、文学艺术、行为规范、思维方式、价值观念等文化要素。

3. 滇藏茶马古道文化廊道

滇藏茶马古道大约形成于公元6世纪后期,它南起云南茶叶主产区思茅、普洱,中间经过今天的大理白族自治州和丽江地区、香格里拉,再进入西藏,直达拉萨。也有从西藏转入印度、尼泊尔的,是古代中国与南亚地区一条重要的贸易通道。

滇藏茶马古道是历史上纵贯我国西南边疆地区的民间贸易通道,也是汉、藏、纳西、白、彝等多民族文化传播与交流的走廊,在长期的历史进程中积淀了丰厚的文化内涵,是中华民族历史文化遗产的重要组成,是我国一项重要的大型线性文化遗产。

(四)城市交通廊道

城市交通廊道指的是在城市空间范围内,以交通为特定"关联关系"线,在与其关联的用地范围内,空间形态或功能呈现一定的同质性的带状空间。

城市交通廊道是城市空间的重要结构骨架。但目前国内学术界对于交通廊道的研究相对较少,研究多集中于城市交通自身。国内对于城市交通廊道的定义也不尽相同,周尚意等(2003)提出交通廊道是"区别于两侧建筑的空间",不仅具有联系各个城市空间的作用,也具有阻隔双侧空间沟通的作用;金广君等(2010)提出基于廊道的系统和关联特征针对城市廊道做出定义,认为城市廊道是在城市空间范围内存在的,由一种特定"关联关系"线为主导的带状空间,在这一空间范围内,其建筑形式及功能具有同质的特点。如果关联线的特征产生变化,其关联范围内的各内容均会发生改变,如空间形态特征、人口分布结构、空间范围内的经济效益等。

城市交通廊道对周边空间也产生一定影响,以香港地铁为例,香港地铁采取"地铁+物业"的综合开发模式,1980年开始建设。至今,其经过了"线跟人走"到"人跟线走"的时期,完成了从解决交通问题到强化人流的转变,转而带动城市发展,已发展成为世界上最为成功的城市交通廊道之一。香港交通廊道成功的主要原因就在于其"地铁+物业"的开发模式。该模式是由香港地铁公司推出的一种融资和开发模式,这种模式主要利用轨道交通的可达性提高周边土地价值,同时通过相关物业开发获利,来补贴地铁建设成本。香港地铁建设与城市规划是紧密结合的,结合地铁站点进行高强度开发,建设功能复合的地铁上盖物业,同时为地铁提供充足的客源。目前,香港地铁总共有 7 条线路以及 56 个站和 14 个转车站,实现以香港岛为核心的 0.5 h 生活圈。在交通站点 500 m 空间范围内,吸引了香港超过 50% 的人口、42% 的工作人员和 53% 的居住单元。

(五)城市通风廊道

城市通风廊道这一概念源于德国,它不是特指城市中某一标志,也不同于通常所说的绿道、生态廊道等,而是指在城市中具有一定宽度的空气流通通道。城市通风廊道是为实现城市整体空气流通,而整合城市气象要素及自然山水要素,结合城市生态规划、用地功能组织和开发强度分区,使城市中存在的开敞空间、生态绿地、河湖水系及城市低密度开发地带构成具有通风、排热、减污等复合功能的大尺度连续通道空间。

随着我国城市化进程的加快,城市大规模开发建设使得城市下垫面结构变得极为复杂,城市通风环境普遍呈现减弱趋势,引起的空气污染和城市热岛效应加剧,极端天气频发,严重影响市民的健康。因此,近年来国内关于"城市通风廊道"的研究主要围绕"对城市自然资源进行充分研究,让自然做功,发挥城市'风-热'资源的优势构建城市通风廊道"这一议题,即从城市整体尺度出发,研究如何使城市的"风-热"运动走向良性循环,为城市通风、降温、降污,从而改善整个城市的大气环境。

由以上不同类型廊道的概念可以总结得出,廊道是指不同于两侧基质的狭长地带;若按照景观生态学理解,廊道是线性的不同于两侧基质的狭长景观单元,具有通道和阻隔的双重作用,所有的景观都会被廊道分割,同时又被廊道连结在一起,其结构特征对一个景观的生态过程来说具有强烈的影响。

关于廊道的分类,按照功能划分,廊道可分为输水廊道、物流廊道、防御廊道、信息廊道、能量廊道等;按照组成内容划分,廊道可分为森林廊道、河流廊道、道路廊道等;按照结构与性质划分,廊道可分为线状廊道、带状廊道等。不同的划分方法,廊道的类型各不相同,综合功能也互有差异,本书讨论的廊道仅限于河流生态廊道。

第二节　河流生态廊道基本概念

一、生态廊道概念

在景观生态学中,廊道是指不同于周围景观基底的线状或带状景观要素,而生态廊道是指具有保护生物多样性、过滤污染物质、保持水土、防风固沙、调控洪水等生态服务功能的廊道类型,是支持生态系统运作的重要部分。

生态廊道相关的概念最早可追溯至1959年提出的绿道概念,当时为了服务于审美游憩,也为人们从工作居住环境进入绿地景观提供途径和保障而提出。因人类对自然的改造力度不断增强,导致景观破碎化以及物种数量逐渐减少,线性绿道被认为是解决这一生态问题的潜在途径。1975年,Wilson等在岛屿生物地理学和复合种群思想的基础上指出,利用廊道连接相互阻隔的生境斑块,以缓解生境破碎对生物生存所带来的威胁。廊道概念的提出开启了网络化保护的生物多样性保护模式。1983年,Forman提出“斑块—廊道—基底”的重要理论,指出廊道是空间中与相邻两侧环境不同的线性或带状结构,并于1995年提出运用该理论分析空间格局与生态系统的关系。至此,廊道概念被拓展至区域生态安全保护的生态结构范畴,并应用至娱乐、文化等多个方面。

而发生的由绿道向廊道,再向生态廊道的转变,则与人的生存环境变化以及人对自然环境需求的变化息息相关。随着人类活动的广泛影响,城乡结构发生改变,城市化的进程处于逐步加快的趋势。对于自然环境而言,也相应地出现了自然景观破碎化的格局变化,物种数量减少、死亡率增加及迁移率的下降,甚至引起了大范围的生物多样性降低与物种灭绝。缘于一般陆行野生动物觅食和栖息时通常要在不同时间里利用不同的斑块空间,因此由廊道把各生境“岛屿”连接在一起的意义十分重大。尤其是与较大自然斑块连接在一起后,可大幅度减少甚至消除景观破碎化对生物多样性的影响,从而更为有效地保护好野生动植物。

美国保护管理协会(Conservation Management Institute,USA)将生态廊道定义为“供野生动物使用的狭带状植被,通常能促进两地间生物因素的运动”,也正是表明,由最开始从人们审美和游憩功能提出的绿道,到结合生态保护需求而融入了廊道概念,再发展衍生出生态廊道的概念,偏重的是廊道所发挥的巨大的生态效益及功能。有学者提出生态廊道是既能很好地连接当地不同斑块、不同小种群,又能很好地改善斑块间特定物质的移动速度,还能在很大程度上降低种群风险的景观类型。20世纪90年代以来,生态廊道的生态功能愈发受到重视,基于生态要素所构成的生态廊道建设成为研究的新方向。

随着对生态廊道研究的发展,国际上用来描述景观连通性的概念还包括生态网络、景观连接带、生态基础设施等。虽然有学者对概念的来源和目的进行辨析,但普遍认同它们是指可以产生经济效益和生态效益的连通陆域和水域的通道,旨在通过对破碎景观的管理和规划,达到保护生物多样性、维持生态过程和生态功能的作用。

而总体上,当前全球都对生态环境保护日益重视,生态廊道的生态功能重要性也愈发显现,其概念体系也得到进一步的发展。目前学界普遍认为,生态廊道具有保护生物多样性、过滤污染物质、保持水土、防风固沙、调控洪水等生态服务功能,是支持生态系统运作的重要部分。

二、生态廊道的类型

根据空间尺度、结构、功能、基底及构建策略等要素进行划分,生态廊道可分为不同的类型,不同类型的生态廊道也客观反映了其系统的内部组成、空间形态和生态服务功能。

根据空间尺度大小,Ahern(1995)将生态廊道划分为市级廊道、省级廊道、地区级廊道、国家级廊道。根据结构不同,Forman(1986)将廊道分为线状廊道、带状廊道和河流廊道,其中,线状生态廊道是指全部由边缘种占优势的狭长条带;带状生态廊道是指有较丰富内部种的较宽条带;河流廊道是指河流两侧与环境基底相区别的带状植被,又称滨水植被带或缓冲带。根据功能不同,Little(1990)将廊道分为水系廊道、生态自然廊道和景观廊道等。基于生态廊道的结构和功能,郑好等(2019)将生态廊道归纳为生物多样性保护型、水资源保护型以及景观建设型廊道,其中,生物多样性保护型廊道主要功能为保护动植物资源,供生物在斑块间迁移和扩散,代表类型主要有生物廊道、森林廊道、山脉廊道等;水资源保护型廊道主要功能为保护水资源和水生生物,通过调节和过滤作用涵养水源、调蓄洪水和净化水质,其代表类型主要有蓝道、河流廊道、湿地廊道、海岸廊道等;景观建设型廊道主要功能为提高区域景观质量,改善人居生态环境,其代表类型主要有景观廊道、交通廊道、建筑廊道、空中廊道、城市绿地等。

在以上研究中,河流生态廊道从结构上归类为河流廊道,从功能上归类为水系廊道、水资源保护型廊道。

三、河流生态廊道基本含义

不同学者对河流廊道的定义各有不同,包括狭义和广义两种。狭义上理解河流生态廊道有两种定义:第一种定义是针对河流本身而言的,特指沿河流分布的绿色植被带;第二种定义是从景观生态学上进行理解,认为河流生态廊道指河流本身以及沿河分布而不同于周围基底的植被带,包括河道、河漫滩、河岸带植被、堤坝和部分高地等具有不同价值的沿河土地。而广义上则基于河流生态学,认为河流是开放、动态、非平衡、非线性的生态系统,并强调河流及其附近的土地应视为一个系统整体,因此河流生态廊道应考虑大尺度下的以河流为载体的水系水网,包含流域内具有水力联系的湖泊、水库、池塘、湿地、河汊、蓄滞洪区以及河口地区。目前大多学者采用狭义理解中的第二种定义,本节内容也是基于该定义展开讨论。

按照河流生态廊道是指河流本身以及沿河分布而不同于周围基底的植被带这一理

解,在形态上廊道通常呈现出带状结构,并因不同河段发挥的功能各异而具有不同的带状宽度,由此产生横向上的空间形态异质性。河流廊道在空间形态上的差异主要取决于其不同河段横向上分布的基底类型和宽度,如山区型河流流经森林、草地、农田、城市等基底和镶嵌于基底中的各类型斑块时所展现出不同的横向形态特征(见图1-1-1)。

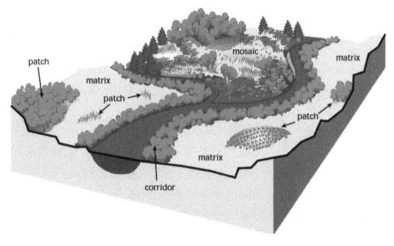

图 1-1-1　河流廊道示意图

(引自 Modern Water Resources Engineering,2014)

河流廊道作为与河流紧密相连的生境,对河流生态系统具有重要的影响,河流廊道的一般功能包括作为生物栖息地、通道、过滤或屏障、源与汇。栖息地是河流廊道特殊的空间结构,是生物觅食、生存、繁殖的场所;河流自身是水、泥沙、营养物质和能量的输送通道,也是生物的迁移通道;河岸植被带对河流水体中的污染物、有害物质常常有过滤、拦截作用,从而降低河流中污染物的含量,起到净化作用;源为相邻的生态系统提供能量、物质和生物,汇与之作用相反,从周围吸收能量、物质和生物。

第三节　河流生态廊道结构形态

目前,多数学者通过多维空间的方法对河流廊道生态系统进行描述,即纵向、横向、垂向和时间维度进行研究,国内的相关研究也基本肯定了该结构形态分析的原则。

一、纵向结构

沿纵断面方向,河流是一个连续的变化梯度,构成河流的物理化学过程、生物群落功能等具有地理空间上及动态过程中的连续。总体上,河流结构划分为河源、上游、中游、下游、河口5个区域。

河源区一般少有河漫滩的存在,因供水、海拔、气温等因素,以冰川、雪山为典型地貌的河源区限制了植物群落的发展及生境的形成,因此河源区并不都属于河流生态廊道范畴。有些峡谷形态的河道,外围的漫流高地上均是陡峭的森林植物群落,这些植物群落逼近河道并有大片遮阴,仅留下河流上方少许透光面,遮阴的河流廊道与周围植被连为一体,是森林水源涵养区的显著特征。河流生态廊道作为生态廊道的一部分,应在较长时期内具有一定的生境条件,具备明显的栖息地特征,滨岸带有明显植被发育,有一定生态功能的区域,而冰川、雪山流水等皆不属于河流廊道,河流廊道在纵向上应起始于河槽及河岸带具有显著生境特征的地带。

河流的上游段大多位于山区或高原,在南方地区则多为丘陵山地,河道纵坡较为陡峭,一些山区溪流经陆面侵蚀挟带的泥沙汇入主流并向下游输移。

河流中游段大多位于山区与平原交界的山前丘陵和山前平原地区,在中游区往往存在较宽且复杂的河漫滩和河道,两岸植物群落随土壤形态、洪水频率及土壤含水量变化,比上游区易从事农业生产等人为活动。因此,上游区河流廊道的范围不仅考虑自然因素,还应考虑人类活动的影响。

河流下游段多位于平原地区,下游河道稳定性较差,会发展为游荡型河道。在河口地区,由于淤积作用,在河口形成三角洲。如珠江三角洲,在三角洲区域不断扩大形成了宽阔的冲积平原,河口地带的河道分汊,河势散乱,并形成感潮河网区。

自然地貌特征和人类社会的发展也导致河流生态廊道在纵向上呈现分段特征,一条河流生态廊道在其穿越不同的地形地貌、植被覆盖及多种土地利用方式条件下,河流生态廊道特征也往往不同,如山地、高原区域廊道往往穿越大片草甸、森林,使廊道具有典型的水源涵养功能,具有水质良好、物种丰富等特征,这部分廊道应涵盖典型植被以满足其功能的完整性。因此,在纵向上,河流生态廊道呈现分段特征,其生态功能的完整性应在此维度上充分体现。

另在纵向上,即从水流上游至下游的方向维度,由于河流的蜿蜒曲折,以及土壤地质本身的高低变化,使得河流出现深潭、沼泽、浅滩等不同的表现形式,也构成不同类型生物的栖息地环境。

综上分析可知,不同类型的水域环境适合打造不同的景观空间,也具备不同的景观功能。如静谧的深潭可以营造体量较大的滨水活动空间,引入滨水栈道,形成开阔的视野。浅滩在活动区可以根据现有地形、河流的脉冲原理等打造科普展示区域、自然体验活动等;在安静休憩区域可以设置雨水花园等项目点,营造动静结合的滨水空间,具备不同的景观空间功能。

二、横向结构

在横向空间上,即在河流的平面上垂直于河流流向的方向。在河流廊道的横向空间上,可将城市河流生态廊道分为河床、河床边、河漫滩、堤岸景观带、河岸高地景观带、紧邻城市空间景观带等几部分。

受原有地质地形、水流冲击、生物作用的影响,不同的河床类型为生物提供多样的生存环境,同时生存于此的动植物也逐渐改变着河床的物理性质,河床经过水流的侵蚀作用,形成深槽、壶穴等,在弯曲处的河岸凹处,更易形成众多动植物的生存栖息地,可以生长浮水、挺水、沉水、漂浮等不同类的水生植物,养育繁多的动物。由于河水的冲蚀作用,冲击物堆积逐渐形成的河漫滩,位于水陆交接地带,平水期及枯水期有植物生长,洪涝期被水淹没,留有堆积物,水生植物如菖蒲、芦苇、水葱等,高大且成片的水生植物群落作为某些动物的生活或狩猎的隐蔽场所,为禽类营造更多样的生活空间。河心洲及河漫滩拥有良好的地理优势,缤纷的植物构成的多彩天地,最易打造宜人的游憩空间。堤坝景观带最宜打造动植物的生态走廊,较少引入居民的参与。

城市河流廊道紧邻城市的景观带部分,与其他区域不同的是"人"这一生物的参与性,使得景观带的硬质空间比率大大提高,对生态系统的干扰性较大,生态敏感性强,但交界处的边缘效应明显,在设置丰富的活动空间、景观项目的同时,使生态系统保持较大的稳定性。

三、垂向结构

垂向上,河流自上而下可分为水面层、水中层、河床层。水面层是河流廊道在垂向上的外边界,具有明确的分界线;水中层包含各种水生生物、化学物质等,为河流廊道在垂向上的中间部分;河床层又包含底质层、不透水层和透水层,底质层为水生植物提供固着点和营养来源等。河床层包括不透水层、无压含水层、承压含水层、弱含水层等,与周边侧向和垂向都具有良好的连通性,水体可以顺畅地通过多孔的土壤流动,由于地下水的补充和流出,引起地下水水量和水位的变动,从而使地下水位与河床高程相对关系发生变化。由于水可以在透水层自由流通,因此地下水可以补给地表水,引起水面宽度的变化。因此,自然河流廊道应包括与自由水面相连通的地下水补给区、泉眼等。

对于水深小于 1 m 的城市河道来说,其河流生态廊道可仅分为两层,即水层、基底层,水层为动植物提供基本的生存条件,而基底为动植物提供不同的栖息地、支撑点。基底结构的不同(例如砾石河床、淤泥质河床)、岸滩区域汇入的营养物质不同,都将决定城市河流生态廊道形成不同的生物群落。

四、时间维度

基于河流生态系统的动态特征,调查生态格局与过程使得选择适宜的时间尺度十分重要。在河流廊道尺度内,泥沙冲淤变化导致河流形态变化与河势改变。泥沙在河道及河漫滩的淤积时间尺度是不同的。洪水期洪水外溢使河滨栖息地空间范围扩展,水域栖息地的空间范围、位置和类型与河流流量都与时间有关。而枯水期滨河栖息地萎缩,水陆交错带生境发生改变,直接关系到生物的生存与繁殖。

确定河流廊道的时间维度,需要从确定目的着手,如确定水源涵养森林区的变化对河流廊道的影响程度,需要从数十年、数百年入手。确定某一指示物种的生存空间,需要从其生理周期变化所需生境条件展开研究。河流廊道栖息地生境修复过程在更多情况下需要确定其枯水季节水流特征,如该河流是否满足最小连续栖息地要求或符合生态需水流量要求。

第四节　河流生态廊道分类

生态廊道的类型可根据空间尺度、结构、功能、基底及构建策略等要素进行划分,不同类型的生态廊道客观反映了其系统的不同内部组成、空间形态和生态服务功能。

一、生态廊道分类

(一)空间尺度要素

生态廊道按照城市尺度大小可划分为国家级廊道、地区级廊道、省级廊道、市级廊道。随着城市化进程的快速发展,城市建设用地不断扩张,生态用地破碎化、孤立化越来越明显,生态环境的保护与城市空间资源的优化利用之间的矛盾日益突出。为减少城市绿地和水系的破碎化与孤立化,维护不同尺度包括国家、地区、省、市的生态安全格局,充分发挥绿地和水系系统在保护城市生态安全方面的作用,通过规划和发展不同尺度城市绿地生态廊道来串联破碎化、孤立化的绿地和水体,建立连贯的生态廊道网络体系。从市级生态廊道逐级提升,以生态廊道形式促进组团发展,限制城市的无节制发展,使国土空间利用更加集约化和高效化。

(二)结构要素

从生态廊道的结构要素分析,生态廊道划分为线状廊道、条状廊道和带状廊道(Forman,1986)。线状生态廊道是指全部由边缘种占优势的狭长条带;条状生态廊道是指有较丰富内部种的较宽条带;带状廊道也可以叫作河流廊道,是指河流两侧与环境基底相区别的带状植被。此分类方法主要是以陆地或河流生态系统内部的物种结构分布宽度为依据。其中,河流廊道由水面、水陆交错带(河岸带)和陆地三部分组成,水陆交错带为水体与陆地交界地带,具有丰富多样的生境和生态功能,又称缓冲带、消落带、河岸带、河岸植被缓冲带等。

(三)功能要素

从生态廊道的功能要素分析,早期学者 Little(1990)等根据自然界的生态要素将生态廊道划分为水系生态廊道、自然生态廊道和景观生态廊道等。继党的十八大提出“大力推进生态文明建设”,十九大明确提出“建设生态文明是中华民族永续发展的千年大计”,我们应清醒认识保护生态环境、治理环境污染的紧迫性和艰巨性,清醒认识加强生态文明建设的重要性和必要性。因此,从生态文明建设的需求出发,生态廊道进一步划分为生物多样性保护型廊道、水资源保护型廊道以及景观建设型廊道。这种功能类型划分更加清晰,我们根据区域不同功能需求打造不同类型的生态廊道,加以保护。

1. 生物多样性保护型廊道

生物多样性是生物及其环境形成的生态复合体以及与此相关的各种生态过程的综合,包括动物、植物、微生物和它们所拥有的基因以及它们与其生存环境形成的复杂的生态系统。生物多样性保护型廊道主要的功能为保护动植物资源,供生物在斑块间迁移和扩散,其代表类型主要有生物廊道、森林廊道、山脉廊道等。

2. 水资源保护型廊道

水生态文明是生态文明建设的重要一环,在传统的洪涝灾害、供水安全等问题仍待解决的同时,水环境污染和水生态退化等新问题日益突显,水资源保护任重道远。水资源保护型廊道主要功能为保护水资源和水生生物,通过调节和过滤作用涵养水源、调蓄洪水和净化水质,也是栖息地和通道,其代表类型主要有蓝道、河流廊道、湿地廊道、海岸廊道等。

3.景观建设型廊道

随着科学技术的发展,人们对区域景观功能的认识逐渐从单纯的观赏、游览功能转变为重视数量、科学合理布局,发挥改善城市环境、协调和平衡城市人工生态系统的作用。景观建设型廊道的主要功能是提高区域景观质量,改善人居生态环境,其代表类型主要有景观廊道、交通廊道、建筑廊道、空中廊道、城市绿地等。

二、河流生态廊道结构与分类

(一)河流生态廊道结构

河流生态廊道在平衡城市生态系统、树立城市形象方面发挥着重要作用,决定着城市的景观格局及生态环境。河流生态廊道主要是依托河流等水体,具体结构包括以下四个主要部分:

(1)河道。一个至少在一年中的某个时段有流水的渠道。

(2)河漫滩。一个在河道一侧或两侧的多变区域,该区域在一年中的某个时段经常或偶尔被洪水淹没。

(3)河岸。河流的边界,河水没有淹没到的地方。

(4)高地区域。河漫滩一侧或两侧高地的一部分,它充当河漫滩和周围景观的过渡带或边缘,这三部分合起来在景观中发挥着动态的及重要的通道作用。在一定的时空范围内,水和其他物质、能量及生物体在河流廊道中相遇并相互作用。该运动提供维持生命必不可少的重要功能,例如营养成分的循环、从径流中过滤污染物、吸收并逐步释放洪水、维持鱼类及野生动物的栖息地、回灌地下水和维持河流流量,为开展河流廊道内生态需水研究提供理论依据。

河流生态廊道是由陆地、植物、动物及其内部河流网络组成的复杂生态系统,它具有调节气候、调蓄水资源、抵御洪水灾害、消解污染物以及提供水生和陆生动植物栖息地等重要的生态功能。根据以上生态廊道分类方法研究,河流生态廊道从结构上归类为水系带状廊道,从功能上归类为水资源保护型廊道。河流生态廊道体现了河流生态系统对外在胁迫承受能力的脆弱性。河流生态廊道可以消除和抵制一定程度的外来干扰,维持自身的动态平衡。但当外来干扰超过其自身的调节能力时,就需要采取必要的措施,对其进行人工修复。在进行河道生态修复的过程中,不应当只考虑河道中的水体,而应当将范围从河道及其两岸的物理边界扩大到河流廊道生态系统的生态尺度边界,综合恢复整个河流生态系统,促进河流生态系统的健康发展和可持续利用。

(二)河流生态廊道分类划分

在不同的地区,河流生态廊道的形成主要源于周围丰富的植被以及附近土地的构成。因此,我们将河流周围的基质带来的外来干扰作为依据,对河流生态廊道进行划分,适用性更为广泛。从景观生态学角度来说,基质是在陆地表面的大部分区域占优势且相互连接的土地覆盖类型,基质主要包括森林、农田、草地、天然水域、乡村乡镇区、城镇聚落、都市建设用地,以水系为中心,以河流应对不同基质的水资源承载能力为条件,将河流生态廊道划分成自然生态型河流生态廊道、乡野型河流生态廊道、城镇型河流生态廊道、都市型河流生态廊道四种,各自发挥着独具特色的生态效应。

1. 自然生态型河流生态廊道

自然生态型河流生态廊道所在区域是人口分布少的自然地区,依托流经自然保护区、风景名胜区、森林公园、湿地等生态价值较高地区的水系建设,串联临水的城镇街区和乡村居民点、景区景点等,坚持生态保育和生态修复优先,人工干预最小化,充分发挥自然生态在美学、科普、科研等方面的价值。应优先划定生态廊道加以保护,适当构建水上游径、生态化慢行道等人与自然和谐共生的游憩系统,防止破坏性建设行为。

2. 乡野型河流生态廊道

乡野型河流生态廊道所在区域是人口分布较疏散的农村地区,依托流经乡村聚落及城市郊野地区的水系建设,尽量维护保留乡野地区农田、村落、山林等原生景观风貌,以大地景观的多样性满足各类人群休闲需求的同时,应优先保障防洪安全,防治水土流失,控制农村面源污染,建设惠民滨水公共活动空间和乡村旅游目的地,推动乡村振兴,打造各具特色的美丽乡村。

3. 城镇型河流生态廊道

城镇型河流生态廊道所在区域是人口较密集的城镇地区,依托流经中小城市城区及镇区的水系建设,针对中小城市及城镇地区人口相对稠密的特点,在满足居民康体、休闲、文化等需求的同时,强调安全、生态功能,应优先保障防洪排涝安全,以水环境治理为重点,链接水系周边的湿地公园、农业公园、森林公园、产业园等系统推进共建共治,打造城镇居民安居乐业的美丽家园。

4. 都市型河流生态廊道

都市型河流生态廊道所在区域是人口最密集的城市地区,依托流经大城市城区的水系建设,针对大城市城区人口、经济、文化等活动密集的特点,强化公共交通设施、文化休闲设施、公共服务功能以及亲水性业态的复合,该生态廊道应至少满足防洪排涝安全、水质达标良好的基本人居环境要求。系统推进水系流域综合治理,重在统筹治水、治产、治城,打造宜居宜业宜游的一流水岸。

第五节　河流生态廊道功能

根据第四节河流生态廊道分类,河流生态廊道涉及水域、护坡护岸、河岸绿化、岸边水利设施以及沿河两岸基质五部分,关系着人饮、灌溉、防洪排涝、水利水电等涉及人民生命安全和健康生活等多方面。

周年兴等(2006)研究提出生态廊道具有生物多样性保护、污染物过滤、水源涵养、防风固沙、控制城市扩张等多种功能。郑好等(2019)提出生态廊道的功能主要包括维护生物多样性、保护水资源和水生生物、维护区域生态安全格局、应对全球气候变化四种。Forman(1995)将生态廊道功能总结为栖息地(habitat)、隔离(isolate)、通道(conduit)、过滤(filter)、源(source)、汇(sink),见图1-1-2。

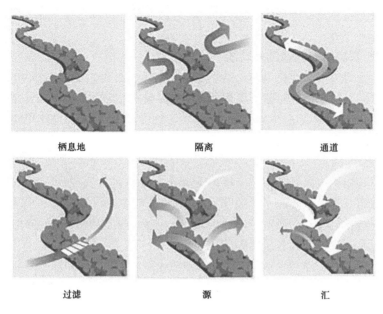

栖息地　　　　　　　隔离　　　　　　　通道

过滤　　　　　　　源　　　　　　　汇

图 1-1-2　生态廊道功能

从横向上看,河流生态廊道包含河流及其两岸的河漫滩连通的森林与农田基底及池塘、湿地等斑块;从纵向上看,河流是一个线性的带状系统,连通了河流上下游,为河道内生物、物质、能量的流动及交换和信息的传递提供场所。对河流生态廊道进行功能评价,首先要明确河流生态廊道的功能类别,综合学者们对生态廊道的功能定位,河流生态廊道的基本功能历经变迁,主要体现在两个方面,分别是河流的生态服务功能和河流的社会服务功能。这两大类功能可以进一步细分,生态服务功能可以再分为栖息地功能、通道功能、水土保持功能/水源涵养功能、防污功能,社会服务功能可以分为防洪功能、景观功能、文化载体功能等。

一、生态服务功能

河流生态廊道的生态服务功能具体体现在以下几个方面:栖息地功能、通道功能、水土保持功能/水源涵养功能、防污功能、区域气候调节功能。

(一)栖息地功能

河流生态廊道对于栖息地价值不仅存在于它本身可以为众多动植物及微生物提供栖息场所,还在于它能够连接很多小型的栖息地,并且使野生动植物族群数量增加,为生物多样性的发展提供空间基础。河流的曲折及落差形成了河流水力学的多样性,河流横断面形状的多样性、河床材料的复杂性等为多种生物形成了较为开放的生境条件,为生物的生存繁衍提供了很好的栖息场所。河流纵向流动连通了河流上下游的湖泊、深潭、浅滩、湿地、森林及农田等斑块,造就了丰富的生境多样性,形成了多样的河流生物群落。

(二)通道功能

河流生态廊道的通道功能主要体现在河流的纵向流动上,河流纵向流动输运水和泥沙,其他物质和生物也通过河流廊道迁移运动。养分循环、径流污染物的过滤和吸收、地下水补给等过程在河流的流动中完成,鱼类的觅食、洄游、产卵等生命活动也可以通过河流提供的通道来完成。

(三)水土保持功能/水源涵养功能

河流生态廊道的水土保持功能/水源涵养功能指的是可以通过传输介质(对河流廊道而言主要是水)为邻近的生态系统提供物质、能量和生物,同时也从相邻地方吸收物质、能量和生物。源为相邻的生态系统提供能量、物质和生物,汇与之作用相反,从周围吸收能量、物质和生物。河岸在洪水来临时,作为汇,吸收泥沙形成淤积,同时,它常常是河流泥沙的来源。

水土保持功能和水源涵养功能应视河流周边所处的地区而有所区别,水源涵养功能主要是针对分布在河川上游的水源地区,水土保持功能主要针对沿河非水源区域,两者均在涵养水源、改善水文状况、调节径流和区域水分循环、防止河湖淤塞、防止水旱灾害、合理开发和利用水资源方面具有重要作用。

(四)防污功能

河流生态廊道的防污功能主要指廊道植被带对河流水体中的污染物、有害物质常常有过滤、拦截作用,从而降低河流中污染物的含量,起到净化作用。

(五)区域气候调节功能

河流生态廊道中的河岸植被带对改善城市热岛效应和局部小气候质量具有重要作用。河流植被通过蒸腾作用使周围的小气候变舒适,提供阴凉和防风的环境。

二、社会廊道功能

河流的社会廊道功能主要体现在城市河流与人类的交互作用中,主要分为防洪功能、景观廊道功能和文化载体功能三个方面。

(一)防洪功能

河流廊道可以蓄积和下泄洪水,对于城市河流,河流的防洪功能非常重要。我国每个滨河城市都制定了相应的城市防洪工程规划,将其作为城市总体规划的一部分。

(二)景观廊道功能

在城市河流的景观廊道功能中,亲水功能尤其重要,城市河流为城市居民提供更多亲近自然的机会和休闲游憩的场所,它体现了城市居民对空气清新的滨河空间的需求。此外,城市河流还提供了休闲通道,滨河公园、文化广场、紧急疏散道路等公共场所也可以依河而建。我国很多城市因水而兴,河流对于城市的发展具有重要的促进作用,河流的历史往往能反映一个城市的历史,沿河岸散布着的名胜古迹或历史性建筑,是城市人文景观的重要组成部分。

(三)文化载体功能

城市河流的发展见证了一座城市的文化变迁,是传承历史文化和发扬现代文化的重要组成。河岸不仅能够带动沿河地区的经济文化发展,甚至对整个城市的经济文化发展都起到显著的提升作用。其滨水住宅带来土地价值上涨,旅游、休闲、娱乐文化对沿河地区乃至整个城市的第三产业经济发展起到重要的促进作用。此外,由河流廊道带来的自然景色及活动场所有助于城市居民的身心健康发展,为文化元素的保护和传承提供一定的展示空间,具有重要的潜在社会经济文化价值。

　　本书中确定的河流生态廊道功能分类的具体划分及对应的含义见表1-1-1。需要说明的是,对于某一个特定的河段或者流域,这些功能不一定是同时具备的,可能只具备其中一部分,不具备其他,或者其中部分功能相对其他功能来说更重要,占主导地位,例如人类干扰程度非常高的城市建成区的河流或河段,其主导功能一般是社会服务功能,而人类干扰程度相对较低的山区河流或河段,其主导功能一般是生态服务功能。我们在进行具体河流生态廊道功能评价时,需要首先确定其(或河段)需要发挥的功能,在需要发挥的功能中确定主导功能,重点评价其主导功能的受损程度。

表 1-1-1　河流生态廊道功能划分及含义说明

一级功能分类	二级功能分类	含义
生态服务功能	栖息地功能	能够为植物和动物提供正常的生活、生长、觅食、繁殖以及进行生命循环周期中其他的重要环节的环境
	通道功能	能够为能量、物质和生物输送和交流提供通道
	水土保持/水源涵养功能	河岸带植被能够护土固坡,降低侵蚀沉积物入河量
	防污功能	具有一定的拦截污染物入河的能力,降低水体污染风险
	区域气候调节功能	对局地的微气候起到调节作用
社会服务功能	防洪功能	能够抵御一定频率的洪水,保障区域的防洪安全
	景观廊道功能	具有美感和舒适感,能够为人们提供游憩的空间
	文化载体功能	能够为文化元素的保护和传承提供一定的展示空间

第六节　河流生态廊道研究进展

　　随着经济社会发展,人类对河流水系的开发强度不断加强,河流生态系统退化是超出河流承载能力的强度开发带来的后果之一,主要表现为廊道空间被侵占、水质恶化、生物多样性降低和河流景观趋同等。河流生态廊道是联系水陆生态系统相互作用的纽带,对维持河流生态系统健康稳定有着非常重要的作用。随着生态文明水平的不断提高,人们逐渐认识到河流和河岸带是一个整体,在开展污染水体治理时,必须将河流生态廊道一并纳入统筹考虑。因此,近年来,河流水系生态廊道的修复与保护逐渐成为国内外学者的研究热点之一。

一、河流生态廊道机制研究

　　生态廊道既能很好地连接当地不同斑块、不同小种群,又能很好地改善斑块间特定物质的移动速度,还能在很大程度上降低种群风险的景观类型。自其概念提出以来,生态廊道的生态功能愈发受到重视,基于生态要素所构成的生态廊道建设成为研究的新方向。

随着生态廊道研究的发展,国际上用来描述景观连通性的概念还包括生态网络、景观连接带、生态基础设施等。虽然有学者对概念的来源和目的进行辨析,但普遍认同它们是指可以产生经济效益和生态效益的连通陆域与水域的通道,旨在通过对破碎景观的管理和规划,达到保护生物多样性、维持生态过程和生态功能的作用。因此,河流生态廊道逐渐成为国内外学者研究的主流方向。

(一)国外河流生态廊道机制研究

国外对河流生态廊道的研究始于 20 世纪 50 年代,最初的研究集中在河流生态廊道的定义范围和功能等方面。Wistendahl 和 Rowe 等(1960)提出河流廊道的定义为:沿河流分布而不同于周围基质的植被带。Forman(1986)认为河流廊道的功能特征包括水流、矿质养分流、物种流。随着一些欧美国家对污染河流的综合治理,对河流生态廊道的景观生态学研究也不断加深,目前国外对于河流生态廊道的研究已经达到相对成熟的阶段,不仅对格局、尺度等方面有比较深入的研究,在过程、结构等方面也进行了很多有价值的探索。Ward 等(1997)利用景观生态学将河流廊道的结构、功能和动态有机地结合起来,将河流廊道作为一个有机整体进行了分析。Forman 等(2002)认为河流廊道的宽度和连接度对廊道的五大主要功能:生境、通道、过滤、源和汇起着基本控制的作用。Minshall(1985)认为河岸、河道和环境状况清单包括的 16 个特征,定义了两种生境中河岸带的结构、河道形态和生态条件。

(二)国内河流生态廊道机制研究

国内对河流生态廊道的研究开展得比较晚,大多以区域景观格局为切入点,主要集中在尺度和功能方面,保护修复技术主要停留在水质提升方面,对生态系统结构、功能修复方面的研究略有欠缺。

在河流廊道的功能研究方面,王浩(2003)通过对河岸植被带的三维评价,全面分析了城市河流在城市生态方面的作用。岳隽等(2005)认为应该将城市河流作为城市景观中一种重要的生态廊道,作者从景观生态学角度出发,提出了综合的、景观水平上的城市河流研究的概念框架,对城市河流的研究制度、格局分析、干扰城市等方面进行了较为详细的论述。来雪文(2018)通过绿色基础设施和城市河流廊道耦合性分析,提出构建多功能协调的城市河流廊道,并构建了城市河流廊道功能评估指标体系。张建春等(2001)认为河岸带功能包括廊道功能、缓冲带功能、生物多样性保护和护岸等功能。

在河流廊道的景观格局研究方面,罗坤等(2009)以崇明岛为例,论述了绿色河流廊道景观格局定量研究的方法,在利用 GIS 从绿色河流廊道景观构成和廊道网络结构两方面分析了崇明岛内各行政区域的不同绿色河流廊道的景观格局,提出了相应的绿色河流廊道建设建议。梁雄伟等(2017)以阿什河为例,利用 Landsat 8 OLI 卫星影像对阿什河流域绿色河流廊道景观格局进行解析,同时采用综合评价法对绿色河流廊道质量进行评价,并结合 R 语言对绿色河流廊道质量与环境因子进行相关性分析,找出限制绿色河流廊道功能提升的瓶颈因素。干晓宇等(2014)研究计算了四川省邛崃市景观类型多样性空间聚类特征和河流廊道景观格局特征。在河流廊道规划设计理论方面,朱强等(2005)从景观河结构与功能分析出发,分别从生物保护廊道和河流廊道两方面对生态廊道的宽度及其影响因素进行了分析,认为廊道的宽度设计应该在综合考虑保护目标、植被情况、廊道功能、周围土地利用、廊道长度的多个因素后合理确定。分析了城市化对水滨自然过程的影响,提出城市滨水空间遵从自然过程的系统化设计途径。王薇等(2003)从生态学的角度,分析了河流廊道的空间结构和生态功能,介绍了河流生态修复的概念与相应的生态修复措施。

二、河流生态廊道宽度划定研究

合理的生态廊道宽度对整个区域生态具有重要的影响,太窄的廊道会对敏感物种不利,同时降低廊道过滤污染物等功能;太宽的廊道也会带来负面影响,比如会减缓生物的迁移速度。因此,生态廊道的合理宽度是由多个因素共同决定的,包括保护目标物种、周围地形、气候、廊道功能、廊道长度、廊道周围的土地利用状况、廊道植被组成状况等因素。

(一)从河岸缓冲带角度开展的相关研究

对于河流生态廊道的宽度,不同学者认为的最小合理宽度不同。以生物多样性的保护为主要考虑因素,Brazier 等(1973)提出河岸植被的宽度至少在 11~24.3 m;而 Budd 等(1987)认为要满足野生生物对生境的需求,河岸缓冲带需要的宽度更大,至少需要 27.4 m;Steinblums 等(1984)认为此宽度范围要更大,应在 23~38 m,这样才能满足生物对生境的需要。以河流生态廊道的其他生态功能为主要考虑要素,如防止水土流失,过滤诸如油、杀虫剂、除草剂和农药等污染物的功能,据 Peterjohn 等(1984)研究发现,16 m 的河岸植被能有效地过滤硝酸盐;Gilliam 等(1986)对农田的水土流失问题进行研究时发现,当河岸植被带宽度在 18.28 m 时,88%的土壤侵蚀物被截留沉积。

综合上述研究,河流生态廊道最小宽度要在 30 m 以上才能较好地发挥上述功能,特别是在农业区,考虑农药和化肥的使用,河流生态廊道的最小宽度建议在 30 m 以上。建设良好的 30 m 宽度的河流缓冲带还能有效地起到降低温度、提高生境多样性、增加河流中生物食物的供应作用。因此,很多区域在建设河流缓冲带时规定最小宽度为 30 m。

(二)从生物多样性活动和保护角度开展的生态廊道宽度研究

作为城市生态廊道主体,林带主要有生态功能、景观美学功能两方面的基本功能。除此之外,林带还应被赋予重要的生境功能与通道功能,为野生动物的生存和繁殖提供所需的资源(食物、庇护所、水)和环境条件,在提供栖息空间的同时,成为其移动及传递生物信息的通道。国外诸多学者以单一或多种动物研究了生态廊道的范围,见表 1-1-2。

朱强等(2005)的《景观规划中的生态廊道宽度》(见表 1-1-3)、滕明君(2010)的《基于结构设计与管理的绿色廊道功能类型及其规划设计重点》(见表 1-1-4)和达良俊等(20045)的《上海城市森林生态廊道的规模》(见表 1-1-5)研究满足更多类型的动植物生物多样性所需的生态廊道宽度,综合以上研究成果,可以得出 12 m 是保护草本植物和鸟类的最低廊道宽度标准;30 m 以上则基本满足鸟类迁移和草本植物传播,并控制河流廊道两侧的营养物质流失,增强低级河流岸线的稳定性;60 m 以上能够较好满足鸟类和小型生物迁移,有效减少河流 50%~70%的沉积物;100 m 以上则为保护生物多样性较合适的宽度。

表 1-1-2 其他学者生态廊道宽度研究成果

序号	作者	生态廊道适宜宽度/m	说明
1	Corbett 等(1978)	30	使河流生态系统不受伐木的影响
2	Stauffer 等(1980)	200	保护鸟类种群
3	New bold 等(1980)	200	伐木活动对无脊椎动物的影响会消失
4		9~20	保护无脊椎动物种群
5	Forman 等(1986)	12~30.5	包含多数的边缘种,但多样性较低
6		61~91.5	具有较大的多样性和内部种
7		200~600	森林的边缘效应宽度,窄于 200 m 的廊道不会有真正的内部生境
8	Juan Antonio 等(1995)	12	12 m 为一显著阈值,小于 12 m 时廊道宽度与物种多样性之间相关性接近于零;大于 12 m 时,草本植物多样性平均为狭窄地带的 2 倍以上
9		60	满足生物迁移和生物保护功能的道路缓冲带宽度
10		1 200	创造自然化的物种丰富的景观结构
11	Rohling 等(1998)	46~152	保护生物多样性
12	Pace 等(1991)	402~1 609	满足动物迁移,较宽的廊道还为生物提供具有连续性的生境
13	Brown 等(1990)	98	雪白鹭,较为理想的河岸湿地栖息地宽度
14	Brown 等(1990)	168	保护栖息在硬木林和柏树林的鸣禽
15	由井正敏等(1994)	10(生态廊道最小宽度等于与动物活动范围等面积的圆的直径长度)	黑熊的适宜生态廊道宽度
16	由井正敏等(1994)	数千米	日本猕猴的适宜生态廊道宽度
17	由井正敏等(1994)	1 000	日本赤狐的适宜生态廊道宽度
18	Marcelo(1999)	140~190	中等宽度的廊道对于小于 2 kg 的动物保护尤为明显,对于林内种则需要较宽的廊道

表 1-1-3　朱强、俞孔坚(2005)《景观规划中的生态廊道宽度》研究成果

序号	宽度/m	功能及特点
1	3~12	廊道宽度范围与草本植物和鸟类的物种多样性之间无相关性,基本满足保护无脊椎动物种群的功能
2	12~30	对于草本植物和鸟类来说,12 m 是区分线状和带状廊道的标准;12~30 m 能够包含草本植物和鸟类多数的边缘种,但多样性较低;能够满足鸟类迁移;保护无脊椎动物种群;保护鱼类、小型哺乳动物
3	30~60	基本满足动植物迁移和传播以及生物多样性保护的功能;能截获从周围土地流向河流的 50%以上沉积物;控制氮、磷和养分的流失;增强低级河流岸线的稳定性;为鱼类繁殖创造多样化的生境
4	60~100	满足动植物迁移和传播以及生物多样性保护的功能;满足鸟类及小型生物迁移和生物保护功能的道路缓冲带宽度;许多乔木种群存活的最小廊道宽度;有效减少河流 50%~70%的沉积物
5	100~200	保护鸟类,保护生物多样性比较合适的宽度
6	≥600~1 200	能创造自然的、物种丰富的景观结构;含有较多植物及鸟类内部种;森林鸟类被捕食的边缘效应大约范围为 600 m,窄于 1 200 m 的廊道不会存在真正的内部生境;满足中等及大型哺乳动物迁移的宽度从数百米至数十千米不等

表 1-1-4　滕明君等(2010)《基于结构设计与管理的绿色廊道功能类型及其规划设计重点》研究成果

序号	目标物种	宽度范围/m	说明
1	草本植物	12~16	维持植物多样性
2	乔木	30~200	维持物种多样性,促进种子扩散
3	无脊椎动物	3~30	降低无脊椎动物被捕食的风险
4	两栖动物	15~60	移动通道的适宜宽度
5	爬行动物	15~60	移动通道的适宜宽度
6	鸟类	30~400	宽度>400 m 时鸟类丰富度无明显增加
7	小型哺乳动物	12~200	移动通道的适宜宽度
8	大型哺乳动物	200~600	移动通道的适宜宽度

表 1-1-5 　达良俊等(2004)的《上海城市森林生态廊道的规模》研究成果

序号	目标物种	宽度范围/m	说明
1	豹猫	1 000~1 700	移动通道的适宜宽度
2	猪獾	600~1 000	移动通道的适宜宽度
3	刺猬	200~300	移动通道的适宜宽度
4	貉	450~700	移动通道的适宜宽度
5	黄鼬	200~450	移动通道的适宜宽度
6	华南兔	150~250	移动通道的适宜宽度

(三)从周边不同用地类型或区域特点角度开展的生态廊道宽度研究

湖南省林业局在出台的《加快推进生态廊道建设的意见》中对城市生态廊道建设范围进行了一定的控制,并对山区、平原区确定了不同的建设范围和分层级建设原则,提出了省级生态廊道建设范围主要是长江岸线湖南段、"一湖四水"干流及其一级支流两侧水岸线至第一层山脊线或平原区 2 km 之间的可建区域,国道、高速公路、铁路(含高铁)两侧至第一重山脊线或平原区 1 km 范围,民用机场周边 20 km 半径范围内可建区域。在这些区域之外,根据实际情况确定。

广东省出台的《广东万里碧道总体规划(2020—2035 年)》中提出划定河湖生态缓冲带,与河湖水域、河滩地等共同构建自然生态廊道,优化生态系统结构,见表 1-1-6。

表 1-1-6 　《广东万里碧道总体规划(2020—2035 年)》河道单侧宽度控制表

等级	名称	单侧宽度控制/m	
		最小宽度	建议宽度
省主要河道	东江、西江、北江、韩江、鉴江干流,珠江三角洲、韩江三角洲主干河道,珠江、韩江和鉴江河口	30(至少应大于河道管理范围)	100~200
市主要河道		20	30~50
其他河道		6	12~30

注:生态缓冲带单侧划定宽度计算方式:1. 背水侧堤脚线清晰的按堤脚线起算;2. 背水侧堤脚线不清晰的,按临水侧堤顶线起算;3. 没有堤防的按设计洪水位与岸边的交界线起算。

朱仕霞(2011)在对山区生态廊道的研究论文中得出平原区河流生态廊道宽度采用30 m,山地区河流生态廊道采用 251 m。李兴泰(2019)以平邑县为例对城市绿地系统规划中的生态修复研究中,从生态敏感性角度对不同区域的安全格局进行评价,其中涉及采用不同评价指标确定的水域缓冲区宽度,见表 1-1-7。

表 1-1-7　生态敏感性分析

生态敏感性	建设用地适宜性	坡度/(°)	地形起伏度/m	岩土稳定性	水域缓冲区/m
高敏感	不可建设用地	>25	>80	差	500
中敏感	不适宜建设用地	15~25	50~80	一般	500~1 000
较低敏感	可建设用地	5~15	20~50	良好	1 000~1 500
低敏感	适宜建设用地	<5	<20	好	≥1 500

　　刘亚(2019)在《城市生态廊道中的生态瓶颈研究——以南京城东区域为例》中对生态敏感区及其影响因子进行划分,其中极度敏感区集中在山岳区,多为北坡,坡度基本在30°以上。植物十分丰富,且景观价值也最高。敏感区一般为坡度较缓区域的林地、植物多样性较丰富和景观价值较高的区域;低敏感区一般为地势平坦、植被景观较差、高程较低的地区;不敏感区主要是植被较差、地势平坦、高程低的区域,见表 1-1-8。

表 1-1-8　生态敏感性单因子分级标准与权重

编号	生态因子	属性分级	评价值	权重
1	坡度/(°)	0~15	1	0.22
		15~30	2	
		>30	3	
2	坡向	南坡	1	0.22
		东西向坡	2	
		北坡	3	
3	高程	海拔低(200 m 以下)	1	0.22
		海拔较高(200~400 m)	2	
		海拔高(400 m 以上)	3	
4	景观价值	植被多样性一般,景观价值低	1	0.34
		植被多样性较丰富,景观价值中	2	
		植被多样性丰富,景观价值高	3	

三、河流生态廊道保护与修复策略研究

　　在机制研究的基础上,河流生态廊道保护与修复策略也有部分涉及,例如美国的"流域方法"、德国的"近自然河道治理工程"、日本的"多自然型河道治理"等。

　　美国的"流域方法"以流域保护方法为基础,采用流域分析方法,在流域尺度上,采取有效措施来保护和恢复上游和下游区域之间、地表水和地下水之间的生态联系,维系、保护和恢复水环境与水生态系统在物理、化学和生物方面的完整性,缓解了部门之间的冲突,提高了流域水资源管理的效率和效益。美国 Kissimme 河是应用"流域方法"进行生态

修复的典型案例。Kissimme 河原本的渠道化及防洪堤切断了河流与洪泛区之间的有机联系,经过修复,重建了河流与洪泛区的水文联系,从而恢复了流域各生态系统之间营养物、能量和物种的交换,使河流及河岸带的生态系统得以重建和恢复。

德国的"近自然河道治理工程"理念是指河道整治必须坚持尊重自然、顺应自然、保护自然的原则,将河流作为一个有生命力的生态系统整体,注重河流在三维空间内植物分布、动物迁徙和生态过程中相互制约与相互影响的作用以及河流作为生态景观和基因库的作用,统筹考虑水资源、水环境、水生态各方需求,在确保防洪安全的前提下,采取工程与生物措施相结合、人工治理与自然修复相结合的方式,全面提升河流生态系统服务功能,实现人水和谐共生。20 世纪 80 年代开始的莱茵河治理即是秉承"近自然河道治理工程"的理念,莱茵河治理工程以生态系统恢复作为莱茵河重建的主要目标,创造使生物群落重返莱茵河及其支流所需条件,使莱茵河成为"一个完整的生态系统的骨干"。

日本的"多自然型河道治理"强调用生态工程方法治理河流环境、恢复水质、维护景观多样性,即在注重河流原有的良好生物生育环境的同时,保护或创造出优美景观而实施的工程,堤坝不再用水泥板修造,而是提倡凡有条件的河段应尽可能利用木桩、竹笼、卵石等天然材料来修建河堤,并将其命名为"生态河堤"。

四、规划设计案例研究

目前,国内河流生态修复进入实践阶段,在河流生态廊道构建的规划设计方面也有了一些案例,提出了一些理念和策略。

张蕾(2004,河流廊道规划理论与案例)基于对河流廊道概念的发展历程回顾,总结了河流廊道概念的定义和内涵,并以浙江永宁江、椒江河廊道为例,确定了河流廊道的规划目标,提出了基本结构、基本宽度、总体范围和纵向分区的规划方案。

肖华斌(2007,基于河流生态修复的城市河流廊道景观规划研究——以广州市石井河为例)以广州市石井河为例,基于河流生态修复目标,对河流廊道景观进行了规划研究。在河道曝气、底泥原位修复和人工湿地等生态修复措施的基础上,根据景观规划理论,确定石井河河流廊道不同河段的适宜宽度,构建"以点连带,以带构域"的流域滨水空间景观格局。

张定青等(2011,基于水系生态廊道建构的城镇生态化发展策略——以西安都市圈为例)从优化区域景观格局,促进城镇生态化建设出发,提出依西安地区泾渭水系建构生态廊道的理念。作者定义泾渭水系生态廊道的特征为:以河流为主线,包含沿岸生境在内的复合廊道;由纵横交错的河流廊道和绿色节点有机构成多尺度的绿色生态网络体系;具有广泛深刻的人文内涵的绿色文化载体。泾渭水系生态廊道系统的整体构建包含 3 个层面:在区域尺度的宏观结构上,形成廊道的网络化结构整体格局;在地理区段尺度的中观结构上,发挥各区段廊道主导功能,体现地域性特点;在河道尺度的微观结构中,关注廊道宽度、形态及构成要素等。

王鑫(2012,城市河流廊道规划设计策略——以西宁北川河为例)以西宁北川河为例,提出了城市河流廊道规划设计策略:以河道功能定位来区分河流廊道治理的侧重点;明确河流廊道的保护范围,并与区域生态基础设施相结合;降低洪水风险,最大限度提升河流廊道景观游憩功能;保护和恢复河流廊道的生态功能;推动新的休闲方式。

瞿巾苑等(2014,七台河市倭肯河水系生态廊道建构探讨)将倭肯河水系生态廊道的功能定义为生态净水骨架、绿色滨水廊道和人文活动空间。倭肯河生态廊道的构建也从宏观、中观和微观三个尺度进行。在宏观尺度上,构建城市水系绿道网络,形成区域绿色生态网络体系,通过水环境建设综合生态基础设施,从多角度构建复合系统、雨洪管理系统、生物栖息地系统、绿色文化网络系统、自行车和步道网络系统;在中观尺度上,以河道生态廊道为前提,限定出生态核心区、缓冲区、活动区,预留出雨洪蓝道基础设施,以宏观结构为依据,定位出生态湿地公园、城市滨河开放公园、生态河流绿道、城郊自然湿地等;在微观尺度上,以水质、土壤、降雨量、植被、动植物、驳岸等生态因子为依据,进行具体的景观设计。

五、河流生态廊道研究趋势

回顾近些年来的河流生态廊道研究进展,特别是基础研究和应用基础研究方面取得的研究成果较少,与河流廊道的实践进展相比,河流廊道在理论研究上并未有实质性的进展,而且由于各领域发展的不平衡性,国内成果与国际研究相比仍有较大差距,特别是河流廊道基础性理论及不同尺度河流廊道空间划分和功能评价、保护与修复技术等过程方面较为薄弱。至2001年,美国、荷兰、英国等国家已成功地将景观生态学的"斑块-廊道-基质"原理应用到河流生态廊道的规划、管理、保护与修复中。目前,国内仍停留在理论研究阶段,具体应用和实践案例较少。另外,关于河流廊道理论研究的内容及深度还停留在河流廊道概念、类别、基本框架和功能等某些关键问题,研究内容深度及丰富程度较之其他综合性学科也相对较少。

河流生态廊道建设面临许多问题需要解决,尤其是对于一条具体的河流,生态廊道怎样布局、怎样划定、怎样建设等问题还需要深入研究及做出相关案例。因此,怎样有效构建河流生态廊道网络,怎样划分河流生态廊道空间,怎样对不同类型河流的生态廊道进行功能评价,河流生态廊道保护和修复的目标如何确定,以及如何选择最优技术,对于保护和修复水生态、构筑河流自然生态廊道、构建区域山水林田湖草完整生态系统,都是亟须研究并解决的问题。

第二章　南方河流生态廊道

　　我国南方地区地貌类型多样、河湖众多、水网纵横,水资源十分丰富,优越的水热条件也孕育了南方多样的河流生态系统。本章在分析南方河流水系基本特征的基础上,从廊道结构和功能的角度出发,梳理了南方河流生态廊道的特点及存在问题,为开展有针对性的生态廊道保护与修复措施提供基础。

第一节　南方河流水系

一、南方河流水系组成

　　一般而言,依据综合地理位置、自然地理、人文地理等特点,中国可分为西北地区、北方地区、南方地区和青藏地区共四大区域。其中,南方地区是指我国东部季风区的南部,热带、亚热带季风气候区,具体指秦岭—淮河一线以南,青藏高原以东地区,其东面和南面分别濒临东海和南海,大陆海岸线长度约占全国的 2/3 以上。在区域上,南方地区主要包括长江中下游、南部沿海各省(区)和西南三省一市,分别为琼、粤、台、闽、桂、滇、川的大部、渝、黔、湘、赣、浙、沪、鄂、苏和皖的大部、港、澳,面积约占全国的 25%,人口约占全国的 55%。

　　南方地区地形为平原、盆地与高原、丘陵交错,东部有长江中下游平原和东南丘陵,西部有四川盆地和云贵高原,总体上地势东西差异大,主要位于第二、第三级阶梯。其中,东部长江中下游平原是我国地势最低的平原,包括江汉平原、洞庭湖平原、鄱阳湖平原、太湖平原、巢湖平原、长江三角洲等;东南丘陵是我国最大的丘陵,包括江南丘陵、两广丘陵、闽浙丘陵等;西部以高原、盆地为主,包括我国四大盆地之一的四川盆地,以及世界上喀斯特地貌分布最为典型的云贵高原。

　　受特殊气候及地形地貌影响,南方地区雨季长、降水多,河湖也众多,水资源与水能尤为丰富。按照全国水资源分区,南方地区包含长江水系、珠江水系、东南诸河水系、西南诸河水系等几大水系。其中,东南诸河是指中国东南部除长江和珠江以外的独立入海的中小河流;西南诸河位于我国西南边陲,是青藏高原和云贵高原的一部分,自西向东有七大水系:藏西诸河、藏南诸河、雅鲁藏布江、滇西诸河、怒江、澜沧江及元江。

二、南方重点河流水系

(一)长江水系

1. 水系组成

　　长江是世界第三、我国第一大河,发源于"世界屋脊"青藏高原的唐古拉山主峰各拉丹冬雪山西南侧,干流全长 6 300 余 km,干流自西而东流经青海、四川、西藏、云南、重庆、湖北、湖南、江西、安徽、江苏、上海等11个省(区、市),于上海市崇明岛以东注入东海,其支流展延至贵州、甘肃、陕西、河南、浙江、广西、广东、福建等8个省(区)。

长江干流自江源至湖北宜昌称上游,长4 500余km,面积约100万km²。通常称通天河以上地区为江源区。在长江正源沱沱河长358 km;与长江南源当曲汇合后至青海省玉树市境巴塘河口段称通天河,长815 km,由巴塘河口至四川省宜宾市,长2 308 km,称金沙江;在宜宾接纳岷江后始称长江。宜宾至宜昌河段,又称川江,长约1 040 km,川江的奉节白帝城至宜昌南津关长约200 km,为著名的三峡河段。

宜昌至江西湖口称中游,长约955 km,面积68万km²。长江出三峡后,进入中下游冲积平原,江面展宽,水势变缓,其中枝城至城陵矶河段通称荆江,以藕池口为界分为上、下荆江河段,下荆江河道异常曲折,为典型的蜿蜒性河道。

湖口至长江口称下游,长938 km,面积约12万km²。此段河道,江阔水深,比降平缓。其中,江阴以下为河口段,江面呈喇叭状展开,长江口苏北嘴与南汇嘴之间江面宽达90 km。长江大通以下为感潮河段,江水位受潮汐影响,有周期性的日波动,徐六泾以下划属长江口段,为陆海双相中等强度的潮汐河口。

长江流域水系发达,支流众多,集水面积超过1 000 km²的有437条,超过1万km²的有49条,超过8万km²的一级支流有雅砻江、岷江、嘉陵江、乌江、沅水、湘江、汉江、赣江等8条,见表1-2-1。

表 1-2-1　长江流域面积大于 8 万 km² 支流情况统计

序号	所在水系	支流名称	流域面积/ km²	多年平均流量/ (m³/s)	河道长度/ km	天然落差/ m
1	雅砻江	雅砻江	128 000	1 914	1 637	4 420
2	岷江	岷江	133 000	2 850	735	3 560
3	嘉陵江	嘉陵江	159 776	2 120	1 120	2 300
4	乌江	乌江	87 920	1 690	1 037	2 124
5	洞庭湖	湘江	93 376	2 070	844	756
6	洞庭湖	沅江	88 451	2 070	1 022	1 462
7	汉江	汉江	159 000	1 640	1 577	1 962
8	鄱阳湖	赣江	83 500	2 180	766	937

长江上游的主要支流多位于左岸,有金沙江段的雅砻江,川江的岷江、沱江、嘉陵江,右岸仅有乌江入汇。长江中游的主要支流多位于右岸,有清江、洞庭湖水系、鄱阳湖水系,左岸仅有汉江。长江下游两岸,入汇支流短小,主要支流有巢湖水系、青弋江水阳江水系、太湖水系。其中,太湖水系流域面积3.72万km²,湖面面积约2 425 km²,为我国第三大淡水湖。

洞庭湖水系总流域面积约26.2万km²,包括湘、资、沅、澧四水。洞庭湖在城陵矶汇入长江,洞庭湖洪水期湖面面积2 623 km²,枯水期仅1 000 km²左右。鄱阳湖水系总流域面积约16.2万km²,包括赣、抚、饶、信、修五水,鄱阳湖于湖口汇入长江。鄱阳湖洪水期湖面面积 3 673 km²,居全国淡水湖的首位。

长江流域的湖泊分布,除江源地带有众多面积不大的高原湖泊外,多集中在中下游地区,中游的洞庭湖、鄱阳湖,下游的巢湖、太湖居我国五大淡水湖之列。长江中游湖泊多由构造运动和水力作用形成。长江中下游通江湖泊众多,湖泊滞蓄洪水对长江洪水有很大的调蓄作用,削减了洪峰。随着泥沙淤积及湖洲滩地不断围垦,致使湖泊面积不断缩小。1949 年以前中下游共有湖泊面积 25 800 km²,其中大通以上的通江湖泊有数十个,面积 17 200 km²。至 20 世纪 80 年代末,除洞庭湖、鄱阳湖外,都已建闸控制或与江隔断。洞庭湖水面(城陵矶水位 33.5 m)已从 1954 年的 3 915 km² 减少至 1995 年的 2 623 km²,容积由 268 亿 m³ 减少至 167 亿 m³;鄱阳湖水面(湖口水位 21 m)已从 1954 年的 5 050 km² 减少至 1976 年的 3 914 km²。容积由 323 亿 m³ 减至 262 亿 m³,长江中下游主要湖泊概况见表 1-2-2。

表 1-2-2 长江中下游主要湖泊概况

湖泊	高程(吴淞)/m	面积/km²	容积/亿 m³	平均水深/m
鄱阳湖	22.0	3 873	284	7.7
洞庭湖	33.5	2 623	167	6.4
太湖	3.1	2 425	51.5	2.1
巢湖	10.0	820	36.0	4.4
洪湖	25.0	402	7.5	1.9
梁子湖	17.0	334	5.7	1.7

2. 流域概况

长江流域指干流和支流流经的广大区域,介于东经 90°~122° 和北纬 24°~35°,形状呈东西长、南北短的狭长形。流域西以芒康山、宁静山与澜沧江水系为界;北以巴颜喀拉山、秦岭、大别山与黄、淮水系相接;东临东海;南以南岭、武夷山、天目山与珠江和闽浙诸水系相邻;流域总面积 180 万 km²,占我国大陆面积的 18.8%。

1)地形特征

长江流域横跨我国大陆地势三级阶梯,西高东低。第一级阶梯为干流江源水系,通天河、金沙江及其支流雅砻江,岷江及其支流大渡河,嘉陵江上游支流白龙江等,地处青海南部、四川西部高原和横断山脉区,海拔在 3 500~5 000 m,除江源高原区河流河谷宽浅、水流平缓外,多呈高山峡谷形态,水流湍急。第二级阶梯为干流川江,支流岷江中下游、沱江、嘉陵江、乌江、清江和汉江上游等,地处秦巴山地、四川盆地、鄂黔山地,海拔在 500~2 000 m,除盆地区河流外,多流经中低山峡谷,河道比降较大。第三级阶梯为长江中下游干流,支流中的汉江中下游和洞庭湖、鄱阳湖、巢湖、太湖诸水系,地处长江中下游平原,淮阳山地和江南丘陵,海拔多在 500 m 以下,长江三角洲在 10 m 以下,河流比降平缓,多洲滩、汊道,两岸为坦荡平原或起伏不大的低山丘陵。一、二级阶梯间的过渡带一般高程为 2 000~3 500 m,地形起伏大,自西向东由高山急剧降至低山丘陵,岭谷高差达 1 000~2 000 m,是流域内强烈地震、滑坡、崩塌、泥石流分布最多的地区。二、三级阶梯间过渡带,一般高程为 200~500 m,地形起伏平缓,是山地向平原渐变过渡型景观。

2)地貌特征

长江流域呈多级阶梯性地形,其流经山地、高原、盆地(支流)、丘陵、平原等,包括青藏高原、横断山脉、云贵高原、四川盆地、江南丘陵、长江中下游平原。按地貌组合特点,长江流域共分为 4 个主要地貌区:平原地区、丘陵地区、山区、高山区。

(1)平原地区。

平原地区为大致平坦的冲积平地,其坡度在 0.02 以下。平原包括冲积河谷平原所固有的各种地形形态和因素。在平原地区可以看到倾斜的、凹形的、波浪式的平缓地形。较大型的灌溉系统都位于平原地区。绝大部分平原地区都人为地用小堤修成梯田,并又被无数的田埂分成许多小块田,在这些小块田上,主要种植水稻。

长江流域中平原地区面积共有 22.9 万 km²,约占长江流域总面积的 12.7%。

(2)丘陵地区。

丘陵地区是聚集许多孤丘和岗陵而成,其间夹有盆地、峡谷及河谷等各种形式的低地。丘陵地区地形坡度以 0.02~0.2 为准,有的直接与平原地区相毗邻,有的分布于山间,宽阔狭长,形状不一。根据丘陵的高度和坡地性质,长江流域丘陵地区地形可被认为是大丘陵地,其相对高度为 50~200 m。在此地区还可看到大型坡地,也可遇到其间夹有河谷的类似山脉式的形成物。丘陵地区坡地大多已人为梯田化,在梯田化的小块田上主要种植水稻。

丘陵地区的总面积达 398 000 km²,占长江流域总面积的 22.1%。

(3)山区。

山区是由高山余脉所形成的,其间夹有无数的河谷,其绝对高程在 2 000 m 以下。山区的总面积为 732 000 km²,占长江流域总面积的 38%。

(4)高山区。

高山区绝对高程达海拔 2 000 m 以上,其山脉与山岭为深谷所切割。高山区主要包括青海地区及部分云南地区。长江流域中部的极高与陡坡地段也可认为属于高山区。高山区的总面积达 441 000 km²,占长江流域总面积的 24.8%。

3)降水特点

长江流域平均年降水量 1 067 mm,由于地域辽阔,地形复杂,季风气候十分典型,年降水量和暴雨的时空分布很不均匀。江源地区年降水量小于 400 mm,属于干旱带;流域内大部分地区年降水量在 800~1 600 mm,属湿润带。年降水量大于 1 600 mm 的特别湿润带,主要位于四川盆地西部和东部边缘、江西和湖南、湖北部分地区。年降水量在 400~800 mm 的半湿润带,主要位于川西高原、青海、甘肃部分地区及汉江中游北部。年降水量达 2 000 mm 以上的多雨都分布在山区,范围较小,其中四川荥经的金山站年降水量达 2 590 mm,为长江流域总面积之冠。

长江流域降水量的年内分配很不均匀。冬季(12 月至翌年 1 月)降水量为全年最少。春季(3—5 月)降水量逐月增加。6—7 月,长江中下游月降水量达 200 余 mm。8 月,主要雨区已推移至长江上游,四川盆地西部月雨量超过 200 mm,长江下游受副热带高压控制,8 月的雨量比 4 月还少。秋季(9—11 月),各地降水量逐月减少,大部分地区 10 月雨量比 7 月减少 100 mm 左右。连续最大 4 个月降水量占年降水总量的百分率,在下游地区为 50%~60%,出现时间鄱阳湖区为 3—6 月,干流区间上段为 4—7 月,下段为 6—9 月;在中游地区,为 60% 左右,出现时间湘江流域为 3—6 月,干流区间为 4—7 月,汉江下游为 5—8 月;上游地区为 60%~80%,出现时间大多在 6—9 月。月最大降水量上游多出现在 7—8 月,7—8 两个月降水量占全年的 40% 左右;中下游南岸大多为 5—6 月,5—6 两个月降水量占全年的 35% 左右;中、下游北岸大多出现 6—7 月,6—7 两个月降水量占全年的 30% 左右。在雅砻江下游、渠江、乌江东部及汉江上游,9 月雨量大于 8 月。降水量年内分配不均匀性以上游较大,中下游南岸较小。

长江流域年暴雨日数分布的总趋势是:中下游年暴雨日数自东南向西北递减;上游年暴雨日数自四川盆地西北部边缘向盆地腹部及西部高原递减;山区暴雨多于河谷及平原。全流域有 5 个地区多暴雨,其多年平均年暴雨日数均在 5 d 以上。流域大部分地区暴雨发生在 4—10 月。

暴雨出现最多月,在中下游南岸、金沙江巧家至永兴一带和乌江流域为 6 月,暴雨日约占全年暴雨日的 30%。中下游北岸、汉江石泉、澧水大坪、嘉陵江昭化、峨眉山等地以 7 月暴雨最多,占全年的 30%~50%。沱江李家湾、岷江汉王场及云南昆明一带 8 月暴雨最多,其次是 7 月。上游雅砻江的冕宁、渠江的铁溪、三峡地区的巫溪及三角洲一带以 9 月暴雨最多,占全年的 25%~30%。

暴雨的年际变化比年降水量的年际变化大得多,如大别山多暴雨区的田桥平均年暴雨日数为 6.6 d,1969 年暴雨日多达 17 d,而 1965 年却只有 1 d;年暴雨日较少的雅砻江冕宁平均年暴雨日为 2.5 d,1975 年暴雨日多达 10 d,而 1969 年、1973 年、1974 年三年却没有暴雨。

暴雨的落区和强度直接影响到干支流悬移质输沙量的多寡。上游烈度产沙区[输沙模数≥2 000 t/(km²·a)]的平均年暴雨日数为 1 d 左右,年降水量 600~1 000 mm,当强产沙区暴雨日数及强度比正常偏多偏强时,上游干流的年输沙量就偏多,成为大沙年份,相反则为小沙年份。

4)水资源量

长江流域是我国水资源配置的战略水源地。长江流域水资源相对丰富,多年平均水资源量 9 959 亿 m³,约占全国的 36%,居全国各大江河之首,单位国土面积水资源量为 59.5 万 m³/km²,约为全国平均值的 2 倍。每年长江供水量超过 2 000 亿 m³,支撑流域经济社会供水安全。通过南水北调、引汉济渭、引江济淮、滇中引水等工程建设,惠泽流域外广大地区,保障供水安全。2017 年长江流域净调出水量达 92.14 亿 m³。

(二)珠江流域

1.水系组成

珠江是中国境内第三长河流,仅次于长江、黄河。珠江发源于云南省曲靖市境内马雄山,流经滇、黔、桂、粤、湘、赣等省(区)及越南社会主义共和国的东北部,在广东省珠海市磨刀门企人石注入南海,全长 2 320 km。

珠江由西江、北江、东江及珠江三角洲诸河组成,其中西江最长,通常被称为珠江的主干,从源头自西向东流经云南、贵州、广西和广东 4 省(区),至广东佛山三水的思贤滘西滘口汇入珠江三角洲网河区;北江涉及湖南、江西和广东3省,至广东佛山三水的思贤滘北滘口汇入珠江三角洲网河区;东江从源头由北向南流入广东,至广东东莞的石龙汇入珠江三角洲网河区;珠江三角洲水网密布,水道纵横交错,主要河道近100条。西江、北江、东江汇入珠江三角洲后,经虎门、蕉门、洪奇门、横门、磨刀门、鸡啼门、虎跳门和崖门八大口门注入南海。

珠江支流众多,流域面积1万 km² 以上的支流共8条,其中一级支流6条,分别为西江的北盘江、柳江、郁江、桂江、贺江,以及北江的连江;二级支流2条,分别为郁江的左江和柳江的龙江。流域面积1 000 km² 以上的各级支流共120条,流域面积100 km² 以上的各级支流共1 077条。

珠江及各水系流域特征见表1-2-3。

表1-2-3 珠江及各水系流域特征

流域名称	河流长度/km	河道平均坡降/‰	流域面积		说明
			km²	占比/%	
珠江流域	2 508	0.453	453 690	100	指西江干流长加河口段294 km的总长
西江	2 075	0.580	353 120	77.83	指源头至思贤滘的西滘口的长度
北江	468	0.260	46 710	10.30	指源头至思贤滘的北滘口的长度
东江	520	0.388	27 040	5.96	指源头至东莞市石龙的长度
珠江三角洲	294		26 820	5.91	三角洲西江、北江、东江主干河道长度

1)西江水系

西江发源于云南省曲靖市乌蒙山余脉的马雄山东麓,干流自西向东流经云南、贵州、广西和广东4省(区),至广东佛山三水的思贤滘西滘口与北江汇合,全长2 075 km,平均坡降0.58‰,集水面积353 120 km²,其中341 530 km² 在我国境内,11 590 km² 的左江上游区在越南境内。干流从上而下由南盘江、红水河、黔江、浔江及西江5个河段组成。

2)北江水系

北江是珠江流域第二大水系,发源于江西省信丰县石碣大茅山,流经江西、湖南和广东3省,干流在广东佛山三水的思贤滘北滘口与西江汇合,全长468 km,平均坡降0.26‰,集水面积46 710 km²。

3)东江水系

东江是珠江流域的第三大水系,发源于江西省寻乌县的桠髻钵山,由北向南流至广东省龙川县合河坝汇安远水(贝岭水)后始称东江,在广东东莞的石龙镇流入珠江三角洲,全长520 km,平均坡降0.39‰,集水面积27 040 km²。

4)珠江三角洲水系

珠江三角洲水系包括西、北江思贤滘以下和东江石龙以下三角洲河网水系,以及注入三角洲的中小河流、直接流入伶仃洋的茅洲河和深圳河,香港特别行政区、澳门特别行政区也属其地理范围,总集水面积26 820 km²,其中三角洲河网区9 750 km²。

珠江三角洲河道纵横交错成网状,水流相互贯通,把西江、东江、北江的下游纳于一体,经网河区平衡调节后,由虎门、蕉门、洪奇门、横门、磨刀门、鸡啼门、虎跳门和崖门八大口门注入南海。

2. 流域概况

珠江流域面积 453 690 km²,其中我国境内面积 442 100 km²。珠江年径流量 3 492 多亿 m³,居全国江河水系的第二位,仅次于长江,是黄河年径流量的 6 倍。

1) 地形地貌特征

珠江流域平面轮廓近似长方形,中轴约在北回归线上,自西向东沿纬向展布。东西跨越经度 13°39′,南北跨越纬度 5°18′。流域全境在亚热带范围内。流域周缘为分水岭山地环绕,北以南岭、苗岭山脉、西北以乌蒙山脉、西以梁王山脉等与长江流域分界;西南以哀牢山余脉与红河流域分界;南以十万大山、六万大山、云开大山、云雾山脉等与桂粤注入南海诸河分界;东以武夷山脉、莲花山脉与韩江流域分界。珠江水系诸河于流域的东南角汇注珠江三角洲,流入南海。珠江三角洲漏斗湾外,还有莲花山脉的入海余脉,呈北东走向的万山、高栏列岛为屏蔽。珠江流域周边山地以中山为主,个别高峰在 2 000 m 以上,最高为乌蒙山,海拔 2 866 m。流域地势大体上是西高东低、北高南低。前者造成珠江水系主干西江及其最大支流郁江大体上呈西—东流向,后者造成东、北两江干流以及西江上源南、北盘江及主要级支流柳江、桂江、贺江等皆自北向南分别流注于珠江三角洲和西江干流。

珠江流域由自西至东的云贵高原、广西盆地、珠江三角洲平原三个宏观地貌单元构成。三大地貌单元间均有山地、丘陵作为过渡或分隔,其中广西盆地是流域主体。西江自西向东贯通三个主要地貌单元,并与北江、东江等在珠江三角洲汇流,形成以西江流域为主体的复合流域。

按地貌组合特点,珠江流域分为 4 个主要地貌区:云贵高原区、黔桂高原斜坡区、桂粤中低山丘陵和盆地区、珠江三角洲平原区。

(1) 云贵高原区。

该区处于流域最西部,其东以六枝—盘州—兴义—广南一线为界,包括滇中、滇东、滇东南和黔西的一部分。云贵高原以黔西地区最高,一般峰顶高程 2 200~2 500 m,多被切割成高差 300~500 m 的山地,亦称山原,可见到高程分别为 2 000 m、1 800 m 和 1 600 m 的三级夷平面。滇东峰顶高程约 2 000 m,属断陷湖盆高原,相对高差小,一般为 100~300 m。区内湖盆发育,较大的有抚仙湖、杞麓湖、阳宗海、异龙湖、通海(杞麓湖)以及建水、蒙自等盆地。

该区碳酸盐岩分布广泛,岩溶发育。南、北盘江流域范围内,岩溶面积占该区面积的57.8%。滇东高原北部,岩溶演化以水平作用为主,地貌表现为溶原-岩丘和溶盆-丘峰景观。滇东高原南部以峰林地貌为主。珠江干流南盘江和支流北盘江上游位于该区,其中南盘江上游呈老年期宽谷地形,自宜良以下进入峡谷。河流阶地不发育。

(2) 黔桂高原斜坡区。

该区为云贵高原与桂、粤中低山丘陵盆地间过渡带,包括桂西、黔西南和黔南等地区,东以三都天峨—百色—那坡一线为界。地势从西向东逐渐降低,西部峰顶高程 1 600~1 800 m,东部降至 1 000~1 200 m,峰顶与谷地高差 300~600 m,存在高程 1 600 m、1 400 m 和 1 200 m 三级夷平面。

该区山脉走向多变,广布着碳酸盐岩,岩溶发育,地貌景观以峰林峰丛为主。苗岭南侧从贵州六枝至独山以及黄泥河与北盘江之间,以峰林溶洼为主。珠江干流南盘江下段,红水河上段,支流北盘江和右江上段均位于该区,河流河谷深切,横断面呈狭窄的"V"形,岸坡陡峭,岩溶发育区的支流多暗河,与主流汇合处常成吊谷和瀑布。

(3)桂、粤中低山丘陵和盆地区。

该区位于高原斜坡区以东除珠江三角洲平原以外的广大地区,面积约占全流域的70%。区内山地丘陵混杂,以中低山及丘陵为主,其余为盆地、谷地。地形总趋势是周边高、中间低。其北为中山山地,峰顶高程 1 000~1 500 m,最高的越城岭猫儿山,海拔 2 141 m。南部为十万大山、六万大山、大容山、云开大山和云雾山,亦为中山山地,峰顶高程 800~1 500 m,以云雾山大田顶最高,海拔 1 703 m。中部主要分布着广西弧形山脉和广东境内的罗平山脉,峰顶高程多在 1 000 m 以下,为低山丘陵地带。盆地和谷地沿河分布,规模较大的有柳州盆地、百色盆地、南宁盆地、桂平盆地、韶关盆地和惠阳平原等。该区中低山丘陵区同样广布着碳酸盐岩,岩溶发育,岩溶形态复杂,广西境内岩溶景观驰名中外。桂中、桂西南,包括红水河和右江中游为峰林溶洼。桂中东部、桂东和粤北,包括郁江下游、黔江、柳江、浔江和北江流域逐渐过渡为峰林-溶盆和孤峰-溶原,即从山地景观转为平原景观。区内南宁盆地、桂平盆地、北江上游以及一些中新生代坳陷区分布着白垩系和第三系陆相红色地层,形成别具一格的丹霞地形。西江主要河段和支流、北江和东江位于该区,河流众多,水量充沛,河床纵剖面渐趋平缓,岸坡较平缓稳定,阶地发育。

(4)珠江三角洲平原区。

该区位于流域东南部,地貌较为简单,主要分为冲积平原及网河平原两大部分,平原上兀立着 160 多个由丘陵、台地和残丘组成的丘岛,地层为河海交互相。

2)降水特征

珠江流域降水的水汽来源于南海、西太平洋及孟加拉湾,3—5 月的东南季风把西太平洋的水汽输入,影响东经 105°以东地区,5—8 月盛行西南季风,则把孟加拉湾及南海的水汽输送到东经 110°以西地区。热带气旋的偏南风也可带来相当多的水汽,西太平洋和南海海面的热带气旋所生成的台风,每年夏秋季常侵袭或影响珠江下游及三角洲,台风所经之地和波及范围内出现狂风暴雨,台风雨多出现于 7—9 月。珠江流域地势西北高、东南低,有利于海洋气流向流域内地流动,但流域内的山脉阻隔又使深入内地的水汽含量减少,形成降水量的地区分布自东向西递减的趋势。此外,降水量具有沿海地区多于内地、山地多于平原、迎风面多于背风坡和河谷及盆地的特点。

珠江流域多年平均年降水量 1 470 mm,全流域可分为多雨带、湿润带和半湿润带。年降水量大于 1 600 mm 的多雨带,西起桂南的十万大山、粤西的云开大山、桂东的大瑶山一线,以及雷州半岛以北、南岭以南的广大地区,这一地区内除珠江三角洲平均年降水量小于 1 600 mm 外,大部分地方的平均年降水量在 1 600~3 000 mm。主要降水高值区有深圳、惠来一带粤东沿海地区,新会、阳春、阳江一带粤西沿海地区,河源、博罗、怀集、曲江一带粤北地区,桂林、永福、融安、资源一带桂北地区,这些地区的平均年降水量为 1 800~2 500 mm,年平均降水量 800~1 600 mm 的湿润带,包括桂南十万大山、粤西云开大山、桂东大瑶山一线以西地区,这一地区内降水量自东向西明显减少,其东部大部分地区的平均年降水量为 1 300~1 600 mm,中部大部分地区的平均年降水量为 1 200~1 400 mm,西部地区包括南盘江的中上游年平均降水量为 800~1 200 mm。同年平均降水量最低的地区为半湿润带,主要在南盘江的开远、建水、蒙自一带,其平均年降水量为 400~800 mm。流域内各地区的降水量随季节而变化,西江上游夏雨占全年降水量的 50%~55%,秋雨及春雨分别占 20% 和 15%,冬雨仅占 5%;柳江、桂江、贺江及东江、北江的中上游夏雨及春雨分别占全年降水量的 38%~45%,秋雨占 15% 左右,冬雨占 8%~10%;流域内其余地区夏雨占年降水量的 45% 左右,秋雨和春雨分别占 18% 和 25%,冬雨占 5% 左右,降水量的分布相当集中,流域的东北部 3—6 月及 4—7 月最大降水量占全年降水量的 55%~60%,中部及东南部 5—8 月最大降水量占全年降水量的 60%~70%,西部地区 6—9 月最大降水量占全年降水量的 65%~70%,降水量的年际变化程度较大。

珠江流域河川水资源总量 3 860 亿 m³,其中出海径流总量 3 260 亿 m³,即还原水量约为 100 亿 m³。西江(思贤滘西落口以上)年径流量 2 300 亿 m³,约占全流域年径流量的 68.5%;北江(思贤滘北滘口以上)年径流量 510 亿 m³,占全流域年径流量的 15.2%;东江年径流量 257 亿 m³,占全流域年径流量的 7.6%;三角洲诸河年径流量 293 亿 m³,占全流域总径流量的 8.7%。流域天然径流量的变化主要受气候和下垫面的影响,年径流深的地区分布与年降水量的地区分布基本一致,年平均径流深最大的地区分布于珠江口门以及北江中下游,这些地区平均年径流深 1 000~1 600 mm,其中桂北青狮潭水库上游年平均径流深达 1 800 mm。流域内大部分地区的年径流深在 300~1 000 mm 内,年平均径流深自东向西逐渐减少,西江高要、梧州、大湟江口等站的多年平均年径流深分别为 702 mm、690 mm、641 mm。平均年径流量最小的地区是流域西部的南盘江流域的陆良、开远、蒙自一带,平均年径流深 100~300 mm。径流的年内变化受降水支配,其中汛期降水量集中,径流量占全年的 75%~85%。径流的季节变化与降水一致,其中西江中游夏季径流占全年径流量的 48%~56%,秋季及春季分别为 25%~30% 及 8%~18%,冬季为 6%~8%。柳江、桂江、贺江及东江、北江的中上游夏季径流量占全年径流量的 37%~60%,春季径流量占 23%~43%,秋季径流量占 15%~28%,冬季径流量占 5%~9%。西江、北江、东江下游及沿海地区,夏、春、秋、冬各季径流量占全年径流量的百分比分别为 42%~57%、16%~30%、18%~25%、6%~9%。

径流的集中程度:广西的上思至河池一线以西的西江上游地区,多年平均连续最大 4 个月径流占全年径流的 70% 左右,以东地区为 60% 左右。多年平均连续最大 4 个月径流出现的时间:柳江上游、桂江、贺江、北江为 4—7 月,红水河中段、左、右江和沿海地区为 6—9 月,局部地区为 7—10 月。

珠江流域各水系的年际径流变化,北江比东江、西江大;西江水系中则以郁江的径流年际变化最大,其次是南、北盘江,西江干流的径流年际变化最小。

三、南方河流水系基本特征

南方河流因受流域地形地貌、气候条件、区域经济社会发展等方面影响,河流水系上具有区别于其他区域的一系列特征,主要如下:

（1）水网发达，支流众多，流域面积大。

从地形上看，南方地区地势东西差异大，主要位于第二、三级阶梯，东部平原、丘陵面积广大，长江中下游平原是我国地势最低的平原，河汊纵横交错，湖泊星罗棋布，江南丘陵又是我国最大的丘陵，可谓丘陵交错，平原地区河湖众多，总体上水网纵横，具有典型的南国水乡特色。因南方地区地表径流丰富，河网密度较大，天然河网密度平均达到 0.81 km/km²，大江大河的支流众多，如珠江有大小支流 700 多条，对比黄河支流仅有 30 多条，延伸范围广，故流域面积也大。下游地段更是水网密布，湖泊众多，故南方水乡也多，"南船北马"就形象地说明了南北河流方面的差别。

（2）降水丰富，径流量大。

从气候条件看，南方河流因地处热带、亚热带湿润地区，以亚热带、热带季风气候为主，夏季高温多雨，区域降水量非常丰富，年降水量大多在 800 mm 以上，以东南沿海和山地迎风坡降水最多，因而南方河流的径流量非常大，从全国各区的大江大河径流量对比看（见图 1-2-1），长江的年径流量是黄河的 14 倍多，珠江的年径流量是黄河的 7 倍之多。

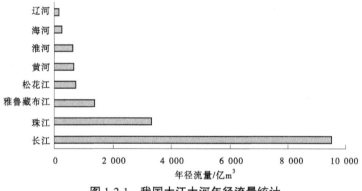

图 1-2-1 我国大江大河年径流量统计

（3）汛期长，水量季节变化明显，无结冰期。

南方因雨量丰沛，雨季长，夏季高温多雨，冬季温和少雨，故汛期长且集中在夏秋季，水量季节变化明显。如珠江汛期为 4—9 月，枯期为 10 月至翌年 3 月，汛期径流量占年径流量的 80% 左右。此外，南方地区冬季温度高于 0 ℃，故河流无结冰期，与北方河流因冬季长、气温低而结冰期长这一特点具有明显差异。

此外，对比北方地区，南方地区的植物生长茂盛，植被覆盖率较高，人为破坏较少，因此水土保持能力较强，水土流失较为轻微，故河流的含沙量和输沙量均较小。如黄河含沙量是珠江的 58 倍，输沙量比珠江多 38 倍。

（4）河流结构多样复杂。

由于南方河流水系具有跨越地貌类型多样、流域降雨分布不均、径流洪峰大等特点，造就了多种多样的河流廊道结构。

在河道上体现不同河段的河道类型各不相同。从流域大尺度上看，如长江流域或珠江流域，上游段以高山、峡谷河流为主，河床深切，河岸陡峭，气势宏伟险峻；中下游河流以山地河流为特点，河道由河涌、两岸斜坡组成，具有一定的河漫滩地；下游河口以丘陵、平原河流为特点,河道较宽,纵坡缓,具有较宽的河漫滩地。

在河漫滩、河岸植被等方面,也体现为上、中、下游不同的特点。在峡谷河段,体现为无河漫滩发育;在平原河网区,河漫滩发育充分,生物多样性丰富。在高原地区,河岸植被以高原草甸、草地或高山植被为主;在丘陵地区,沿河森林植被茂盛,可为生物提供多种多样的栖息场所;在平原河网区域,河岸植被多种多样,陆生、水生植物群落丰富。

(5)河流梯级多,航运价值高。

南方河流水系因水资源年内分配不均,且河流纵向坡降大,汛期水流湍急且水位高,往下游或河流输出了大量的水资源。为了充分利用水资源、水能资源,在南方大大小小的河流上修建了众多梯级电站、水库等,在很大程度上造成了河道纵向阻隔现象明显,这一现象也是影响河流廊道纵向连通性的重要问题。

南方河流径流量大且季节变化相对较小,河道深而宽,通航能力大,通航里程长,且无结冰期,全年可通航,故航运能力强,航运价值高。如西江号称我国的“黄金水道”,珠江干支流通航里程达 14 000 余 km,100 t 级航道达 3 000 多 km,广州至黄浦能够通航 3 000 ~ 5 000 t 级海轮;而黄河通航里程仅约 500 km,除潼关—三门峡段有 115 km 的 100 t 级航道外,其余航段基本在 20 万 t 级以下。

(6)水环境形势不容乐观。

南方地区经济社会发展迅速,人口占全国人口总量的 53.9%,GDP 占全国的 55.5%。近年来,由于人类活动影响,南方河流水质逐步下降。通过对南方地区具有代表性的武汉、长沙、成都等 12 个城市饮用水水源的水质状况调查、监测与分析,结果显示,南方地区的水源普遍存在着低浊、高藻、微污染的特征。据统计,78.6% 的水源浊度平均值处于 50 NTU 以下,63.6% 的水源藻类污染严重,57.1% 的水源微污染状况正逐渐加剧。根据《2018 年中国环保生态环境检测行业分析报告——市场深度调研与投资前景预测》,2018 年,我国已认定黑臭水体总数为 2 172 个(不含港澳台),南方地区占 62.2%,且主要分布在广东(243 个)、安徽(217 个)、湖南(170 个)、湖北(145 个)及江苏(152 个)。

第二节 南方河流生态廊道基本特征

一、南方河流生态廊道特点

南方地区具有地貌类型多样、水热条件优越、水资源丰富、河流流量变幅相对较小、含沙量较小等特点,因而孕育了丰富的河流生态系统。本书从廊道结构和功能入手,对南方河流水系生态廊道特点进行分析。

(一)“山水林田湖草生命共同体”特征更为突出

南方河流流经地貌类型多样,上游、中游支流众多,河口区域水网发达,河流廊道基底和斑块类型多样,与北方地区相比,其“山水林田湖草生命共同体”特征明显,各生态要素之间的联系也更为紧密。

河流廊道所处的基底是其所处流域范围内的与廊道存在异质性且自身同质的大面积土地范围。南方河流所处流域地形地貌多样,因此也形成了多种多样的景观生态基底。

长江流域流经山地、高原、盆地(支流)、丘陵、平原、河网等,其河流廊道所处的基底也相应体现为山地森林基底、高原草甸基底、丘陵农田基底、平原农田、河口水网基底等多种类型。珠江流域流经云贵高原、广西盆地、珠江三角洲平原三个宏观地貌单元,其河流廊道基底与长江流域类似,多种多样。

南方河流水系流域内具有多种多样的自然特征,有高原湖泊、低洼水塘、水库、湿地等,而且人类逐水而居,自古以来就在河流两岸形成多样的聚落,慢慢发展演变形成众多依水而建的大都市。

不同地貌类型基底、斑块依托河流廊道进行上下游物质交换、能量流动和信息传递,完成水文循环、生命信号传递,支撑水生生物完成生活史全阶段过程。南方河流因流经范围广、支流众多、水资源丰富,使河流廊道得以将山地、高原、盆地(支流)、丘陵、平原、河网等基底以及湖泊、水库、湿地等紧密联系起来,山水林田湖草生命共同体特征更为明显。

(二)河流廊道结构多样复杂

南方河流水系跨越地貌类型多样,流域降雨分布不均,径流洪峰大,造就了多种多样的河流廊道结构。

从大的流域尺度上看,如长江流域或珠江流域,上游段以高山、峡谷河流为特点,河床深切,河岸陡峭,气势宏伟险峻;中下游河流以山地河流为特点,河道由河涌、两岸斜坡组成,具有一定的河漫滩地;下游河口以丘陵、平原河流为特点,河道较宽,纵坡缓,具有较宽的河漫滩地。

在河漫滩、河岸植被等方面,也体现为上、中、下游不同的特点。在峡谷河段,体现为无河漫滩发育;在平原河网区,河漫滩发育充分,生物多样性丰富。在高原地区,河岸植被以高原草甸、草地或高山植被为主;在丘陵地区,沿河森林植被茂盛,可为生物提供多种多样的栖息场所;在平原河网区域,河岸植被多种多样,陆生、水生植物群落丰富。

(三)抵抗力稳定性和恢复力稳定性强

南方地区位于热带、亚热带区域,具有日照充足、雨量充沛、水资源丰富等气候、水文特点。水是生命之源,南方地区占有全国水资源总量的80%以上,孕育了丰富多样的生态系统,不同生态系统又包含了多种多样的群落结构,具备较强的抵抗力稳定性。当河流廊道受到破坏时,丰富的雨热资源促进生物快速恢复或新的生态系统快速形成,具有较强的恢复力稳定性。

因此,与北方相比,南方河流廊道生态系统的抵抗力稳定性和恢复力稳定性较强。

二、南方河流水系生态廊道存在的问题

我国南方地区人多地少、经济体量大,水量丰沛,但新老水问题交织,具体表现在水污染形式与组分更趋复杂和多样,水生态和资源系统退化形势日益严峻等方面。同时,受不合理开发模式和人为活动等因素影响,南方地区河流廊道本身存在生存空间持续萎缩、空间结构不连续、生态系统遭到破坏、调蓄涵养等生态功能有所减弱等问题。

(一)水生态格局整体性、关联性有待提高

一般而言,水生态空间以其承载的生态系统功能为主体,具有强烈的整体性、关联性、动态性、复杂性等特征。与北方地区相比,南方地区的水生态格局较为完整,水生态空间

整体性也较好,但与生态系统功能完整性相比较,仍有不足之处。如部分南方河流的生态单元连续性不足,因人类活动影响,原有的连续格局被打破,未能形成纵横交错、有机构建的生态网络体系,无序壅水造景,致使部分河道缩窄甚至消亡,城市河道供排水格局也未成体系,因此南方地区水生态系统的基本空间格局距离形成较为有机的整体性和关联性,还有一定的提升空间。

对照南方地区尤其是长三角、珠三角地区日益高速发展的经济社会,以及对水生态环境更高更好的要求,更需提升优化水生态系统的格局形态。

(二)水生态和资源系统退化形势严峻

因受人类活动影响,南方地区部分河段廊道缩窄甚至被侵占,水系网络的三维连通性有退化趋势,导致物质流、能量流、信息流及物种流的连通受限;部分河道无序采砂也导致河床过度下切,直接破坏河流生态系统的生境,河道形态的改变对河流生态系统也造成严重破坏;部分河段渠系化严重,尤其是城区河道堤岸结构硬化严重,生态堤岸比例不足,导致水岸物质能量交换受阻;加之南方地区经济社会高速发展,随之而来的水污染及各类问题也越发凸显,虽然经过近些年大规模河道综合整治工作的开展,水污染问题有所遏制,但河流廊道的生物多样性仍然存在降低趋势,距离生态系统功能完整性的恢复仍有很大空间。

(三)河流廊道纵向阻隔现象明显

为了充分利用水资源、水能资源,南方大小河流上一般都建有众多梯级电站、水库。众多梯级的建设,首先对水资源特征的改变作用巨大,在流域空间尺度上可导致自然水体的连续性阻隔,其自然的相对规律性及动态平衡性也会被破坏,而在流域时间尺度上则打破了天然河道的丰枯期分界,致使水资源状态的不均一性丧失,在年际、年内流量过程上均呈均匀化特征,在流域尺度上由于水量分配格局的变化,不仅相应的水流流速、水深发生改变,而且水域面积的改变影响蒸发、下渗作用,引起水资源循环性发生变化,进一步影响局地气候。

其次,在水生态影响方面,梯级开发在空间上可使天然河道的蜿蜒度、岸滩湿地等都发生改变,同时也对河道纵横断面形状、比降、河宽、水深等形态产生影响,导致生境破碎化及质量发生改变。梯级开发还可对水生生态系统的能量、物质(悬浮物、生源要素等)输送通量产生重要影响,导致其生态特征发生根本性改变,在空间尺度上打破整个流域范围内原有生态系统的平衡状态,在时间尺度上将影响流域生态系统的演替过程。

(四)水污染面临形势较为严峻

南方河流尤其是下游经济发达地区水污染严重,且区域经济逐渐向上游转移,使得流域水环境风险呈现复合态势,工业等行业发展及上游畜禽养殖形成流域结构性污染,又增加了下游污染风险,导致水污染面临形势较为严峻。

一是地表水环境质量改善存在不平衡性和不协调性。工业和城市生活污染治理成效仍需巩固深化,南方城镇生活污水集中收集率仅为70%左右,农村生活污水治理率不足30%;城乡环境基础设施欠账仍然较多,特别是老城区、城中村以及城郊接合部等区域污水收集能力不足,管网质量不高,大量污水处理厂进水污染物浓度低,汛期污水直排现象较为普遍。城乡面源污染防治瓶颈亟待突破,汛期是全年水质相对较差的月份,长江流域、珠江流域和西南诸河氮磷上升为首要污染物。

二是水生态环境遭破坏现象较为普遍。南方各流域水生生物多样性降低趋势尚未得到有效遏制，长江上游受威胁鱼类种类较多，白鳍豚已功能性灭绝，江豚面临极危态势；2020年国控网监测的重点湖库中处于富营养化的湖库个数较多，太湖、巢湖、滇池等湖库蓝藻水华发生面积及频次居高不下。

三是水生态环境仍存在安全风险。南方地区大量化工企业临水而建，长江经济带30%的环境风险企业离饮用水水源地周边较近，存在饮水安全隐患；因安全生产、化学品运输等引发的突发环境事件频发。河湖滩涂底泥的重金属累积性风险不容忽视，长江和珠江上中游的重金属矿场采选、冶炼等产业集中地区存在安全隐患。环境激素抗生素、微塑料等新污染物管控能力尚显不足。

第三章　南方河流生态廊道网络构建

按照对河流生态廊道的广义理解,并基于河流是开放、动态、非平衡、非线性生态系统的认知,河流生态廊道实质上应是考虑大尺度下的以河流为载体而构成的水系网络。基于此,本章面向构建河流生态廊道网络目标,重点阐述网络构建的基本理论,并从宏观、中观两个尺度提出构建廊道网络的思路,同时给出构建策略。

第一节　构建理论

一、生态位基础理论

(一)概念及起源

生态位理论起源于 20 世纪之初,源自于达尔文理论,随着时间的推移,生态位理论的内涵得到不断的丰富。1910 年,美国学者 Johnson 首次使用生态位理论。1917 年,格林内尔提出生态位是指物种占据的最后分布单位,以生物的空间分布特征为核心关注内容。1927 年,Elton 扩展了生态位的含义,将生态位理论延伸到生物在群落中的功能和营养地位,即为功能生态位。1957 年,Hutchinson 提出多维超体积生态位,认为生态位是存在于几维资源空间中的生存条件集合体。

随着生态位理论内涵的逐渐丰富,其在生物研究、城市研究等领域被广泛应用。在生物研究领域,Mazel 等(2017)将生态位理论应用在哺乳动物的物种演化和空间分布研究中,Marcelino 等(2015)通过生态位模型研究气候对海洋植物生态位的影响。在城市研究领域,Fuentes 等(2014)通过探讨人类对自然生态系统中动植物资源的利用,研究人类生态位建设的可持续性。丁圣彦等(2016)以开封市为研究对象,基于生态位的理论和研究方法,解析开封市的生态位格局变化规律。秦立春等(2013)对长株潭城市群进行生态位的解析、研究生态位态势发展,从而进行竞合协调发展研究。段祖亮等(2014)测度天北山坡城市群的生态位宽度和分异度,通过研究城市多维生态位得到天山北坡城市群之间的协同关系。

(二)生态位基础理论与河流生态廊道

南方河流生态廊道建设中,主要可以使用生态位理论中的生态位最小阈值理论、生态位的多维多样性理论、生态位态势理论、生态位分异理论、生态位重叠和竞争排斥理论及生态位的扩充和压缩理论。

1. 生态位最小阈值理论

生境最小阈值是生态位理论对生态系统中每种生物生存所需要的环境、资源的总体描述。格林内尔(J. Grinell)(1924)将生态位看成是被一个种(或一个亚种)占据的最后分布单位,在生态因子变化幅度中,能被生物占据、利用或适应的部分,并强调其空间概念和区域上的意义。

　　河流生态廊道网络的构建,需要考虑与建成区的位置关系,侧重于空间概念。在快速城镇化的背景下,建设用地的扩张应该遵从河流生态空间的控制,河流生态空间与建设空间的发展模式影响到生态效应的发挥以及城市建设用地扩张蔓延的形式。城市和河流生态空间的关系为互为关联的空间耦合关系,河流生态空间通过空间蔓延格局与镶嵌形态等方式,加强生态向其他空间类型的融合与渗透,形成了生态系统与城市系统的空间耦合和功能渗透。城市的动态发展和生态用地的动态变化时时刻刻影响这一动态关系所呈现的耦合形态。

　　2. 生态位的多维多样性理论

　　多维生态位由 Hutchinson 于 1957 年提出,他认为生态位是物种各个单元生存条件的综合,由于环境资源及环境条件等生存条件具有多维特征,故生物所占据的生态位也是多维的。生态位的多维性是指根据不同的环境因子个数可将生态位分为一维生态位、二维生态位、多维生态位等。生态位的多样性是指由物种多样性引起的生物在生态系统中所占据的时间和空间位置的多样性,具体可表现为资源的多样性、物种的多样性以及分布空间的多样性。

　　生境及物种多维多样性理论在河流生态廊道的构建过程中主要指廊道空间中自然资源多样性及物种多样性,他们对河流生态网络的构建起到了关键性的作用,同时河流生态网络的构建也加强了生境多样性和生态可持续性。河流生态网络的构建是基于对生境及物种多样性的研究,以河流生态网络框架的形式为生态效应的发挥、物种栖息和迁徙提供了流通环境空间,丰富了多样性较弱区域的物种,有助于更好地保护河流整体生态环境。

　　3. 生态位态势理论

　　态势理论包括"态"和"势"两个属性,适用于自然界中所有的生物。其中"态"是指生物单元的生存条件占有量、资源占有量,反映了生物的生态位积累结果。"势"是指生物单元对环境和资源的支配力、占据新环境的能力、生物数量变化率、生物与环境之间能量转化的速率。"态"和"势"综合反映了生物单元的生态位宽度。

　　城市河流生态空间"态势"理论包括两个重要的方面:一是建成区的"态"和河流生态空间的"态",城市建设区的态是指依据建设空间包含的资源特征、功能特征、空间位置而确定的建设区的发展定位、未来开发保护时序方向,反映在空间上即为建设用地空间占有量、占有比重及布局形式;河流生态空间的"态"表示城市河流生态空间所包含的资源特征、功能特征和空间布局,反映在空间上即生态空间占有量、占有比重及存在形式。二是建成区的"势"和河流生态空间的"势",分别反映了城市新区发展过程中,建设用地的扩张速率和生态空间的衰退速率。"态"和"势"的有机结合充分反映了城市建设区和河流生态网络空间的生态位宽度。通常来说，"态"和"势"过大或过小对于城市发展都存在弊端，故寻找稳定平衡的状态尤为重要。

4. 生态位分异理论

生态位分异即指生态位分化，可分为种间生态位分化和种内生态位分化。前者是在一个生态位中物种之间由于食性差异、资源利用方式差异、栖息地差异和病菌敏感度差异等，在竞争过程中为保持物种间共存而发生的分化。种内生态位分化在于同一物种由于繁殖能力、对天敌的敏感性、外形等个体功能性状上的差异，造成对资源利用和对种内与种间竞争的适应性进化。生态位的分化和物种竞争之间是相互作用的关系。

生态位分异理论应用在河流廊道生态网络构建中，是指河流生态网络构成要素在功能作用、空间布局、种类、重要性等方面的分异。构建过程中，需要对生态斑块、生态节点的结构和功能分异进行研究，判定河流生态网络各组分自身的特性、生态效应的发挥程度，从而决定其在整体生态网络中处于不同的定位，需采取不同的分级保护措施。河流生态网络的主体分异共同构成了生态网络的多样性。

5. 生态位重叠和竞争排斥理论

生态位重叠理论最早是由俄国学者 Cause（1934）提出的，是指当两个或多个生态特性相似的物种生活在同一区域时，会占据相似或相同的生态资源、环境条件乃至空间位置，对营养、空间等资源的利用会发生重合。物种共同利用资源程度不同，则生态位重叠程度不同，可分为完全重叠和部分重叠两种情况。竞争排斥原理是由 Hurlbert（1978）提出的，是指当两个或多个具有相似生态位的物种生活在同一个地区，会对生态资源、环境条件乃至生存空间进行抢占，导致优势物种完全取代劣势物种并占据其资源生态位，而劣势物种只能被迫调整空间和资源利用。生态位的重叠会导致物种间的竞争排斥，反之，物种间竞争排斥则会削减生态位的重叠现象。

在河流生态廊道网络构建过程中，难以避开人为因素的干扰，这些人为干扰渗透到自然生态网络的每个角落，造成理化环境、生境、物种种群、生态系统以及景观等多个尺度的破坏效应，导致河流生境破碎化。因此，在河流廊道网络构建过程中，应重复考虑人类生态位与河流廊道各物种生态位之间的关系，协调生态位重叠和竞争排斥。

6. 生态位的扩充和压缩理论

生态位的扩充理论反映了物种对资源和空间利用的优势度，当物种之间发生生态位入侵时，优势生物在竞争中取胜，通过占据劣势物种的生态位使其生态位宽度得到增加并且泛化。生态位的扩充是生物发展的过程，是推动生物圈演变的动力因素，能够促使生态系统更加复杂多样，趋向更高级。生态位的压缩理论反映了新物种的入侵对原物种的生态位压缩，包括资源利用、空间分布和能量交换的压缩。被入侵的物种只能占据适合自己生存发展的最小生境，其他生态位被迫提供给优势入侵物种的过程，即为生态位的压缩过程。

在构建河流生态网络时，可通过增加生态网络的韧性、弹性和抗风险能力来扩大生态扩充度。生态斑块、生态节点由于自身结构特性和功能特性的不同，在应对生态压缩干扰时,所采取的扩充策略也有所不同。当河流生态网络受到重叠干扰时,可进行生态网络的错位分离(资源、时空、功能等),当生态网络受到压缩干扰时,可采取生态网络的泛化策略(潜在生态资源的开发、引进新的生态资源、采取新的布局方式)。

二、生态系统服务理论

(一)概念及起源

生态系统服务的理念来自马什(Marsh),他在《人与自然》一书中提出,如果人类不改变把地球作为消费对象的观念,长此以往会地球毁灭、人类灭绝。1997 年,Costanza 等在《自然》杂志上发表的研究成果中对生态系统服务的定义重新进行了梳理,他认为生态系统服务是指为人类可以在生态系统中获取的有形的直接效益以及无形的间接效益,包括生态系统产品(如食物)和服务(如消纳废物)。同年,Daily 在他的著作中,把产品纳入了生态系统服务功能的概念,系统地解释了生态系统为人类生存提供木材、海产品等生态系统产品,阐述了保持生物多样性的过程和条件。2001—2005 年,由联合国主持实施的千年生态系统评估 (MA)计划,把生态系统服务理论的研究推向高潮,生态系统服务的概念才正式进入公众视野并开始得到普及。联合国的千年生态系统评估报告(MA)把生态系统服务定义为:人类从生态系统中获得的效益。其中包括供给功能、调节功能、文化功能和支持功能。此后,李双成等(2014)的研究中,将人类可以在生态系统中获取的有形的直接效益以及无形的间接效益都涵盖在内,这也意味着其对生态系统界定时同时考虑了人工和自然两个方面。

生态系统的功能与服务功能是两个不同的概念。生态系统功能是其内在的特性与固有的属性,人类对生态系统功能的认识来源于人类通过外在表现而对其本质的理解,但生态系统功能是不因人类活动而改变的客观存在。而服务功能则是建立在生态系统功能基础之上的,人为视角下界定的服务功能,是指人类能够从生态系统中直接或间接获取的效益。两者是不可等同的,是依托与被依托的关系。人类对于生态系统的过度消费和胁迫,导致其环境破坏与功能衰退,生态系统反过来制约为人类提供的服务功能。如果生态系统严重破坏直至消失,其服务功能也将随之消失,可以说,人类的一切活动甚至是人类生存,都需要生态系统的支持,因此生态系统功能是一切研究与实践的根本。

(二)生态系统服务的分类

生态系统服务是人类赖以生存和发展的资源与环境基础。生态系统服务功能是根据人类与生态系统的互动关系而产生的,人类活动与生态系统功能缺一不可。人类活动的复杂性和生态系统功能的多样性导致生态系统产生了不同的服务功能,随着与人的不断交互,各种功能开始相互融合。其价值评价也受到其服务功能多样性的影响,因此不同的分类方式会产生不同的评价结果。对此,国内外学者进行了大量研究并归纳出了多种不同的分类理论体系。最早对于生态系统服务功能分类的理解可能来源于 Daily 与 Costanza 的研究。Daily(1997)把提供生存必需品、丰富精神世界、维持生命系统总结为生态系统的三种服务功能。通过对其著作进行研究可知,他认为生态系统服务应该包括水文调节、气候调节、水资源净化、精神享受等 17 个子类。Costanza（1998）还在书中提出多种生态服务评价方法，并根据多种方法核算出全球生态系统的年度价值。二者的研究为其他学者奠定了坚实的理论基础，成为 20 世纪末 21 世纪初生态价值服务评估的重要依据。国内的研究也不在少数，张象枢等（1998）认为自维持、环境容量、物质性以及舒适性资源功能是生态系统服务功能的四个方面。李金昌等（1999）将生态系统服务功能按照形态划分为生态和物质两类。

目前，最令学术界认可的分类系统来自联合国的千年评估报告（MA），其将生态系统服务总结为供给服务、调节服务、支持服务和文化服务四大类，以便于计算评估，满足人类的管理需求。

供给服务是指人类从自然界中直接获取的可供使用的物质，既包括自然界中先天存在的原材料，也包括加工处理后供人类使用的物质产品。如从植物、动物等生物中直接获取的食物和纤维，作为能源使用的木材、燃料等，用于观赏的花卉和动物产品及淡水资源等。

调节服务是指从生态系统调节过程中获取的各项效益。调节服务与人类的生存息息相关，体现在生活中的方方面面。如生态系统通过气候调节影响区域气候条件，甚至全球气候条件。如生态系统通过碳氧调节的平衡，为人类与其他生物的生存提供必要的基础条件。除此之外，空气质量的维持、城市气候的调节、水文系统的调节、防风护堤等都属于生态系统的调节服务。

支持服务是其他生态系统服务功能运行的必备条件，其对人类产生的影响是间接和漫长的，但又是不可或缺的。其他服务功能如供给、调节和文化功能对人们的影响相对直观且具有冲击力。支持服务则相对隐晦，默默为生态系统的运转提供支撑。如自然界中的生物所需要的氧气资源、树木花草所需要的土壤资源、野生动植物所需要的栖息环境等，都属于支持服务。

文化服务是指生态系统在人类更高层面所提供的服务，如精神的愉悦、审美体验、感官上的刺激等非物质效益。美好的自然景观和独特的生态环境可以为人们提供静谧的休闲娱乐场地度过他们的闲暇时光，提高人类的满足感和幸福感，使场地更具有地方感。地方感与场地的环境特征息息相关，不同的自然资源、植物群落可以产生独特的地域景观，给予场地独特的"地方感"，赋予人类归属感。

（三）生态系统服务理论与河流生态廊道

河流生态系统具有自我调控、自我净化的功能，是提升城市居民生活品质，亲近自然、走近自然的最佳选择。河流廊道的构建不应该只服务于人类，更是构建城市多样生态系统的必要组成部分。生态系统与人类福祉是相互耦合、相关促进的关系。在生态系统服务理论指导下，河流生态廊道景观在融入人类价值取向后为人类福祉和自然生态系统的支撑与保障提供服务；在生态系统服务理论的指导下，多视角、多层次地对河流生态系统进行生态本底的修复和湿地景观、河流廊道的重塑，有利于河流生态系统的健康发展。

三、景观生态学理论

(一)概念与来源

景观生态学这一理论概念诞生于 1939 年,由德国地理学家特罗尔(C. Troll)在利用航拍影像探究东非土地利用问题时首次提出。20 世纪 80 年代后,随着美国生态景观学派的崛起和国际景观生态学大会的接连举行,景观生态学真正进入了全球性的研究热潮。景观生态学是研究景观单元的类型组成、空间格局及其与生态学过程相互作用的综合性学科,其研究对象和内容可概括为 3 个基本方面:景观结构、景观功能与景观动态(见图 1-3-1)。其中景观结构探究景观斑块-廊道-基底模式;景观功能研究能量、物质和生物有机体在景观镶嵌体中的运动过程;景观动态研究人类活动的影响下,景观结构和功能时间的变化。景观生态学具有综合性学科的特点,它的理论突破在于将侧重研究自然生物现象的水平作用途径的地学思想与侧重研究自然生态功能的垂直作用途径的生态学思想有机结合,并将人类活动干扰作为重点研究对象囊括其中,从景观角度提出了抵抗或减缓干扰过程的途径,增强景观系统整体抗干扰能力,以达到景观可持续发展的最终目的。同时,景观生态学通过研究景观单元间的空间格局、生态过程与尺度的相互作用,将生态斑块在小尺度表现出来的非平衡性在较大尺度上合理整合并形成一定规模的空间格局,以克服局部生物反馈的不稳定性,进而保持整体生态系统的平衡与稳定,这也是景观生态学在城市乃至流域尺度研究的意义所在。

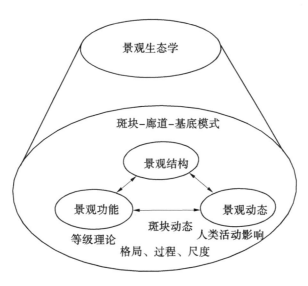

图 1-3-1 景观生态学构成

(图片来源:《景观生态学》)

中国经过 30 多年学习和实践的积累,正不断构建与丰富着符合中国特色的理论体系,并在大量国内案例实践积累中扩展出诸如景观格局优化理论、方法与评价体系的探讨,以及源、汇景观的概念及其对非点源污染的影响等国内创新性理论。其中,景观廊道切割又同时链接几乎所有的景观单元,其景观结构特征强烈制约着区域各项生态过程的稳定性与连续性,是整合优化景观结构并维持生态流稳定的关键措施。近年来,国内学者基于景观生态学理论,将生态廊道扩展出生态安全维护的功能,并认为其是解决雨洪灾害、环境污染、热岛雨岛等诸多城市问题的重要举措,尤其是在土地利用与资源价值被热议的今天,生态廊道作为优化土地利用结构与提升区域生态安全水平的重要手段,逐渐成为城市规划领域研究的重点。

(二)景观生态学理论与河流生态廊道

河流空间规划策略的制定需要景观生态学为其提供理论依据。城市河流空间作为城市与自然水体交界处,其物质流、能量流及生物流在横向、纵向及垂直方向上的生态过程是城市中交换最频繁、交换量最大的。而现代景观生态学对生态系统过程(如能量流动和养分循环)在不同时空尺度上的关系是研究的重点。以景观生态理论为指导,将河流作为生态廊道、周边湿地公园作为生态斑块,对于滨河空间生态格局构建及生态过程的实现具有重要意义。

四、“边缘效应”理论

(一)概念与来源

边缘即周边部分、临界的意思,在规划领域人们较早地认识到了边缘的作用,弗里德曼核心-边缘区理论认为边缘区对于核心区的经济发展起着重要的促进作用;扬盖尔在《交往与空间》中认为受欢迎的逗留区,一般是沿建筑立面的地区和一个空间与另一个空间的过渡区。“边缘效应”理论研究起源于生态学,1933 年 Leopold 针对生态交错区物种不同的种类及丰度提出了边缘效应的概念。

王如松等(1985)认为边缘效应是位于多个系统相互作用的地方,因物质、能量、信息、时机、地域或系统属性的不同和相互协同作用而引起系统某些组分或行为较大变化的现象。刑忠(2001)认为城市的边缘效应是由相邻异质区域(如地质、地貌等自然属性与用地性质、权属等社会属性的区别)的公共边界及过渡地带,因各系统因子(包括自然、社会和经济要素等)的作用而使各个子系统所产生的增值效应乃至整个边缘区的整合叠加效应。

(二)“边缘效应”理论与河流生态廊道

“边缘效应”理论为丘陵城市滨河空间提供增值的生态效益。丘陵城市滨河区处于城市与自然、陆地与水域不同的地理经济区域,其地形、地貌、用地性质等存在明显的空间异质性,属于明显的城市边缘地带。城市滨河空间由于空间异质性、各要素间的相互作用,产生了关联增值效应,提升了整个滨水区综合生态效益。运用城市“边缘效应”理论对丘陵城市的滨水驳岸、湿地、廊道等进行引导能产生滨水空间的生态“边缘效应”,以与环境和谐共处为目标,对土地利用进行合理的规划引导,能带来滨水空间经济“边缘效应”。

五、城市意向理论

(一)概念与来源

凯文·林奇(2017)在《城市意向》一书中认为,城市不仅是成千上万不同阶层、不同性格的人们共同感知的事物,而且是众多建造者由于各种原因不断建设改造的产物。书中通过对波士顿、泽西城和洛杉矶的研究,首次提出通过视觉感知城市的物质形态,提出了在城市尺度处理视觉形态的城市设计方法。凯文·林奇将城市意向的要素归纳为道路、边界、区域、节点及标志物。道路指城市中的步行道、车行道、铁路线等;边界指两个部分的边界线,相互起侧面的参照作用;区域指城市内中等以上的分区,是二维平面;节点指广场等开放空间;标志物指区域内突出的元素,可以是建筑物、景观、山峦等。利用城市意向对城市进行规划建设,能建设出引起人们共同感知的、具有特色的城市。

(二)城市意向理论与河流生态廊道

将城市意向中边界要素引入城市滨河空间规划中,为丘陵城市滨河空间的特色塑造提供指导方法。对城市现有的山水基底进行城市建设,能最大限度地保证城市的特色,避免城市间的趋同性。城市边界意向在城市滨河空间中主要体现为天际轮廓线和岸际轮廓线,对于这两者的把控在于其连续性及可见性。岸际轮廓线包括滨水岸线、滨水湿地、自然洪泛区等,其控制着水面及陆地的具体形态。对于岸线轮廓线的把控,应以尊重自然地形为主,应根据生态过程对岸线进行设计,保护自然资源,避免对生态平衡的破坏。对于天际轮廓线的把控,可通过对滨河地带的建筑空间布局、预留视线通廊、控制建筑高度等方式,让山水融入城市中,塑造有特色的城市滨水空间。

六、其他构建理论

除上文提到的五种构建理论外,还有以下几种理论衍生于以上提及的理论,亦可应用于南方河流生态廊道网络构建。

(一)不可替代情景理论

不可替代情景(irreplaceable scenario)是景观生态学两个基本景观整体情景之一。不可替代情景中,要具有足够宽的廊道保护体系和一定面积的生态斑块,确保景观的异质性,以保障生态安全。不可替代情景中对连通性的需求,反映了生态安全格局中廊道的重要性。连通性良好的廊道对区域生态流动有重要意义,能够保障其他生态系统功能。不可替代情景在河流生态廊道中的应用,即是识别能够维护景观格局安全和可持续发展的关键景观组分,建立不可逾越的“廊道红线”,作为保障当下省域范围内生态和环境安全、未来生态格局能够持续良性演进的骨架和基础。基于我国国土面积广大,省域间的行政分界线多为自然地理界线等因素,以省域为单位构建不可替代的生态廊道,向上可整合为国土范围内的生态廊道骨干网络,结合生态保护红线,建立基础的国土安全格局;向下可进一步补充次级的生态廊道,加强廊道整体的健壮性,促进生态环境向最优景观格局发展。从自然地理、管理和尺度等多个角度比较,省域均是进行骨干廊道研究的适宜尺度。此外,最优景观格局也强调源地之间的连接以及廊道系统的延展,识别高度安全的生态格局中关键结构,同样具有重要的科研和实践意义。

(二)生态基础设施理论

生态基础设施(ecological infrastructure,EI)最早由联合国教科文组织“人与生物圈计划(MAB)”研究提出,是一个多学科交叉的概念。联合国教科文组织认为,生态基础设施是一种能够维护生态安全的土地利用模式,代表了自然景观对城市的支撑能力。在生态基础设施理论中,为确保人类和其他生物的健康和发展,要求生态基础设施规划先于城市规划进行编制。

2005 年,俞孔坚以台州为例,通过对生态格局的构建和评价进行研究,从宏观、中观和微观尺度对生态基础设施做出了系统的阐述:宏观尺度的生态基础设施承担的是维护国土安全的重要职能,包括国家级的自然生态保护区,以及连通重要生态功能区的关键廊道等生态用地,宏观生态基础设施通过景观过程分析和对景观安全格局判别,综合自然、生物和人文过程,构建整体格局,明确景观元素和结构与各种景观过程的关系;中观尺度生态基础设施通过控制其分布、位置、结构和功能,指导地段的保护和建设设计;微观尺度生态基础设施规划对应城市建设中的控制性或修建性详细规划阶段,分城市地段综合设计和局部详细设计两类。

宏观生态基础设施由基质、斑块和廊道组成,省域生态廊道即是生态基础设施在宏观尺度上的体现,是继我国划定生态红线保护区后,对生态基础设施体系的进一步完善。优先进行生态规划而非城市规划的规划方法,是后现代主义理论对景观学科和规划学科的影响,是当代景观师和规划师对人与自然关系的反思。研究表明,改变土地利用的类型和结构,构建生态廊道,能够达到促进生物和非生物流动、涵养水源、保护土壤的效果。由生态基础设施主导的土地规划和城市规划,能够明确必须保护的核心生态功能区,平衡生态保护与城市建设二者对土地资源的需求,从而达到指导城市规划和土地利用发展的目的。

河流生态廊道作为一种生态基础设施,具有层次性和多尺度性,能够提供生态系统服务,保护生态安全和可持续发展,满足人类和其他生物生存发展的需求。构建功能完善的生态廊道对于恢复景观生态过程、促进生态系统良性循环具有重要的意义。

我国当下土地资源紧缺,人地关系紧张,国土范围内亟待解决的生态问题众多。这样的情况在经济优先发展区尤为严重,因此识别和构建能够维护区域生态安全的底线生态基础设施,具有重要的科研和实践意义。宏观尺度的生态基础设施不仅是维护当代生态环境安全的骨干,更是确保生态环境在未来能够可持续发展,持续满足人类和其他生物需求,不断向最高生态安全格局演进的基础。宏观生态基础设施强调导向和不可替代的特性,在空间中呈现出明显的拓扑特征,是中观和微观生态基础设施规划建设的依据与基础。

(三)景观连接度理论

景观连接度(landscape connectivity)是对景观空间结构单元之间连续性的度量,能够反映景观的功能特征。Merrian(2010)提出景观连接度理论;Forman 和 Godron(1986)认为它能够表示景观中廊道或基质在空间上的连接和延续状态;Taylo 和 Forman(1995)等学者认为景观连接度描述的是生物体运动迁徙、能量交换以及任一种生态过程在景观中受到促进或阻碍的情况,即交流程度;吴昌广等(2010)学者认为景观连接度是指促进或阻碍生物体或某种生物过程在源斑块间运动的程度。"连接"是廊道的基本功能,无论是从空间格局、网络结构还是生态系统服务的角度对生态廊道的功能进行衡量的过程中,均有对"连接度"的描述。连接度是衡量生态廊道功能的重要指标。随着人类活动和城市扩张的加剧,建成区和交通网络造成了国土范围内的生态破碎化,以提高景观连接度为目的构建生态廊道,能够有效地缓解生态破碎化,重建景观安全格局。

基于景观连接度构建生态廊道,已经成为近年来土地利用和城市建设研究和实践的趋势。尤其在宏观尺度下,垂直过程对生态环境的影响程度比重降低,廊道宽度与长度之比减小,生态廊道作为"连接线"的功能更加明显。景观连接度作为影响生态廊道的功能的指标之一,在宏观尺度下具有更强的实用性和代表性。Brooks、Janssens、邬建国等学者综合景观连通性"关联"和"连接"两种含义,按照度量方法的不同将其分为结构连接度和功能连接度。前者从空间结构出发,强调景观要素在空间结构上的连续性,后者从生态学实体的角度出发,强调功能和某一特定的生态过程。省域生态廊道体系中具备多种复杂的功能和生态过程,基于省域生态廊道的宏观尺度特征、骨干地位、导向性功能,以及生态环境破碎化愈发严重的现状,结构连接度更能准确地反映廊道体系的连续性和整体性特征,更具现实意义和研究价值。景观的结构连通性可由斑块大小、形状、同类斑块间的距离、廊道存在与否、不同类型廊道之间相交频率、廊道组成网格单元大小等几个方面来反映。保障廊道体系的结构连接度可促进体系中各个景观要素的连通和交流,营造安全稳定的景观格局,与省域生态廊道作为宏观生态基础设施的目标功能相契合。本研究以保证源地间的连通为基础,对省域生态廊道进行了优化研究。

(四)景观格局指数理论

景观格局指数(lanscape pattern index)理论基于"格局–过程–尺度"理论,是量化景观单元的类型、数量以及空间关系的一系列指标,是景观生态学用于定量描述空间格局的方法。景观格局指数能够比较不同景观类型,分辨具有特殊意义的景观结构差异,确定景观格局和功能过程的相互关系,从而能够通过临界数值反映出景观格局的状态和变化,常在宏观尺度下,对生态环境现状和变化做出评价和预测。由于景观生态学关注的是经典生态学并不十分重视的大空间尺度特征,而且研究中多变量和复杂过程,因此以往的数量化模型并不能完全地适用,需进行综述和调研,提取能够表达研究对象特性的指标。对应景观格局的三个层次,景观格局指数也分为斑块、斑块类型和景观镶嵌体三类(这里将廊道理解为带状斑块,不单独列出)。其中单个斑块的指数包括斑块的面积、形状、边界特征以及与其他斑块的距离,不具备直接解释景观格局的意义,但可作为表示生态廊道基本特征的描述性指标,作为其他两类的运算基础。整体特征指数包括多样性指数(diversity index)、镶嵌度指数(patchiness index)、距离指数(distqance index)以及生境破碎化指数(habitat fragmentation index)等,能够定量地描述生态廊道的结构、功能和过程。根据廊道的特征和目标需求,斑块和边界密度、破碎度、聚集度等景观格局指数便于计算,具有实用意义,能够对景观现状做出科学量化的分析和评定,可用于量化生态廊道功能,完善廊道影响因子指标体系。应用于生态廊道的构建过程中,能够减少专家打分在生态源地选取、阻力面构建过程中带来的主观影响,也可用于廊道构建前后以及不同廊道之间的比较,作为生态廊道的经济技术指标,为构建和评估提供科学的依据。

(五)雨洪安全格局理论

雨洪安全格局的概念衍生于景观生态学中的城市生态安全格局,国内外很多学者发现城市雨洪过程也存在类似的潜在安全格局 ,它由对格局形成起关键作用的战略点(区)及廊道系统构成,也有学者延续景观生态学的概念,将其称为雨洪斑块、雨洪廊道与雨洪基质。无论是哪一种叫法,学者们普遍认为识别上述对雨水过程起控制作用的关键空间位置,以此为基底建立跨尺度的雨洪安全格局是雨水控制利用的核心。当下,采用"源地-廊道"的组合方式将雨洪安全格局落实在城镇或区域土地利用规划或总体规划中,已初步成为构建雨洪安全格局的基本范式。水绿生态要素作为雨洪安全格局的空间载体,是可在空间辨识并落地操作的生态功能体,成为以最少的土地、最优的格局高效维护雨洪调蓄、水源保护涵养、自然水文循环与污染物净化等生态雨洪过程的有力抓手。

第二节　网络结构

一、宏观尺度安全格局

宏观尺度安全格局主要考虑生态格局分区和廊道景观助力面两个方面。

(一)生态格局分区

1. 分区原则

综合考虑自然因素与人类活动开发因素等,河流生态安全格局分区需遵循以下五个原则:

(1)时间稳定性。生态系统的每个要素都有自己的变化周期,随着生态系统各要素的变化,导致生态功能的一定变化周期。由于上一级分区结果是下一级分区结果的基础,因此高一级指标因子的变化周期应小于次级指标因子的变化周期。

(2)空间连续性。空间上,同一区划单元内部应是完整、连续的,不应存在彼此分离的区域,尽量保护流域边界的完整,维持流域生态系统的完整性。

(3)生态空间格局的一致性与异质性。规范分区结果,划分出的每一个单元内,生态过程、生态结构、生态功能等相对一致,而两个相邻区划单元之间有显著的差异。

(4)主导因子。规范区划操作过程,根据主导指标因子分区,每一区划界线都由主导因子的空间分布作为确定界线的主要依据。

(5)人类活动胁迫占主导。根据河流资源的开发程度,需要刻画人类因素的影响,人类活动胁迫背景条件下,水生态过程和空间结构会形成不同服务功能。

2. 生态格局分区指标因子

科学、合理分区的基础是筛选分区指标,分区指标应具备以下特征:

(1)空间异质性。区域生态结构要素的时空分布差异性,导致生态服务功能的差异。分区指标筛选前,应先对区域内的空间要素进行异质性分析,尽量考虑异质性大的因子,异质性太小则不能作为区划指标因子。

(2)水陆耦合。生态功能分区时强调要水陆一体化,不能把水体和陆地割裂,要统筹考虑。

(3)因果关联。各生态要素必须相互作用,具有复杂的因果关系。分区指标应该遵循这些因果关系,同时各指标要层次分明,体现因果性。例如,气候和地貌共同决定水资源量和空间分布,而水资源量和空间分布又制约着人口的分布情况和社会经济发展,因此分区时应先分析气候和地貌指标,再考虑人口空间分布情况,不能倒置。

考虑以上分区指标需具备的特征,河流生态廊道生态格局分区可以选用以下指标因子：

（1）地貌因子。地貌在短时间内不会发生改变，在时间上具有稳定性。从空间异质性上看，河流的山地、平原具有明显的空间异质性，均属于大尺度的空间分异。从因果关联性上看，地貌影响水文过程等，从而影响水生态服务功能。因此，地貌可以作为河流生态廊道的生态格局分区因子。

（2）气候因子。虽然气候年际波动，但从长期看，气候的空间格局基本不变，具有时间稳定性。河流流域降水量、蒸发量的多少，具有显著的空间异质性。从因果关系来看，降水和蒸发决定了流域的水量，水资源的水量是水的生态功能的基础。因此，气候可以作为河流生态廊道的生态格局分区因子。

（3）人口因子。生境的胁迫主要承载人类活动影响，而人口分布密度能直观刻画这种影响。传统的分区中，主要考虑自然因素等对环境的影响，很少考虑人为的主导因素，人为地割裂开人类因素和自然因素导致的双重结果；其次，无论是分区还是其他生态规划，其最终结果都是要"以人为本"，单纯地进行分区规划而与生态功能为人类提供服务分裂开来是毫无意义的。综上所述，人口分布密度可以作为河流生态廊道的生态格局分区因子。

（4）其他因子。各流域，尤其大流域，可能涉及多个生态功能分区，包括水源涵养、土壤保持、防风固沙、生物多样性保护、洪水调蓄等多个生态调节功能，可参考流域所在地的《水生态功能区划》对分区结果进行细化。

（5）管理因子。传统的分区规划很少考虑行政管理因素，使得在实际落地过程中，管理孱弱混乱，职责不清。为调配各部门的积极性与协调性，同时为了整个流域的协调统筹发展，将行政因素作为分区中的指标因子，使河流的生态发展朝着更加健康的方向发展。

3. 分区技术

现有生态分区方案中，大部分都采用了分级、分区的技术方法，即区划是多级分区，每一级区划采用一个或几个分区指标，次级分区都受到上级分区范围的限制。一般还需要运用空间叠加技术，以及叠加后边界判定等方法。因此，自上而下分区技术实际上是多种技术的融合。自上而下分区技术即把空间上相邻、属性上相似的区域合并。

根据河流生态廊道重点需解决的问题，作为生态分区目标导向，宏观尺度上的生态定位可考虑水源涵养、水土保持、开发利用、洪水调蓄、生物多样性保护等。在分区方案中尽可能融合其他相关分区的一些优点，充分考虑如何便于管理。一级、二级分区以自然环境因子为依据，采用自上而下的分区方法，利用 GIS 技术，识别出具有宏观空间特征的自然单元。三级、四级区划以社会人为因子为主要依据，识别不同区域的人为干扰程度强弱，兼顾已有流域水生态功能分区，使分区细化且合理，最后采用行政区划因子，便于以行政区为基础对具体问题进行有针对性的管理。

（二）廊道景观助力面

在最小累积阻力模型中，同一土地单元对人类建设用地或生态环境保护用地的扩张起到刺激或阻碍的作用，通过确定人类建设用地和生态环境保护用地扩张阻力因子、分值以及权重，将各阻力因子分值叠加赋给区域内所有土地单元，即形成景观阻力面。因此，在进行阻力因子的选择时，需要多方位考虑。景观阻力主要受自然因素和人为因素的影响,不同类型的影响因素由于其在土地单元上的承载内容不同,又可细分为各种阻力因子。

1. 自然因素阻力因子

自然因素阻力因子包括土地利用类型和坡度。土地覆盖类型与生态源的类型越相似,对区域物质和能量循环的阻碍作用就越小,人为干扰强度越大,对能量流的阻力就越强,因此土地利用覆盖类型是极其重要的阻力因子。由于本书研究的廊道类型为河流廊道,因此根据各种土地利用类型对水体流动的阻碍程度赋予不同阻力值。

坡度对土地资源的分布有重要的影响,坡度的大小关系着土壤侵蚀等现象的发生。同时坡度与生物种群的迁徙和能量的交换有重要的关系。坡度水体流动起加速或减缓的作用,大清河流域山区与平原几乎呈直线相交,几乎没有过渡地带,坡降变化较大,坡度越大的地方对水体流动的阻碍作用越明显,因此坡度值与阻力值成正比。可考虑利用 DEM 数据在 ArcGIS 中的 3D analyst 工具提取出河流的坡度数据,再参考全国土地调查地形坡度分级技术将坡度阻力进行分级。

2. 人为因素阻力因子

人类建设活动将直接影响区域内的物质和能量循环,是决定水体流动的最主要因素之一。河流穿越山区和平原,人类活动影响的强弱可依据人口分布密度评估。一般而言,人口密度与人类开发强度、景观阻力值成正比,当人口分布密度小于一定值后,人类活动的影响可近乎为常值。可按照人口分布密度,以人/km² 划分不同的密度范围,设定不同的阻力等级。

二、中观尺度空间结构

河流生态廊道中观尺度空间结构的构建主要考虑宽度、曲度、连通性及内环境 4 个方面,这 4 个方面的规划和优化需要基于河流廊道涉及河流生态系统的生态过程以及河流廊道的服务功能。

(一) 河流生态系统过程

河流生态系统的四大生态过程包括水文过程、地貌过程、物理化学过程和生物过程,这四个过程相互影响、相互制约。

1. 水文过程

河流生态系统结构的完整依赖自然水文动态循环过程,其在维护生物多样性等方面十分重要,但由于自然条件的变化以及人类开发强度的影响,自然水文过程遭到不同程度的破坏。因此,了解现状水文过程偏离自然水文过程的程度,识别破坏程度较大的水文指标,对河流的生态保护与修复具有重要意义。

2. 地貌过程

地貌过程是指地表物质在力的作用下被侵蚀、转移和积累的过程,是由地表力和阻力的对比决定的。侵蚀由溯源、侧蚀和下蚀形成;转移过程的对象是泥沙,输沙能力降低,淤积增加。地貌过程是形成水系网络形态的主导因素。

3. 物理化学过程

河流水质物理量测量参数包括温度、色度、浊度等,化学量测量参数包括生化需氧量

（BOD）、化学需氧量（COD）、溶解氧（DO）等。如果河流水体的物理性质和化学性质关系失衡，就会导致生态系统健康性出现问题。

4. 生物过程

生物过程主要是指生物群落对栖息地变化产生的响应，生命系统和非生命系统之间交互影响。生物过程是河流生态系统生态过程的基础。

（二）中观尺度河流廊道的水生态服务功能

1. 水生态服务功能

中观尺度河流廊道的生态功能主要包括：①河流纵向横向连通性、缓冲带纵向横向连通性、保障生态流量；②行洪调蓄功能、维持河岸稳定；③污染负荷满足水环境容量、水质维持和改善、满足河道水功能区目标要求；④提供城市休闲娱乐的空间、维持涉水生态环境重点保护对象健康、提高文化休闲及生境维持功能。

2. 中观尺度廊道空间结构要求

基于中观尺度廊道生态服务功能，对中观尺度廊道空间结构提出要求。一般包括：①河道形态化（基流河槽、子槽、主槽、平滩流量、水深的优化，满足生态流量的保障及用最少的水量提供最大的生态修复效果）；②维持足够的行洪断面及洪水调蓄空间，满足流域规划的防洪标准，保障防洪安全，河道整治方案、规划堤线布置合理；③优化布局排污口及水质自净空间，强化河岸带过滤功能，水土流失防治，避免河道滩地扬沙及保护沿岸农田；④强化既有湿地、自然保护区的空间及功能的保护与维持，通过构建、恢复河岸植被带，维持必要的植被带宽度及合适的植被带结构，形成合理的河岸带植被格局，新增绿色空间。

（三）中观尺度河流廊道空间结构构建要素

1. 连通性

1）生态水量

生态水量是指维持水生态系统基本生态功能的水资源量，确定生态水量是发挥水生态系统服务功能的基础。生态水量主要影响河流水文过程，修复范围属水域带，在满足防洪安全的前提下，并没有明显的乡村河段和城市河段的区分，生态水量的确定促进河流的横向、纵向连通性。严重缺水地区维持生态系统及生态廊道的关键在于生态水量，可以将廊道生态服务功能保障程度分为"期望的未来状态"、"生态管理分类"（EMC）、"生态管理类别"、"生态保护水平"等。生态管理分类要求越高，将需要分配更多的水用于流域生态系统维护或保护，并且需要保持更多的流量变异性。理想情况下，生态管理分类应该基于水文与生态状态之间明确可识别阈值的经验关系，然而目前对于这些阈值的充分响应关系证据是不够的，这些类别仅仅是概化的生态管理概念，是在有限的已知知识的条件下做出决定。生态管理分类可以作为环境保护的默认情景和相应的环境流量作为环境水需求的"情景"。一般来说，生态管理分类集合如表1-3-1所示，类似于国际水资源研究所IWMI-DWAF（168）中描述的集合。

表 1-3-1　河流廊道生态管理合集

生态管理 等级	生态条件	管理观点
A 类	自然河流、河流和海岸栖息地只发生了轻微的变化	受保护的江河、流域、水库和国家公园,不得新建水利设施
B 类	河流略有变化,水资源得到开发利用,但生物多样性和栖息地完好无损	可用于灌溉、供水
C 类	生物栖息地和活动受到干扰,基本生态系统功能完整,一些敏感物种在一定程度上消失或减少,有一些外来物种存在	与社会经济发展的冲突,如大坝、改道和栖息地变化和水质下降
D 类	自然生境、生物种群和基本生态系统功能发生较大变化,物种丰富度显著下降,以外来物种为主	与流域水资源开发存在重大冲突,包括大坝、改道和栖息地变化和水质退化
E 类	栖息地多样性、可利用性下降,物种丰富度显著降低,只有耐受性物种才能保留,植被无法繁殖,造成外来物种入侵	高人口密度和广泛的水资源开发是不能接受的,管理目标和管理措施应移到较高的管理类别
F 类	生态系统完全改变,几乎完全丧失了自然栖息地和生物种群,生态系统的基本功能遭到破坏,这种变化是不可逆转的	为恢复流域格局和河流生境需要将河流移至更高的管理类别

　　A 类和 B 类中的河流代表未经改造且基本上是自然的条件,保护或轻度的修改存在或应从管理角度允许。在适度修改的河流生态系统(C 级河流)中,这些修改通常使得它们没有(或将不会从管理的角度)影响生态系统完整性。大部分修改的生态系统(D 类河流)对应于自然状态的相当大的修改,其中敏感生物群在数量和程度上减少。严重和严重修改的生态系统(E 类和 F 类)通常处于较差的条件下,大部分生态系统的功能和服务都丢失了。进入 C 类到 F 类的河流通常会出现在人口密集的地区,并受到较多人类活动的影响。不良的生态条件(E 类或 F 类)有时从管理角度来看是不可接受的,管理意图总是通过河流修复措施将这些河流移至最不可接受的 D 类。

　　2)河流阻隔节点

　　流域内的闸坝工程位于水域带,对应重建策略,即期望通过打通闸坝工程阻隔点,在生态水量有保障的情况下使水能够流动起来,加强河流上下游的物质、能量循环,增强生物间的交流。

　　2. 宽度

　　1)河流宽度

　　河流的宽度主要受河流水文过程的影响随断面流量周期性变化,不区分城市河段,属水域带,宽度与水量的关系是相辅相成的,在下垫面不做改变的条件下,水量就决定了河流的宽度,现状水量能够满足设计的目标,则实行保护策略,否则重新计算水量与河流宽度之间的关系,基于生态水量,根据 MIKE11 中的 HD 水动力模块模拟计算出水深,以河道断面数据勾绘出下垫面实际状况,通过下垫面与水深确定出最终的河流宽度。

2)缓冲带宽度

河流廊道的缓冲带是保护廊道的隔离生境,适当缓解人类活动或自然过程对廊道生态系统造成破坏的空间,具有为物种提供栖息地等功能。影响发挥缓冲带生态服务功能的因素有很多,如缓冲带植被搭配类型等,但许多研究人员认为缓冲带生态功能的正常发挥与宽度密切相关,适宜的宽度直接影响其功能的有效性。通常认为将 30 m 作为缓冲带的最小宽度,总结的缓冲带宽度与功能之间的关系见表 1-3-2。

表 1-3-2　缓冲带宽带与生态环境保护功能的关系

生态功能	来源	具体效果	缓冲带宽度/m
生物多样性	朱强等	动植物迁徙和传播	30~60
	Shirley	物种生理生活需求	≥100
	Kilgo	鸟类栖息地	≥500
水土保持	Gharabaghi	拦截沉积物效率从50%到98%	2.44~19.52
	Abu-Zreig	拦截沉积物效率从68%到98%	2~10
	Abu-Zreig	拦截沉积物能力不再提高	10~15
污染防治	Lee	吸收转化营养元素效率提高20%	7.1~16.3
	Hawes	去除农业非点源污染营养元素	4.8~49.2
	Erman	控制养分流失	30
	Cooper	过滤污染物	30
其他	Budd	控制水体的浑浊度	15
	Budd	为鱼类提供有机物	11~200

还有学者认为缓冲带宽度在 20~150 m 时,能有效改善河漫滩蓄水能力、截留地表的径流、降低洪峰能力等。缓冲带宽度影响河流的地貌和生物过程,为协调社会经济发展与河流水文功能发挥之间的关系,缓解城市用地的紧张,对于处于同一个生态区主要生态定位相同的河段,乡村河段缓冲带较城市河段宽;对于现状缓冲带能够满足设计功能发挥的,实行保护策略;现状缓冲带受到轻微破坏而无法满足设计目标全部功能的,实行修复策略;现状缓冲带受到严重破坏的,实行重建策略,严格控制耕地范围等。

3.弯曲率

河流廊道的曲度是指河流的弯曲程度,弯曲的河流对大地的冲刷力度减小,保护两岸土地,创造冲积平原。曲度受河流的地貌过程影响,修复范围属岸线带,城市中人工修建的河流较乡村中的自然河流偏向直线形。直线形河道的弯曲率范围为 1.0~1.05,微弯形河道的弯曲率范围为 1.06~1.29,蜿蜒型河道的弯曲率范围为 1.3~3.0。

4. 内环境

表征河流廊道内环境的环境因子有很多,如太阳辐射、水质、温度、土壤湿度等。太阳辐射、温度等因子都难以人为调控和设计。因此,较多地考虑污染负荷(削减)量和水质状况。

1) 水质状况

河流的水质状况影响水文和化学过程。基于河流的水质实测数据,河流的修复目标参照地区水功能区划水质要求,区划中对各个河段已明确水质目标。将现状水质与目标水质状况做比较,现状优于设计目标水质状况的,实施保护策略,点源与面源污染排放情况相对不受控制;而对于现状劣于设计目标水质状况的,需要对点源、面源污染负荷进行削减,以达到适度生态修复目标。

2) 污染负荷量

污染负荷量影响河流的化学过程,一般来说,城市河段污染较乡村严重,修复范围在水域带。流域现状污染负荷涵盖点源污染和面源污染,在不考虑河流自净作用的前提下,根据前述生态水量和适度恢复条件下的水质目标计算出各河流环境容量,即各河流最大容许污染负荷量,并依据汇水区的面积比或河段长度比将整条河流的污染负荷分摊到各个河段上,水质现状达到恢复目标的实行保护策略,劣于设计目标的进行污染负荷削减核算,严格控制排入各河段的点源、面源污染负荷。

第三节　构建策略

一、构建原则

通过前两节对河流生态廊道构建理论、网络结构的分析可知,目前国内研究中少有对河流生态廊道网络体系的设计,也缺乏有关网络构建的理论研究。基于此,本节参考生态网络构建原则,提出河流生态廊道网络的五大构建原则。

(一)层次性原则

河流生态廊道网络结构具有宏观和中观等不同尺度的特点,在规划多尺度河流生态廊道网络时,应避免一概而全、一劳永逸的规划手法。层次性原则强调注重河流生态廊道网络内部的有序关系,规划需对各尺度网络现状进行分析,确定其在该尺度下亟须解决的问题,制定对应的规划目标、规划策略及网络的构建步骤。如对于宏观尺度的河流生态廊道而言,区域、流域的生态系统健康和安全为其首要的规划目标,应强调其大空间内的控制作用,从而确保下级尺度对上级尺度规划概念的落实;对中观尺度而言,构建维护城市生态格局安全的特色骨架网络系统,保证自然环境及物种连通性则应是规划的主要内容。

(二)协调性原则

河流生态廊道的上级尺度是从更为宏观的角度制约着下级尺度的结构和单元部署,下级尺度则细化了上级尺度的各项成分,只有综合叠加各层级网络结构后的河流生态廊道系统才能满足河流生态廊道网络的复合功能要求。因此,在分别对各层级的网络进行规划的过程中,应遵循协调性原则。一是注重网络各层级之间的协调,使其在满足不同功能目标的基础上保持最大程度的一致性;二是加强河流生态廊道网络与整体生态背景的协调性,注重分析各尺度下河流生态廊道现状并总结问题,提出未来规划的方向;三是强化与其他系统规划的协调,如城市总体规划、生态功能区划等,使河流生态廊道网络的结构布局契合城市的上位规划,以便具有可操作性和可落地性。

(三)复合性原则

宏观层面下的河流生态廊道网络以生态功能为首要规划目标,强调对自然本底的保护,但在中观尺度层面,河流生态廊道网络与城市建设息息相关,将自然保护和城市建设融合,形成功能复合的网络结构系统。复合性原则即指多尺度的河流生态廊道网络建设在中微观尺度上满足复合的功能需求。河流生态廊道网络作为城市生态网络的骨架,同样也是城市景观系统的组成成分和展示窗口,注重生境要素景观特点的发掘,考虑城市发展的功能定位,使河流生态廊道成为城市居民可亲近、可接触、可观览的城市开放空间,充分发挥其生态价值和社会价值。

(四)保护性原则

河流生态廊道串联的生境环境类型及特征各不相同,如自然林地、自然保护区往往具有丰富的物种资源,湿地环境优美适宜,河漫滩区域生物多样性丰富,但现状往往会遭到不同程度的破坏。因此,对生态环境进行保护,对破碎生境进行修复是河流生态廊道网络建设的重中之重。

保护性原则即以保护并修复河流生态廊道的自然生态系统为首要目标,在宏观层面上,应保护大尺度下的山形水势,维护其自然过程的延续性;在中观层面,应注重保护重要生境的各个要素;在微观层面,应保护河流独有的生态特征,保障河流生态廊道真正具有生态效应。

(五)连通性原则

连通性原则即保持网络结构中各生境要素之间的相互连接。众多的研究成果表明,连通度高的网络结构能够促进物种交流,发挥更大的环境保护效益。因此,在河流生态廊道网络构建中,应注重寻求各要素间的相互串联,不仅是河流廊道与廊道之间的连通,还包括廊道与生境斑块的连通、斑块与斑块的连通以及各尺度层级之间网络结构的连通。

二、构建方法

生态网络构建方法主要有生态网络要素法和最小阻力模型法两大类。生态网络要素法是把生态网络看成生态节点和生态廊道两大生态功能单元。生态网络构建的第一步是识别生态节点,选为生态节点的生境斑块应该要有较好的生境适宜性,斑块面积规模大,如大型林地、大型湿地、湖泊、自然保护区、自然风景区等。生态廊道是河流生态功能流传输的必要通道,是生态节点之间的物理连通,并能通过这种连通来确保生态系统的有效运转。识别并保护河流生态廊道的实质就是要促进各个斑块之间的物种、能量和生物信息在空间上的传递与交流,确保区域生态系统稳定性和结构合理性。

目前生态网络研究中最小累积阻力模型(MCR)较多,最小累积阻力模型(MCR)所反映的是从“源”经过不同阻力的景观类型所积累耗费的最小费用或克服阻力作的最小功。

MCR 模型最早被应用于物种的扩散过程研究,但随着研究的不断发展和深入,该模型之后又被广泛应用于物种保护和景观格局分析等领域。

$$MCR = f_{min}(\sum D_{ij} \times R_i)$$

式中:f_{min} 为生态斑块的最小累计阻力值;D_{ij} 为物种从源 j 到景观单元 i 的空间距离;R_i 为景观单元 i 相对某物种运动的阻力系数。

最小累积阻力值是用来描述物种运动的潜在可能性和运动趋势的,常被用于生态安全评价、保护区功能划分、景观格局优化等方面。

关于最小累积阻力模型的阻力面构成较为简单,多以土地利用类型为阻力面对象,河流生态廊道网络构建时,利用重要生态功能区、生态敏感性、生态重要性的成果来改进阻力面构成。同时,考虑生态景观阻力,生态景观阻力即指生态源地之间生态功能流在不同单元之间流动与扩散的难易程度。

(一)生态源识别与选取

生态源对生态功能的维持具有重要的促进作用,同时具有一定的连续性及空间拓展性。一般来说,面积较大、生态系统服务级别高的生境斑块通常具有较好的生态功能,在生态网络构建中,通常会选择规模面积较大、空间连续性较好且内部结构稳定的大型林地、湖泊、湿地等生境斑块作为生态源地。在河流生态廊道网络构建中,要基于生境斑块的规模面积大小、空间连续性及内部结构稳定性、物种多样性、重要物种丰富度及空间布局等原则,识别贴合上述原则的生态特性突出的景观类型,作为生态节点的首选,包括大型林地、湖泊、湿地、自然保护区、自然风景区等类型。

(二)生态阻力面体系构建

构建最小耗费路径模型时,必须构建阻力面,土地利用覆盖是影响生态景观阻力的关键因素,但并不是唯一因素,生态系统特征和功能都将影响景观阻力值。因此,不仅需要考虑土地利用等阻力面层,还需要将生态功能区、生态敏感性、生态重要性等阻力因子,进行因子指标整合后,利用层次分析法赋权重,再利用 ArcGIS 技术平台实现复合景观阻力面的构建。

根据重要生态功能区的物种多样性丰富程度、重要珍稀物种的丰富程度与空间分布格局等显著的生态功能来进行重要生态功能区的差异性景观阻力赋值,构建重要生态功能区阻力面。生态敏感性反映自然环境变化和人类干扰程度,揭示区域生态环境出现问题的可能性,当生态环境受到破坏时,可能导致生态网络的廊道生态功能流量下降甚至断裂。根据生态敏感性系数进行阻力分级,分为极度敏感、高度敏感、中度敏感、轻度敏感和不敏感,系数越高对应景观阻力值越低。生态重要性本质是分析区域典型生态系统的系统服务区域分异规律,明确各种生态系统服务的重要区域,一般将生态重要性系数分为四个等级,分别为极度重要、高度重要、比较重要、一般重要。土地利用层面,按水域、湿地、林地等生态类型的斑块规模面积大小的差异进行分级赋值,分类标准依据不同重要系数之间的关系并结合专家意见,最终确定各级景观阻力值。根据规划区域的现状分析情况,实际确定各因素的阻力值取值。各种阻力因子对生态功能流和物种迁移的影响程度不同,因此不同的阻力因子在复核阻力面构建过程中应有不同的权重,利用层次分析法对各层级的阻力因子进行赋权(见表1-3-3)。可参考李晓翠对鄂州市生态网络构建的景观阻力值取值,建立阻力面影响因子体系。

表 1-3-3　阻力面影响因子体系

阻力因子	具体指标	阻力值	权重
重要生态功能区	自然保护区、湿地公园、饮用水源	1	0.453 3
	森林公园	3	
	风景区、生态公益林	5	
	基本农田保护区	20	
	其他区域	100	
生态敏感性系数	极度敏感	1	0.158 2
	高度敏感	20	
	中度敏感	40	
	轻度敏感	60	
	不敏感	100	
生态重要性系数	极度重要	1	0.040 7
	高度重要	20	
	比较重要	50	
	一般重要	70	
土地利用类型	湿地	10	0.347 8
	林地	5	
	水域	100	
	风景名胜区	10	
	其他	70	

(三)廊道识别及网络构建

生态廊道的识别是根据生态阻力面和阻力系数的确定生成潜在的生态廊道,可利用最小耗费路径模型识别潜在的生态廊道。最小耗费路径模型通过计算生态源点与目标节点之间的累积景观阻力来确定最小耗费的路径。将单个大型生态源地作为最小阻力模型中的"生态源",其他生态节点作为"目标源",由生态源到目标源之间识别空间耗费方向、耗费距离,然后模拟出最小阻力的耗费路径。生态源与目标源之间进行循环迭代,直到计算完成所有耗费路径,并将迭代成果合并成一张路径网络,即为潜在的生态廊道。

三、与其他管控规划整合

(一)河流生态廊道与岸线

河湖岸线在纵向维度、横向维度上与河流生态廊道有一定的关系。

在纵向上,依据岸线的自然属性、经济社会功能以及保护和利用要求划分了岸线保护区、岸线保留区、岸线控制利用区和岸线开发利用区四类岸线功能区,根据其对岸线边界线的范围有不同的限定。岸线保护区应指河流生态廊道穿越各类生态保护区、生境敏感区内的重要区段,河流生态廊道在这些区段上应采取以保护为主、禁止开发的各类措施。岸线保留区是指暂时不宜开发利用,为生态保护预留的岸段,河流生态廊道在此区段应以生态保护为主。岸线控制利用区是指岸线开发利用程度较高,再开发利用对河流生态廊道的生态、防洪等会造成一定影响的区段,在此段需要控制开发利用强度。岸线开发利用区是指岸线利用条件较好、河势较为稳定的岸段,河流生态廊道在此区段可以适当开发。在岸线利用条件较好、河势较为稳定的岸段,河流生态廊道在此区段可以适当开发,可在岸线控制线划定时预留一定空间。

横向上的岸线范围划定以外缘边界划定为准。当河流无堤防或各类水利工程时,其岸线范围为水域控制线范围,从部位上讲,基本属于河流生态廊道结构组成中的河槽、河滩地范围。自然河流廊道应包括其高地边缘过渡带,即植被地带与河流栖息地紧密相连的部分,人为修建堤防、护岸的河流仅仅以管理范围确定的岸线范围对河流生态廊道横向上形成阻断,因此廊道范围应包括岸线及水域范围。狭义廊道范围内应该包括堤防外部的防护林带和护堤地,城市河流空间范围受限,但廊道范围应包括河流各类护岸、堤防、河岸绿化缓冲带,城市河流廊道应包括河岸绿带。广义廊道范围还应包括堤外与河流具有水力连通的各类滩地、泛区、湿地等区域。

(二)河流生态廊道与水生态保护红线

水生态保护红线是生态保护红线的重要组成部分,也是河流生态廊道划定时的重要参考线。在生态保护红线的各类生态功能及其重要或生态敏感脆弱区中,与水生态保护红线相关的区域为各类水源涵养、水生生物多样性保护区,因此具有水源涵养功能及水生生物多样性保护区的各类河流生态廊道都应优先划分为水生态保护区。涉及穿越水土保持或脆弱的水土流失区、防风固沙区、沙漠化区、石漠化区及海岸防护或侵蚀区内的各类河流廊道,也应作为该区域水生态保护红线范围。其他评估或发生调整优化后认为应划入生态保护红线的区域,其区内河流廊道都应划入水生态保护红线区域。

河流水系生态廊道作为一个带状或线性生态系统,其不同的河段穿越不同保护开发利用区,水生态保护红线范围应是其廊道范围内需要进行严格保护的区域。但河流水系生态廊道作为一个水生态系统载体,其水生态服务功能及支持功能应保证其系统完整性。因此,河流生态廊道内水生态保护红线范围应是其范围底线,在划分水生态保护红线时,划入区域应注意保证其水生态功能完整性。河流生态廊道范围内的各类具有重要生态价值的森林、湖泊及饮用水水源保护区、沼泽湿地等区域均应属于水生态保护红线范围。

第四章　南方河流生态廊道空间划分

受自然和人类社会活动的双重影响,自然的河流廊道不断被干扰,对河流生态系统造成重大威胁。受限于当前尚未出台有关河流生态廊道空间范围划分的规范或办法,导致廊道的保护与修复工作没有明确的界限范围,也使得生态问题日益严重。本章通过对有关生态廊道划分已有成果进行研究,结合河流生态廊道特性,提出了南方河流生态廊道空间范围划分方法,并提出相应的空间管控要求,可为南方地区开展河流生态廊道保护与修复界定工作空间。

第一节　生态廊道范围现有划定方法

本节通过研究有关生态廊道划分已有成果,分析其研究进展、主要思路、生态廊道的划分方法以及其适用条件,在此基础上,提出适用于南方河流生态廊道划分的一般方法。

一、按河流缓冲带宽度划分

在景观生态学中,一般把河流本身及其河道边缘、河漫滩、堤坝和部分高地等统称为河流廊道,其中河岸缓冲带是河岸动态水陆交错的生态系统,具有独特的空间结构和生态服务功能,并呈现出纵向空间镶嵌性、横向空间过渡性、垂直空间成层性与时间分布动态性等边缘特征。本身河流缓冲带主要的生态功能有防止河流水体对河岸土壤的侵蚀、截留转化农业面源、调节洪水、净化河流水质、维持物质循环、地下水补给、维护生物多样性和保持生态系统完整性等各个方面。作为水陆生态系统间重要的功能界面区,河流缓冲带在系统间生态流及流动过程中发挥着重要的生态作用,如缓冲、过滤、屏障、源和汇等。

河流缓冲带功能的发挥与其宽度大小关系密切,原则上根据径流分布情况、径流量、径流中污染负荷量、缓冲带立地条件的变化等因素来确定缓冲带在不同区域的宽度。一般缓冲带越宽越好,但实际中也应综合考虑影响因素,明确缓冲带最小宽度值,合理制定适宜的缓冲带宽度。按照不同生态服务功能,划分缓冲带宽度如表 1-4-1 所示。

表 1-4-1　不同生态服务功能的缓冲带宽度值

功能	宽度/m	说明
水土保持	18	截获 88%农田流失土壤
	30	防止水土流失
	80	减少 50%~70%沉淀物
	30	控制养分流失
	80	过滤污染物
污染防治	30	控制磷流失
	30	控制氮流失

本法适用于城市化程度高的城区河流和河段,具有一定的普适性。

二、按林带生物多样性程度划分

作为城市生态廊道主体,林带主要有生态功能、景观美学功能两方面基本功能。除此之外,林带还应被赋予重要的生境(habitat)功能与通道(conduit)功能,为野生动物的生存和繁殖提供所需的资源(食物、庇护所、水)和环境条件,在提供栖息空间的同时,成为其移动及传递生物信息的通道。在个体水平上,是动物日常活动及季节移动的通道。由于能够提高斑块间物种迁移率,在种群水平上,它又是种群扩散、基因交流,乃至气候变动时物种在分布区域间迁移的通路,对生物多样性的保护起到了重要作用。

宽度是城市生态廊道设计中需要考虑的重要问题之一,对其生态功能的发挥有着重要的影响。廊道宽度过窄会对敏感物种不利,所产生的边缘效应(edge effect)会降低边缘种和内部种的数量,也会影响廊道中物种的分布和迁移;但廊道也不宜过宽,否则会促使生物在两侧间的运动,从而增长动物的行走时间,增加暴露于捕食者的机会,而在城市土地资源异常紧缺的现状下,既不符合省地原则,又难以操作实现。

目前国内外学者对于生态廊道的规模即最小宽度的设定一直持不同意见。我国有学者总结已有研究成果,针对不同的目标动物种归纳出具针对性的生态廊道适宜宽度,如表 1-4-2 所示。

表 1-4-2　不同目标生物种生态廊道的适宜宽度

宽度/m	功能
3～12	廊道宽度与鸟类的物种多样性之间基本无相关性;基本满足保护无脊椎动物种群功能
12～30	对于鸟类来说,12 m 是区别线状和带状廊道的宽度阈值;能够包含鸟类多数的边缘种;满足鸟类迁徙;保护无脊椎动物种群和小型哺乳动物
30～60	含有较多鸟类边缘种;基本满足动物迁徙以及生物多样性保护的功能;保护两栖、爬行和小型哺乳类动物
60/80～100	对于鸟类来说,具有较大的多样性和较多的内部种
100～500	保护鸟类和生物多样性较为合适的宽度
≥600～1 200	含有较多鸟类内部种;能够满足中等及大型哺乳动物的迁移;能创造自然的、物种丰富的景观结构

从生物多样性保护角度而言,一种确定廊道宽度的途径就是从河流系统中心线向河岸一侧或两侧延伸,使得整个地形梯度和相应的植被、森林等都能够包括在内,满足生物迁移和生物多样性保护需求。按照林带生物多样性程度,满足物种栖息和生态过程的最小宽度阈值确定城市生态廊道宽度。

参考国内外研究成果,以河流系统中心线为界,向河岸一侧或两侧延伸,以保护的动植物类型为基准,结合诸多文献研究成果,12 m、60 m、200 m、600 m、1 000 m 均为边缘效应的显著阈值,林带生态廊道宽度确定方法如表 1-4-3 所示。

表 1-4-3　林带生态廊道的适宜宽度

林带生态廊道宽度/m	特征	说明
≤12	保护鱼类,宽度与生物多样性无相关性	以保证河流水体内部生物多样性
12~60	维持河岸草本植物和两栖类生态系统,较多的无脊椎动物种群、鸟类、小型哺乳动物物种,生物多样性较低	以保证植物群落的多样性,满足本土草本植物形成相对稳定的群落结构,并为野生鸟类、动物提供暂时栖息的需要为目的
60~200	满足部分小型哺乳动物迁移,较多的鸟类、小型哺乳动物物种,乔木、灌木等木本植物可以存活,生物多样性一般	以保证中小型哺乳动物和鸟类迁徙需要为目的,以保证植物群落的多样性,满足本土草本植物形成相对稳定
200~600	满足小型和中等哺乳动物迁移,较多鸟类,草本、木本植物物种,生物多样性较高	以恢复城市生态系统内束遗的原生生态系统斑块和区域自然系统的沟通联系为目的,目标物种为本土中小型生物物种,廊道内部生境具有一定的独立功能
600~1 000	满足中等哺乳动物迁移,动植物物种较丰富,生物多样性高	以维持最完整的生态系统多样性为目的,目标物种为食物链最顶端的大中型动物,廊道内部具有完整的内部生境及能够进行独立的生态功能
≥1 000	满足中等及大型哺乳动物迁移,动植物物种丰富,生物多样性很高	

本法适用于偏自然地带,河流周边自然植被丰富。不适用于城市化程度高的城区河流河段。

三、基于周边不同区域类型划分

(一)国内外相关研究成果

《济南市南部山区生态廊道的建设研究》(2011)论文中得出平原区河流生态廊道宽度采用 30 m,山地区河流生态廊道采用 251 m。

《城市绿地系统规划中的生态修复专项规划策略研究——以平邑县为例》(2019)论文中从生态敏感性角度对不同区域的安全格局进行评价,其中涉及采用不同评价指标确定的水域缓冲区宽度(见表 1-4-4)。

表 1-4-4　生态敏感性分析

生态敏感性	建设用地适宜性	坡度/(°)	地形起伏度/m	岩土稳定性	水域缓冲区/m
高敏感	不可建设用地	>25	>80	差	500
中敏感	不适宜建设用地	15~25	50~80	一般	500~1 000
较低敏感	可建设用地	5~15	20~50	良好	1 000~1 500
低敏感	适宜建设用地	<5	<20	好	≥1 500

《城市生态廊道中的生态瓶颈研究——以南京城东区域为例》中对生态敏感区及其影响因子进行划分(见表 1-4-5),其中极度敏感区集中在山丘区,多为北坡,坡度基本在30°以上。植物十分丰富,且景观价值也最高。敏感区一般为坡度较缓区域的林地、植物多样性较丰富和景观价值较高的区域;低敏感区一般为地势平坦、植被景观较差、高程较低的地区;不敏感区主要是植被较差、地势平坦、高程低的区域。

表 1-4-5　生态敏感性单因子分级标准与权重

编号	生态因子	属性分级	评价值	权重
1	坡度/(°)	0~15	1	0.22
		15~30	2	
		>30	3	
2	坡向	南坡	1	0.22
		东西向坡	2	
		北坡	3	
3	高程	海拔低(200 m 以下)	1	0.22
		海拔较高(200~400 m)	2	
		海拔高(400 m 以上)	3	
4	景观价值	植被多样性一般,景观价值低	1	0.34
		植被多样性较丰富,景观价值中	2	
		植被多样性丰富,景观价值高	3	

(二)区域类型

(1)山区。山脉海拔高、坡度大,自然资源丰富,植物覆盖度高,但其中多开发为景区,生态系统容易受到干扰,较为脆弱,生态敏感性高。

(2)水源涵养区。较为敏感的山区外围低海拔地区以及取水口河段、水库等水源涵养区,多为村落聚集,人员活动性强,生态环境较为脆弱,生态敏感性也较强,尤其是水源涵养区,为防止人员活动造成污染,一般种植防护林,因此植物覆盖率高。

(3)建成区外围农田。较低敏感性地区为建成区外围,用地类型以耕地为主,人为主观影响较强。

（4）建成区。远离森林的建成区，生态敏感性低，生态格局较为安全。

（三）生态廊道宽度确定方法

本方法参考已有成果，主要是从河流的横向区域类型考虑，通过用地类型、生态敏感性高低、建设用地适宜性类别、坡度大小、地形起伏度大小、岩土稳定性程度等因素确定河流、水库等水域缓冲区范围，从而确定河流生态廊道宽度，如表1-4-6所示。

表1-4-6　河流的横向区域类型下生态廊道宽度

区域	生态敏感性	建设用地适宜性	坡度/(°)	地形起伏度/m	岩土稳定性	河流生态廊道宽度/m
山区	高敏感	不可建设用地	>25	>80	差	500
水源涵养区	中敏感	不适宜建设用地	15~25	50~80	一般	500~1 000
建成区外围农田	较低敏感	可建设用地	5~15	20~50	良好	1 000~1 500
建成区	低敏感	适宜建设用地	<5	<20	好	>1 500

（四）适用条件

本法适用于横向存在以上多种类型用地区域的河流，以河流为界，由内到外分布，按照河流横向层次确定河流生态廊道宽度。

四、按生态区域划分类型生态要素与土地管理的"阻抗"划分

（一）相关研究成果

生态区域划分类型生态要素与土地管理的"阻抗"，即为生态区域人为划分与土地管理之间的相互行为，其目的是以最优情况划定生态廊道范围，保护生态基础设施。

目前，国内外对于该类研究较少，基本针对某一具体案例，如《国内外生态廊道规划及实施方法比较研究》中，引用美国马兰里州的案例，马兰里州生态廊道建设通过绿道或连接环节连接形成全州网络系统，减少因发展带来的土地破碎化等负面影响，通过收购地役权保护绿色基础设施。《生活区河流廊道土地利用生态管理研究》中，指出河流廊道100 m宽范围内的土地利用类型较复杂，草地为主要用地类型；1 km宽度河流廊道范围内，农田类为主要用地类型，2 km宽度河流廊道范围内的土地利用类型的结构复杂化，农田和林地为主要用地类型，同时城市建设用地占主导位置。典型区位于市区，人类活动频繁，河岸植被带是被人类活动改变后的河岸植被带宽度。文中分析得出城区河流廊道宽度范围在7~250 m，平均宽度为69.5 m。

（二）生态廊道宽度确定方法

本法采用马兰里州案例的确定方法：根据土地利用、湿地、道路、溪流、坡度等重要生态区域信息数据，经过分类标准划分成陆地、水域、湿地3类。根据对于动植物繁殖体运动的土地利用、溪流的存在、河岸带宽度、水生群落条件、道路的存在与否和土地管理的"阻抗"，分别建立陆地、水域、湿地的阻抗，得到陆地、水域、湿地的最低耗费路径，即生态廊道的最佳路径，再结合邻近的地形和土地使用，赋予廊道相应的宽度，至少大于350 m。

简言之,陆地、水域、湿地等生态区域分别根据周边存在的生态要素空间分布确定其最小范围,再结合邻近的地形和土地使用确定廊道相应的宽度,至少 350 m 宽才有完整的内部生境。但是城区河流廊道由于其局限性,宽度范围控制在 7~250 m。

(三)适用条件

本方法中提到的水域生态廊道需根据周边存在的生态要素空间分布确定,生态要素主要包括土地利用、河岸带、水生群落条件、道路的存在等。该法需要根据研究河流的详细环境情况具体分析,不能一概而论。

五、按城市绿化带、河流、道路主导功能与控制要求划分

以城市绿化带、河流、道路主导功能与控制要求来划分生态廊道,目前案例较少,仅限于城市生态廊道划分,且从生态廊道的游憩功能、通勤及自然遗产保护功能等角度具体进行初步的研究。其中,河流亲水性指标一般廊道设置指引见表 1-4-7。

表 1-4-7　河流亲水性指标一般设置指引

亲水性指标	岸坡倾斜度	自然式坡岸,坡度为 30°左右,人较容易接近水面。 生态型坡岸,坡度为 45°左右,人能够接近水面。 半自然式坡岸,坡岸为 60°~75°,存在危险性,不适宜接近水面。 岸坡垂直于水面,人不能接近水面
	亲水空间	亲水台阶,亲水平台等亲水设施种类多;分布合理,有浅水河湾。 有亲水台阶,亲水平台等设施,人能够通过亲水设施接近河水。 有楼、阁、台、桥等观景设施,但不能亲近水面,只能远处观赏水体。 无亲水设施
	景观小品	亭廊、雕塑、花坛、树池等景观小品丰富,且主题与水景观相一致,富有情趣。 景观小品种类繁多,主题明确,具有活力。 景观小品单一,随意分布,无主题。 无景观小品
	视线的通达性	视线良好,视野开阔,观景视距最佳,层次清晰,市民停留时间 15 min。 视线较好,有景可观,观赏视距较好,市民停留时间 8~12 min。 视线被屏障,可观景,但视距不好,停留时间 5 min。 观景处无景可观,无驻留

在通勤功能方面,一般由快行、慢行组成局部交通体系,其中市政交通及自行车道"廊道"宽度一般设置为临水 30~50 m,人行道一般 15~30 m。

在自然遗产保护方面,划定以遗产保护为主的水系绿道范围的原则是尽可能把周边的自然和文化遗产资源都包括进来,北美的水系遗产廊道一般使用公路、铁路等交通线或者地区行政边界作为其边界,边界内除包含遗产资源外,还包括与河流密切相关的社区。

六、按特殊保护空间要求划分

根据《建设项目环境影响评价分类管理名录》(2018年),特殊保护区分为自然保护区、风景名胜区、饮用水水源保护区,文物保护单位等依照国家法律法规划定的需要特殊保护的地区,世界自然、文化遗产保护区。但目前对应特殊保护空间要求来划分生态廊道的研究中,多以自然保护区为主要研究对象。

自然保护区的建立都是基于一定的保护对象,参照《自然保护区类型与级别划分原则》(GB/T 14529),保护对象分为3类:自然生态系统、生物物种及自然遗迹类。中国自然保护区类型划分及保护区数量见表1-4-8。

表1-4-8　中国自然保护区类型划分及保护区数量

类别	类型	例子
自然生态系统类	森林	长白山自然保护区、广东鼎湖山自然保护区等
	草原、草甸	内蒙古锡林郭勒保护区等
	荒漠	甘肃安西保护区、白芨滩荒漠生态系统自然保护区等
	内陆湿地和水域	贵州草海、昆明滇池、西藏拉鲁内陆湿地和水域生态系统保护区等
	海洋和海岸	海南三亚珊瑚礁保护区、东寨港红树林保护区等
野生生物类	野生动物	四川卧龙保护区(大熊猫)、贵州麻阳河保护区(黑叶猴)等
	野生植物	湖北利川保护区(水杉)、广西花坪保护区(银杉)等
自然遗迹类	地质遗迹	云南路南石林保护区(岩溶地貌)、黑龙江五大连池保护区(火山地貌)等
	古生物遗迹	云南澄江动物化石群、湖北省青龙山恐龙蛋化石群等

注:引自《我国自然遗迹类保护区空缺分析及保护对策研究》(2015)。

(一)保护区内部功能分区

根据《中华人民共和国自然保护区条例》,自然保护区可分为核心区、缓冲区和实验区。

核心区:在此区,生物群落和生态系统受到绝对保护,禁止一切人类活动干扰。

缓冲区:围绕核心区,保护与核心区在生物、生态、景观上的一致性,可进行以资源保护为目的的科学活动,以恢复原始景观为目的的生态工程,可以有限度地进行观赏型旅游和资源采集活动。

实验区(过渡区):在此区允许进行一些科研和人类经济活动,以协调当地居民、保护区及研究人员的关系。

(二)核心保护区和生态廊道设计

自然保护区生态廊道设计以卧龙自然保护区为例。

1. 核心保护区设计

在景观适宜性评价图基础上,利用 GIS 圈划出景观适宜地区组成的所有潜在斑块,并统计出所有潜在核心斑块的面积。考虑到每只大熊猫一般需要 389~640 hm² 的活动领域,如果将可以容纳 5 只以上大熊猫的面积作为核心斑块的最小面积(取 400 hm² 作为一只大熊猫的最小活动区域),则核心斑块的面积最小应为 2 000 hm²。通过重新赋值可以得到核心斑块的分布图。

2. 生态廊道设计

不同栖息地之间建立合理的廊道可以促进不同种群之间的基因交换,有利于整个种群的保护,然而廊道位置、宽度的确定具有较大的模糊性。不同核心斑块之间现状存在一些狭长的通道,可认为是斑块间的生态廊道,需对其进行保护和改善。而对于潜在生态廊道,其建设需要综合考虑以下因素:地形条件必须适宜,因为地形条件是难以改变的景观因子;食物来源适宜性较低,经过植被恢复可将该地区改造为适宜的生态廊道;廊道宽度应为 1 只大熊猫自由活动领域等面积圆的直径。根据以上条件,利用 GIS 可得到卧龙自然保护区的生态廊道分布图。

七、按水源涵养空间要求划分

水源涵养是陆地生态系统重要的生态服务功能之一,包含大气、水分、植被和土壤等自然过程,其变化将直接影响区域气候水文、植被和土壤等状况,是区域生态系统状况的重要指示器。水源涵养功能主要指生态系统通过截留降水、抑制蒸发、调节径流和净化水质等功能,给生态系统和人类提供更优质的水资源,是生态系统的一个重要的生态服务功能。

生态系统水源涵养功能及其空间分布特征以及水源涵养重要功能区的确定,可为生态廊道、生态功能区保护、生态保护红线的划定提供科学依据,根据水源涵养空间来划定对应的生态廊道对制定生态环境保护决策有重要意义。

(一)已有研究进展

水源涵养林因其具有涵养保护水源、调洪削峰、防止土壤侵蚀和净化水质的功能,越来越引起人们的重视。近年来,国内外针对生态系统服务机制及单一指标的定量化评价做了大量工作,这些研究使人们逐渐认识到了生态系统水源涵养功能的重要性。

中国生态系统水源涵养总体上呈现东南高、西北低,由东到西逐渐递减的特征,长江以南降水量较高地区的森林系统发挥着重要的涵养作用。水源涵养量较高的区域主要集中在武夷山脉、南岭、武陵山区、大巴山区、四川盆地,其次为云贵高原。就水源涵养能力而言,能力最强的是东南诸河流域,其次是珠江流域和长江流域。

生态系统水源涵养功能受到气候和人类活动的影响,特别是降水的影响,当降水量超过下垫面的截留、填洼、下渗等时,就会产生地表径流。不论是蓄满产流还是超渗产流,地表径流量都是随降水量的增大而增大,降水是决定地表径流量的最重要因子,进而影响水源涵养功能。研究表明,在自然因素方面,水源涵养与降水、温度、蒸散、坡度呈现显著的正相关;在人类因素方面,水源涵养与 COD 密度和生态工程呈现显著正相关,而与 GDP 密度和农村人口密度呈现明显的负相关。

根据以上论述,生态系统水源涵养功能受到多因素的影响。按照生态系统的整体性原则,生态系统是一个整体,系统一旦形成,各生境要素会产生多种综合响应,并会受到人类活动的影响。董哲仁等(2019)在现存较有影响的河流生态系统结构与功能概念模型的基础上提出了河流廊道的四维连续体模型,提出了河流廊道的四维坐标(见图1-4-1)。

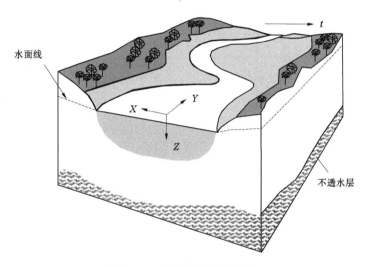

图 1-4-1　河流廊道的四维坐标

水流是水体在重力作用下一种不可逆的单向运动。如果在河流的某一横断面建立三维坐标系,定义水流的瞬时流动方向为 Y 轴(纵向),在地平面上与水流垂直方向为 X 轴(侧向),与地平面垂直的为 Z 轴(竖向)。在纵向 Y 轴方向河流的流动是主导方向,表现出河流顺水流方向的连续性。当洪水发生时,河水向侧向 X 轴方向漫溢,使主流、河滩、河汊、静水区和湿地连成一体,形成复杂的河流–河漫滩系统,这就是河流侧向 X 轴的连续性。竖向 Z 轴是地表水与地下水双向渗透的方向,这种水体交换过程直接影响河床底质内的生物过程,表现为竖向 Z 轴的连续性。

河流四维连续体模型反映了生物群落与河流流态的依存关系,描述了与水流沿河流三维方向的连续性相伴随的生物群落连续性以及生态系统结构功能的连续性。四维连续体模型包含以下 3 个概念:生物群落结构三维连续性,物质流、能量流、物种流和信息流的三维连续性,河流生态系统结构和功能的动态性。

河流廊道作为一类重要的生态廊道,具有多种生态功能。不同学者提出了生物保护廊道的适宜宽度值,见表1-4-9。

表 1-4-9 朱强等(2005)《景观规划中的生态廊道宽度》中列出的
不同学者提出的生物保护廊道的适宜宽度值

作者	发表年份	宽度/m	说明
Corbett 等	1978	30	使河流生态系统不受伐木的影响
Stauffer 和 Bes	1980	200	保护鸟类种群
New bold 等	1980	30	伐木活动对无脊椎动物的影响会消失
		9~20	保护无脊椎动物种群
Brinson 等	1981	30	保护哺乳、爬行和两栖类动物
Tassnoe	1981	50~80	松树硬木林带内几种内部鸟类所需最小生境宽度
Ranney 等	1981	20~60	边缘效应为 10~30 m
Peterjohn 等	1984	100	维持耐阴树糖槭种群最小廊道宽度
Harris	1984	30	维持耐阴树种山毛榉种群最小廊道宽度
		4~6 倍树高	边缘效应为 2~3 倍树高
Wicove	1985	1 200	森林鸟类被捕食的边缘效应大约范围为 600 m
Gross	1985	15	保护小型哺乳动物
Forman 等	1986	12~30.5	对于草本植物和鸟类而言,12 m 是区别线状和带状廊道的标准。12~30.5 m 能够包含多数的边缘种,但多样性较低
		61~91.5	具有较大的多样性和内部种
Budd 等	1987	30	使河流生态系统不受伐木的影响
Csuti 等	1989	1 200	理想的廊道宽度依赖于边缘效应宽度,通常森林的边缘效应有 200~600 m 宽,窄于 1 200 m 的廊道不会有真正的内部生境
Brown 等	1990	98	保护雪白鹭的河岸湿地栖息地较为理想的宽度
		168	保护 Prothonotary 较为理想的硬木和柏树林的宽度
Williamson 等	1990	10~20	保护鱼类
Rabent	1991	7~60	保护鱼类、两栖类、鱼类
Juan 等	1995	3~12	廊道宽度与物种多样性之间相关性接近于零
		12	草本植物多样性平均为狭窄地带的 2 倍以上
		60	满足生物迁移和生物保护功能的道路缓冲带宽度
		600~1 200	能创造自然化的物种丰富的景观结构
Rohling	1998	46~152	保护生物多样性的合适宽度

　　到目前为止，人们仍没有得到一个比较统一的河岸防护林带的有效宽度。在美国西北太平洋地区，人们普遍使用 30 m 的河岸植被带作为缓冲区的最小值。华盛顿州海岸线管理法案规定，位于河流 60 m 范围内或 100 年一遇河漫滩范围内，以及与河流相联系的湿地都应该受到保护，而且保护范围越大越好。

　　由表 1-4-10 可以看出，当河岸植被宽度大于 30 m 时，能够有效地降低温度，增加河流生物食物供应，有效过滤污染物。当宽度大于 80 m 时，能较好地控制沉积物及土壤元素流失。美国各级政府和组织规定的河岸缓冲带宽度值变化较大，从 20 m 到 200 m 不等。

表 1-4-10　朱强等（2005）《景观规划中的生态廊道宽度》中列出的
不同学者提出的生物保护廊道的适宜宽度值

功能	作者	发表年份	宽度/m	说明
水土保持	Cillanrm 等	1986	18.28	截获 88% 的从农田流失的土壤
	Cooper 等	1986	30	防止水土流失
	Cooper 等	1987	80~100	减少 50%~70% 的沉积物
	Low rance	1988	80	减少 50%~70% 的沉积物
	Rabeni	1991	23~183.5	美国国家立法，控制沉积物
防治污染	Erman 等	1977	30	控制养分流失
	Peterjohn 等	1984	16	有效过滤硝酸盐
	Cooper 等	1986	30	过滤污染物
	Correllt 等	1989	30	控制磷的流失
	Keskitalo 等	1990	30	控制氮素
其他	Brazier 等	1973	11~24.3	有效地降低环境的温度 5~10 ℃
	Erman 等	1977	30	增强低级河流河岸稳定性
	Steinblums 等	1984	23~38	降低环境的温度 5~10 ℃
	Cooper 等	1986	31	产生较多树木碎屑，为鱼类繁殖创造多样化的生境
	Budd 等	1987	11~200	为鱼类提供有机碎屑物质
	Budd 等	1987	15	控制河流浑浊

（二）生态廊道范围确定

　　水源涵养林主要分布于人类干扰强度较弱的区域，其主要功能为截留降水、抑制蒸发、调节径流和净化水质，结合上述研究成果，确定生态廊道的宽度以汇水范围线为界。

八、按人类干扰程度划分

河流廊道作为一种生态交错带类型,具有较高的生物多样性,同时也具有很强的生态敏感性,是生态风险较大的区域。近年来人类活动干扰引起了河流廊道地貌形态、景观生态格局和生态功能的动态变化。

(一)人类干扰研究的相关方法

相关研究认为,人类活动干扰对河流生态系统的影响体现在以下几个方面:①河流地貌结构固结化,如堤岸加固、河床硬化;②形态规整化,如岸边植被带园林化、房屋建设、河道形态梯形化、截弯取直;③功能简单化,水源供应、交通运输和水产养殖、输水、泄洪、水生生物栖息、纳污降解、调节气候、补给地下水等多方面弱化,高度城市化的河流甚至仅保留观赏娱乐、纳污排泄的功能(陈利顶等,1996),对河流生态系统甚至区域生态系统产生了严重的负面影响。

影响河流生态系统健康稳定的因素众多,调查研究人类活动对河流生态系统的影响时,需评估生物因子、化学因子、地貌结构、水文过程等多项因子,是一项非常具有挑战性的工作。Sarah E. Gergel 等(2001)总结了传统分析人类干扰对河流生态系统的影响,主要有水化学和生物指数、生态基流研究、栖息地调查等方法,进而评判人类干扰程度,并在已有研究基础上提出了基于景观格局评判的人类干扰程度分析:景观格局影响着水域与河滨带的生物和非生物特征,通过分析土地开发利用程度(如森林砍伐开荒、农业耕作、城市建设)、栖息地保留程度(斑块长度和宽度)等因子去评判河流生态系统的健康。基于景观格局评判的方法从现状土地开发利用角度出发,分析人类干扰带来的水化学影响、生物影响、水文水力影响、栖息地影响等。例如以下几个案例:

(1)流域范围内森林覆盖率高的水体营养盐和重金属等显著低于覆盖率低的区域。

(2)某河段上游城市化程度与水生生物多样性呈现负相关性。

(3)鱼类群落是否健康多样与流域内森林覆盖具有显著正相关性,而与农业开发耕作强度呈负相关。流域内城市化面积超过20%时或当农业耕作面积超过50%时将引起鱼类群系减少。河岸带森林退化区域长度越长,鱼类多样性越低。

从以上论述可知,基于景观格局评判的人类干扰程度分析方法是与生物因子、化学因子、地貌结构、水文过程等多项因子相关联的一种方法,提供了一种通过分析流域内土地开发利用情况进而判断人类干扰对河流生态系统的影响。

(二)土地开发利用视角下的人类干扰强度与生态风险

通常而言,土地开发利用强度越强,人类干扰强度越强。邵姝遥等(2019)参考有关研究成果提出土地开发利用强度分等分级:未利用土地级,包括的土地利用类型为未利用地、滩涂,分级指数1;林、草、水用地级,包括的土地利用类型为林地、草地水域,分级指数2;农业用地级,包括的土地利用类型为耕地、养殖用地,分级指数3;城镇聚落用地级,包括的土地利用类型为建设用地,分级指数4。并用以评估分析研究区域内的土地利用时空格局变化特征。

从生态学角度看,人类负面干扰势必与土地开发利用共存,不同土地开发利用程度带来的干扰强度不同,所引起的生态风险层级也各异。现有从土地开发利用角度研究河流生态风险集中于流域层面。

徐羽等(2016)以鄱阳湖流域土地利用数据为基础对鄱阳湖流域土地利用生态风险格局进行了分析,发现以南昌等地级城市为中心,京九铁路和浙赣铁路为纵横主轴,集聚了区内主要的城市及发展要素,高强度、高密度的开发活动对生态环境的干扰极大,形成生态风险等级高值区,由高至低向外梯度扩散;其次,省域边缘地带及赣南山地丘陵地带,海拔较高,地形起伏度大,林地面积占比大,受人类活动干扰小,生态风险低于其他地区;而环鄱阳湖区海拔坡度低,城市与人口密集,土地开发强度大,生态易损性大,成为高生态风险区域;另外,鄱阳湖高水是湖、低水似河的特点,也深刻影响湖区土地利用结构和方式,再加之经常出现涝渍、干旱灾害,更加剧了环鄱阳湖区生态风险。

胡金龙等(2017)基于土地利用变化对典型喀斯特流域——漓江流域的生态风险进行了评估,发现低生态风险区域主要分布在漓江流域北部和东部的自然山林地带,包括流域北部的猫儿山国家级自然保护区(漓江源)、青狮潭水源林保护区及中东部的海洋山水源林保护区等,对于整个漓江流域生态系统的稳定性起关键作用;中生态风险区域主要由耕地构成,分布在乡镇(村)区域;高和较高生态风险主要分布在桂林市区,是降低漓江流域生态风险的关键区域。

(三)河流廊道自然属性与社会属性的"博弈"

原生状态下,一条健康的自然河道,沿水流方向应具有通畅的连续性,沿侧向具有良好的连通性,垂向具有良好的透水性,是物质流、能量流以及生物物种迁徙流动的保障(Silvano et al., 2005;Ojeda et al., 2008;Lee et al., 2009)。满足河流廊道自然属性需要具有相应的廊道宽度,如针对不同的目标动物种归纳出具针对性的生态廊道适宜宽度,针对不同生态服务功能如水土保持、污染防治提出缓冲带宽度等。

而土地开发利用带来不可避免的人类干扰,影响河流廊道的水质、水文情势、地貌影响、水土保持、生物多样性影响等,最终会影响到廊道生态功能的正常发挥(见表1-4-11)。

表1-4-11 人类活动对河流生态系统的干扰

生态要素活动类型	水污染	水文情势	河流地貌	水土流失	生物多样性	景观格局
城市化	◆	◆	◆	◆	◆	◆
工农业及生活污水排放	◆				◆	
毁林、围垦、养殖	◆	◆		◆	◆	◆
过度捕鱼、放牧		◆		◆	◆	
超采地表水和地下水		◆			◆	
铁路公路矿山油田建设	◆		◆	◆	◆	◆
水利水电工程		◆			◆	◆
河道采砂			◆		◆	◆
物种引进					◆	

分析表1-4-11发现,人类干扰对河流廊道的影响,与Sarah E. Gergel 等(2002)总结的水化学、生物、生态基流、栖息地等方面影响在层级上一致,也可认为是土地开发利用带

来的影响包括表 1-4-11 中 6 种子项影响,属于较高的一个层级。而关于河流廊道宽度的划分,我们发现主要是结合河流廊道自然属性和社会属性之间的"博弈",从人类干扰下各生态要素角度提出,而从人类干扰这个层级去提出河流生态廊道宽度鲜有研究。

(四)人类干扰下的廊道定类

通过土地开发利用视角下进行人类干扰强度与生态风险的研究发现,廊道定类可参考人类干扰强度进行划分,以不同土地开发利用强度和带来的生态风险为判别依据,可认为按弱、较强、强三种人类干扰强度进行廊道定类:

(1)人类干扰强度弱的判定:以未利用地、林地、草地、天然水域为主要土地类型,为低生态风险区域。

(2)人类干扰强度较强的判定:以耕地、养殖用地、经济林地、乡村乡镇区段为主要土地利用类型,为中生态风险区域。

(3)人类干扰强度强的判定:以城镇聚落、都市建设用地为主要土地利用类型,为高生态风险区域。

第二节　河流生态廊道空间划分方法

一、划分原则

(1)确立底线,战略可持续。

牢固树立"绿水青山就是金山银山"的理念,坚持人与自然和谐共生理念,坚持生态优先、绿色发展,尊重自然规律和经济社会发展规律,树立底线思维和红线意识,统筹河流生态廊道空间开发保护和管理,将山水田林湖草作为一个生命共同体,严守生态保护红线、资源利用上限,遵循自然规律,把水生态环境保护作为划分之本,通过生态廊道空间管控,进一步保障经济社会发展与水资源、水环境承载能力相协调。严格环境准入管理,严格各类管控和保护措施,推动经济社会发展与水资源、水环境承载力相协调。

(2)统筹兼顾,均衡发展。

河流生态廊道空间划分,既要考虑河流水系保护要求,又要考虑有序开发利用,应将保护和开发作为一个整体进行考虑。在进行河流生态廊道空间划分时,除一方面以饮用水水源为重点保护对象进行优先保护外,另一方面从城市开发安全角度,分析防洪、防污以及景观的重要性,有效发挥防洪、供水、水生态保护等综合功能,实现水资源与经济社会发展的空间均衡。

(3)确保功能,分级管控。

全面开展水生态文明建设,加强水源涵养、水土保持、水域岸线等空间管制,保障河流生态廊道边界稳定,面积不减少,功能不降低,以改善水环境质量为核心,落实水污染防治行动计划,强化水功能区限制纳污红线管理,加大污染减排力度,提升主要江河水域的水环境质量,保护和修复退化水生态系统。针对不同功能的水生态廊道空间及资源环境生态各要素,提出差别化管控要求。

二、划分思路

河流生态廊道空间范围确定的方法主要有结构保护、功能发挥两个类型,当结构保护有力、到位或无外界干扰,其功能必然能够正常稳定发挥。外界胁迫带来的干扰也可分结构胁迫、功能胁迫,其中物理重建是最直接且能够引发多种功能性破坏的一种类型。物理重建即土地类型改变导致的结构改变或破坏,可能引起栖息地丧失、生物迁徙受阻、水土流失、过滤或屏障作用失效、物质输送不畅通等功能性问题。

土地类型是影响确定河流水系生态廊道范围的主要因素,且能够给其他功能性因素带来支配性的影响。因此,本研究在确定廊道范围时,根据廊道所受生态胁迫程度,尤其是土地类型改变主导的胁迫程度进行确定,并需要提出针对不同胁迫程度的保护与修复技术措施。主要分为以下三种情况:

(1)当没有胁迫发生以及无胁迫或轻度胁迫时。

河流生态廊道的范围是"原生廊道范围",包含了天然廊道所自有的完整结构和健全功能,这时确定廊道范围应以保护其完整结构和健全功能为主要目标,最大可能去确定廊道范围,最佳状态是维持稳定可持续存在。相应地,对该类廊道应制定针对性的保护措施。

(2)当发生中度胁迫时。

河流廊道的范围是"新生廊道范围",它是经历了胁迫压力接受阶段、抵抗胁迫阶段、新生态系统平衡阶段、新结构功能成型阶段等一系列过程所形成的范围。这个时候,结构变化或重组将会引起部分功能的改变、增强、弱化甚至消失。相应地,对新生廊道应制定针对性的修复措施,去修复胁迫带来的功能缺失,需要同时满足生态系统自我需要和人类社会的索取需要。

(3)当发生高度胁迫时。

如果胁迫的强度足够大且持续时间足够长,将会打破廊道平衡,导致河流廊道生态系统崩溃,此时廊道不复存在,廊道范围无限缩小,无法支持廊道功能的发挥。这是高强度胁迫带来的毁灭性打击。此时,我们确定廊道范围之前,需重新定位或赋予其人类和自然河流廊道生态系统所需要的主导功能,并采取必要的修复措施作为支撑,方能确定河流水系生态廊道范围。

总而言之,无论受到何种胁迫,河流生态廊道的合理范围应是能够满足结构稳定、(主导)生态功能正常发挥、人类社会合理需求的范围。为了维持生态廊道达到的平衡或促进其正向发展,应做到保护不缺位,必要时还需采取措施加以修复。

三、划分方法

在现有研究基础上,确定河流生态廊道空间范围,纵向上以地貌分区为主;横向上是结合土地类型(由其主导廊道结构稳定,包括廊道的数目、宽度、形状、组成、连通性、异质性等稳定)、功能正常发挥进行范围确定,并由土地类型主导;垂向上,则在二维平面往垂向角度延伸至满足结构稳定和功能正常发挥所需的垂向范围;时间尺度上,应根据河流生态廊道的生态系统稳定可持续发展需要随时间推移发生变化时,对纵向、横向、垂向进行调整。

结合以上关于生态廊道范围的确定方法及探讨,以南方河流生态廊道为研究对象,提出适用于南方河流生态廊道范围的一般划分标准。具体地,本次以地貌分区进行纵向廊道类型一级分类划分,引入土地胁迫指数作为二级因子,以河流生态廊道各类主导功能为三级指标,共同组成纵向、横向的划分标准体系。

(一)一级分类

一级分类结合河流生态廊道的地貌特征进行划分。南方河流地貌特征体现为流经地貌类型多样,不同河段两岸拥有不同的地貌,为形成多样的廊道提供了物理基础。可按山地、高原、盆地(支流)、丘陵、平原等不同地貌类型进行划分。

(二)二级指标

结合已有研究成果,土地类型对于廊道的多种功能具有重要的支撑作用,本研究引入土地胁迫指数作为划分河流生态廊道范围的二级评价因子。根据《生态环境状况评价技术规范》(HJ 192—2015),土地胁迫指数是指评价区域内土地质量遭受胁迫的程度,利用评价区域内单位面积上水土流失、土地沙化、土地开发等胁迫类型面积表示。当土地胁迫指数大于 100 时,则取 100。参考 HJ 192—2015 对土地胁迫指数进行确定,并制定划分标准,具体如下。

1. 评价要素及权重建议

土地胁迫指数评价要素选择重度侵蚀、中度侵蚀、建设用地、其他土地胁迫为评价要素,综合考虑自然因素和人为因素。权重设计方面参照 HJ 192—2015 进行调整,见表 1-4-12。

表 1-4-12　河流廊道土地胁迫指数分权重

类型	重度侵蚀	中度侵蚀	建设用地	其他土地胁迫
权重	0. 35	0. 15	0. 35	0. 15

2. 计算方法

河流生态廊道土地胁迫指数计算方法如下:

$$DSI = Aero \times (0.35 \times A_1 + 0.15 \times A_2 + 0.35 \times A_3 + 0.15 \times A_i)/F$$

式中:Aero 为土地胁迫指数的归一化系数,参考值为 236.043 567 794 8;A_1 为重度侵蚀面积;A_2 为中度侵蚀面积;A_3 为建设用地面积;A_i 为其他土地胁迫;F 为原生廊道面积。

河段原生廊道面积,可认为是不受干扰时的面积。

3. 河流生态廊道土地胁迫强度划分

河流生态廊道土地胁迫强度划分三个等级:无胁迫或轻度胁迫、中度胁迫、重度胁迫,结合胁迫指数进行划分,见表 1-4-13。

表 1-4-13　河流生态廊道土地胁迫强度划分

类型	无胁迫或轻度胁迫	中度胁迫	重度胁迫
胁迫指数	DSI<30	30≤DSI<70	DSI≥70

（三）三级指标

以河流生态廊道各类主导功能为三级指标,包括水源涵养、水土保持、特殊空间保护、生物多样性、防洪、防污、景观、文化载体等主导功能。

综合一级分类、二级指标、三级指标,形成纵横两向的划分标准体系表,某河流可按照生态系统的整体性、系统性、功能性进行分段划分,当该河段具备多种功能时,其生态廊道范围按照各功能划分方法计算取值,最后取其外包值。本研究提出的具体划分标准见表 1-4-14。

表 1-4-14　南方河流生态廊道划分标准

一级分类	二级指标（胁迫分级）	三级指标（主导功能）	生态廊道范围	标准
按地形地貌分类：山地 高原 盆地 丘陵 平原	无胁迫或轻度胁迫：DSI<30	水源涵养功能	以汇水范围线为界	结合水系汇水范围线确定,若缺乏相关数据资料,可参考 500~1 000 m
		水土保持功能		30~80 m
	中度胁迫：30≤DSI<70	特殊空间保护功能	保护区分区边界	根据相关保护区划分成果确定范围边界
		生物多样性功能	生物多样性保护范围边界线	
	重度胁迫：DSI≥70	防洪功能	百年一遇洪水淹没线或者防洪控制线	需经过水文计算确定
		防污功能	防污控制带	30~250 m
		景观、文化载体功能	沿线景观带边界线	250~500 m

针对表 1-4-14 中生物多样性功能,从生物多样性保护角度而言,确定生态廊道宽度的途径就是从河流系统中心线向河岸一侧或两侧延伸,使得整个地形梯度和相应的植被、森林等都能够包括在内,满足生物迁移和生物多样性保护需求。按照河流周边林带生物多样性程度,以满足物种栖息和生态过程的最小宽度阈值即生物多样性保护范围边界线

确定城市生态廊道宽度。

本章以河流系统中心线为界,向河岸一侧或两侧延伸,以保护的动植物类型为基准,借鉴已有研究成果,明确 12 m、60 m、200 m、600 m、1 000 m 均为边缘效应的显著阈值,即生物多样性功能生态廊道宽度确定方法如表 1-4-15 所示。

表 1-4-15　生物多样性功能生态廊道的适宜宽度

序号	保护的动植物类型及特征	河流水系生态廊道宽度/m	说明
1	保护鱼类,宽度与生物多样性无相关性	≤12	以保证河流水体内部生物多样性为目的
2	维持河岸草本植物和两栖类生态系统,较多无脊椎动物种群、鸟类、小型哺乳动物物种,生物多样性较低	12~60	以保证植物群落的多样性,满足本土草本植物形成相对稳定的群落结构,并为野生鸟类、动物提供暂时栖息的需要为目的
3	满足部分小型哺乳动物迁移,较多鸟类、小型哺乳动物物种,乔木、灌木等木本植物可以存活,生物多样性一般	60~200	以保证中小型哺乳动物和鸟类迁徙需要为目的,以保证植物群落的多样性,满足本土草本植物形成相对稳定
4	满足小型和中等哺乳动物迁移,较多鸟类、草本、木本植物物种,生物多样性较高	200~600	以恢复城市生态系统内束遗的原生生态系统斑块和区域自然系统的沟通联系为目的,目标物种为本土中小型生物物种,廊道内部生境具有一定独立功能
5	满足中等哺乳动物迁移,动植物物种较丰富,生物多样性高	600~1 000	以维持最完整的生态系统多样性为目的,目标物种为食物链最顶端的大中型动物,廊道内部具有完整的内部生境及能够进行独立的生态功能
6	满足中等及大型哺乳动物迁移,动植物物种丰富,生物多样性很高	≥1 000	以维持最完整的生态系统多样性为目的,目标物种为食物链最顶端的大中型动物,廊道内部具有完整的内部生境及能够进行独立的生态功能

第三节　河流生态廊道空间管控要求

一、管控指标

按照实行最严格水资源管理制度、水污染防治行动计划及生态保护红线管控等要求,以改善水环境质量,促进水生态系统良性循环为核心,以促进水生态廊道空间格局优化、系统稳定和功能提升为主线,通过水生态廊道空间管控引导构建水资源、水环境和水生态安全格局,推动经济社会发展与水资源水环境承载力相协调,见表1-4-16。

表1-4-16 水生态廊道空间管控指标体系及目标

序号	属性层	要素层	管控指标
1	水资源	水资源开发利用控制	用水总量
2			再生水利用率
3			主要控制断面生态需水保障程度
4		用水效率控制	农田灌溉水有效利用系数
5			万元工业增加值用水量
6			万元 GDP 用水量
7	水环境	水环境质量改善	水功能区水质达标率
8			地表水考核断面水质优良率
9			重要饮用水水源地水质达标率
10			城镇内河(湖)及独流入海河流水质
11		限制排污总量控制	COD 限制排污总量
12			氨氮限制排污总量
13	水生态	水生态保护格局	水生态保护红线
14			湿地保有面积
15			江河湖库保护与管理范围
16		水生态功能维护	重要湿地保护率
17			生态岸线比例
18			生态水系廊道保护与治理率
19	管控能力	监测预警能力	重点用水户用水计量率
20			水资源保护及河湖健康监测评估覆盖率
21			水资源水环境承载能力监测预警机制
22		管控制度体系	最严格的水资源管理制度
23			河湖生态管控制度
24			监督考核与责任追究制度

注:本表借鉴海南省水网中水生态廊道空间管控指标。

二、用途管控

(一)严格水生态廊道空间保护区环境准入

根据划定的水生态廊道空间范围,严格管控红线范围内的开发建设活动。新建工业等开发项目不予环境准入,重大线性基础设施项目优先采取避让措施。逐步淘汰高污染、高能耗、高水耗的小型加工企业,严禁布局工业项目,促进企业入园或提标提质改造。全面禁止新建小水电项目,建立现有小水电逐步退出机制。严格执行河道采砂许可制度和管理执法,科学划定河道采砂禁采区,明确禁采期,严格控制采砂总量,河道采砂结束后及时清运砂石弃料,平整河道,恢复植被,严禁以河道清淤名义违规开展采砂活动。

(二)强化水生态廊道空间格局优化

严格河湖生态空间征(占)用管理,推进退田还湖还湿、退养还滩、退渔还湖、生态移民等措施,归还被挤占的河湖水生态空间。对涉水生态廊道保护空间和岸线资源开展定期监测,严密监控生态空间内各类开发活动。对依法批准但对水生态环境有不利影响的已建或者在建项目,应当建立退出机制,逐步调整为与生态环境不相抵触的适宜用途。经批准征收、占用湿地并转为其他用途的,用地单位要按照"先补后占、占补平衡"的原则,负责恢复或重建与所占湿地面积和质量相当的湿地,确保湿地面积不减少。

(三)推进水生态空间功能维护和修复

因势利导改造城镇段硬化、渠化河道,开展采砂河段生态修复,重塑健康自然的弯曲河岸线,营造自然深潭浅滩和泛洪漫滩,为生物提供多样性生境。结合鱼类生境保护和洄游通道恢复,在重点河流鱼类生境保护河段,优先实施生态改造。

加强重要湿地资源的保护和修复。在水生态廊道空间保护红线区设立地理界标、界桩、宣传警示标识,设置隔离防护设施,建设绿化隔离带或者建设环湖(库)路等措施,在红线区内积极发展生态公益林,加强天然林草保护,逐步推进生态移民等。

三、制度管控

按照落实水资源消耗上限、水环境质量底线、水生态保护红线等水生态廊道空间管控"三线"的要求,地方政府部门应从严格河湖管理保护、落实规划管控约束、加强资源总量管理和全面节约、强化水生态环境保护、严格监督考核与责任追究等方面,建立健全水生态廊道空间管控制度,实现源头控制、规划约束、过程严管、强化保护、责任追究的全过程管控,保障水生态廊道空间管控约束作用发挥。

(一)全面推行河(湖)长制

健全河(湖)长制管理体系。建立健全以党政领导负责制为核心的河湖管理保护责任体系,完善建立省、地级市、县(市、区)、乡(镇、街道)、村五级河(湖)长体系。根据河湖管理保护目标,制定"一河(湖)一策"河湖管理要求,明确保护和治理任务、目标和路线图。根据不同河湖存在的主要问题,实行河(湖)长制差异化绩效评价考核,逐步形成"一河(湖库)一档案、一河(湖库)一策略、一河(湖库)一考核、一河(湖库)一监督"的治理与保护新局面。

完善河(湖)长制工作机制。建立河(湖)长会议制度、信息共享制度、信息报送制度、工作督察制度、问责与考核制度、工作验收制度,协调解决河湖管理保护的重点难点问题,定期通报河湖管理保护情况,对河(湖)长制实施情况和河(湖)长履职情况进行督察。加强组织协调,督促相关部门按照职责分工,统筹安排各类保护和治理经费,建立长效、稳定的河湖管护投入机制,健全河湖管护执法体系,建立河湖管护长效机制。

(二)完善规划管控约束制度

健全水生态廊道空间管控规划体系。根据水务改革发展需要和河流水生态廊道空间管控要求,进一步细化完善城市水生态廊道空间管控要求,对重要江河流域综合规划和专业规划进行修编,完善水利规划体系。

完善规划落实机制。制定出台一批城乡水务规划管理相关的规范性文件及制度,推进规划管理规范化。协调城乡、国土、林业、海洋等空间规划控制指标,合力提升规划刚性指标约束力。

(三)健全最严格水资源管理制度

落实最严格水资源管理制度。根据水生态廊道空间管控整体要求,健全最严格水资源管理制度"三条红线"制度体系。建立年度目标考核制度,加强"三条红线"目标及配套制度落实情况考核,将考核结果作为对各级政府主要负责人和领导班子综合考核评价的重要依据。

建立水资源保护和水污染防治协调协作机制。健全跨部门、跨区域的水资源保护和水污染防治协作机制,统筹水上、岸上污染治理,完善入河湖排污管控机制和考核体系。加强信息共享,健全协调议事制度,建立应对突发性水污染的综合调度和应急管理机制。

(四)建立健全水生态廊道保护与修复制度

建立河湖水域岸线用途管制制度。明确河湖利用和保护要求,依法划定河湖管理范围。落实规划岸线分区管理要求,强化岸线保护和节约集约利用。开展水域、岸线等水生态廊道空间确权和勘界定标。严格岸线利用审批管理,加强涉河建设项目全过程监管。

建立水生态廊道空间环境准入制度。依据不同区域水生态空间类型,实施差别化环境准入管理。划定并严守水生态保护红线范围,严格管控生态水系廊道、饮用水水源保护区、涉水重要生境等生态保护红线内的开发建设活动,新建工业和矿产开发项目不予环境准入,重大线性基础设施项目优先采取避让措施。

建立健全水生态保护补偿制度。合理划分地域水生态保护事权,明确支出责任。以改善流域水环境质量和促进上游欠发达地区绿色发展为导向,以生态保护红线区为载体,统筹各类生态补偿资金,探索多元化补偿资金来源,探索研究建立综合性补偿办法。探索建立生态保护成效与财政转移支付资金分配相挂钩的地区间横向生态补偿机制,逐步建立流域水生态保护与效益共享机制。

建立河湖承载能力监测预警机制。加强河湖水资源、水环境和水生态等综合监测能力建设,加强水生态廊道空间基础信息调查和监测。构建流域水量水质综合监管系统,开展水资源水环境承载能力评价。对生态水系廊道和重要湖库等开展河湖健康评估、水生态廊道空间承载能力评价和预警等。

探索河湖健康保障机制。制定重要河湖名录,编制河湖健康档案,建立重要河湖健康评估定期发布制度,完善河湖资源损害赔偿和责任追究制度。逐步推进河湖岸联建联管机制,建立河湖与周边生态环境联建联管机制。

第五章　南方河流生态廊道功能评价

　　在南方河流廊道概念、内涵等研究成果的基础上,基于南方典型河流的主要特征,并参照借鉴现有的河湖调查与评估技术规范标准等,构建了南方典型河流生态廊道功能完整性评价指标体系,提出了评价方法。通过评价河流生态廊道的功能的完整性,找出河流生态廊道在开发、利用过程中存在的功能损害问题,进而有针对性地采取保护与修复措施来消除或者减轻这些损害,对指导河流生态廊道的保护和修复工程实践具有重要意义。

第一节　河流生态廊道功能分类

　　对河流生态廊道进行功能评价,首先要对河流生态廊道的功能进行明确分类,依据本书第一篇第二章第二节"南方河流生态廊道基本特征"阐述,在总结已有研究成果的基础上,本研究明确河流生态廊道的基本功能包括两大类:生态服务功能和社会服务功能。这两大类功能可以进一步细分,生态服务功能可以再分为栖息地功能、通道功能、自净功能,社会服务功能可以分为防洪功能、供水功能、通航功能、景观文化载体功能等。本次河流生态廊道功能完整性评价指标体系研究中确定的河流生态廊道功能分类的具体分类见表 1-5-1。

表 1-5-1　河流生态廊道功能分类

一级功能分类	二级功能分类
生态服务功能	栖息地功能
	通道功能
	自净功能
社会服务功能	防洪功能
	供水功能
	通航功能
	景观文化载体功能

　　需要说明的是,对于某一个特定的河段或者流域,这些功能不一定是同时具备的,可能只具备其中一部分,不具备其他,或者其中部分功能相对其他来说更重要,占主导地位,例如人类干扰程度非常高的城市建成区的河流或河段,其主导功能一般是社会服务功能,而人类干扰程度相对较低的山区河流或河段,其主导功能一般是生态服务功能。在进行具体河流生态廊道功能评价时,需要首先确定其(或河段)需要发挥的功能,在需要发挥的功能中确定主导功能,重点评价其主导功能的受损程度。

第二节 河流生态廊道功能的影响因素识别

在对河流生态廊道的功能进行识别之后,需要对这些功能能否完全或部分发挥的影响因素进行识别,从而为下一步建立评价指标体系奠定基础。一般来说,对河流生态廊道某一功能是否能够充分发挥的影响因素是多方面的,为了将评价指标体系的指标个数控制在一定范围内,提高应用的可操作性和便利性,本次研究仅识别出各功能影响因素中较重要和占主导地位的因素,对次要的因素予以忽略。

如前文所述,本次研究的河流生态廊道功能重点针对河岸带的生态服务功能和社会服务功能。在此前提下,在生态服务功能方面,影响栖息地功能的主要因素是河岸带状况、生境异质性、水文水质状况等;影响通道功能的最主要因素是廊道的横向和纵向连通情况;影响自净能力的首要因素是溶解氧浓度。在社会服务功能方面,影响防洪功能的主要因素是堤防等防洪工程情况,影响供水的主要因素是水量、水质情况,影响通航的主要因素是水文及拦河、跨河建筑物情况,影响景观文化载体功能的主要因素是景观建设程度和岸线利用情况(见表1-5-2)。

表1-5-2 影响河流生态廊道功能发挥的主要因素

一级功能分类	二级功能分类	影响因素
生态服务功能	栖息地功能	河岸带状况、生境异质性、水文水质状况
	通道功能	横向和纵向连通情况
	自净功能	溶解氧浓度
社会服务功能	防洪功能	堤防等防洪工程情况
	供水功能	水量、水质情况
	通航功能	水文、拦河及跨河建筑物情况
	景观文化载体功能	景观建设程度和岸线利用情况

第三节 评价指标体系构建

根据对功能影响因素的识别,确定可表征各因素影响程度的指标,构建功能评价指标体系。

一、指标体系构建基本原则

评价指标体系构建遵循以下原则。

(一)科学性原则

以科学理论为指导,评价指标设置基本概念和逻辑结构严谨、合理,指标之间尽量避免内涵重叠,指标要有代表性和针对性,同时体现普适性与区域差异性,指标定义清楚、简练、符合实际。

(二)系统性原则

各指标之间要有一定的逻辑关系,要从不同的侧面反映出河流生态廊道某一功能的主要特征和状态,避免单因素评价。每一个功能由一组指标构成,在各功能内部,各指标之间相互独立,又彼此联系,共同构成一个有机统一体。

(三)实用性原则

评价指标体系符合我国的国情水情与河湖管理实际,评价成果能够指导河流生态廊道的保护与修复实践。

(四)可操作性原则

评价所需基础数据应易获得、可监测,计算方法简单,具有现实可操作性。评价指标体系具有开放性,既能对河流生态廊道的功能完整性进行综合评价,也可以就某一方面的功能进行单项评价。

二、河流生态廊道评价指标选取

遵循代表性、科学性、可行性、独立性及因地制宜的原则,以定量为主,定性为辅,选取能够科学、系统、准确反映河流生态廊道各类功能完善程度的指标,构建各功能评价的指标体系。研究成果见表1-5-3。

表1-5-3　河流生态廊道功能评价指标体系

一级功能分类	二级功能分类	评价指标
生态服务功能	栖息地功能	河床底质构成指数、河道蜿蜒度、河岸稳定性、河岸带宽度、岸线植被覆盖率、生态流量满足程度,流量过程变异程度、水质状况指数
	通道功能	河流纵向连通指数、横向连通性指数、岸线植被连续性
	自净功能	水体自净能力
社会服务功能	防洪功能	防洪达标率
	供水功能	供水水量保证程度、集中式饮用水水源地水质达标率
	通航功能	通航保证率
	景观文化载体功能	水景观建设率、景观障碍点密度

三、指标的计算方法和赋分方法

(一)河床底质构成指数

1.指标定义

河床底质是底栖生物最直接的栖息环境,底质的组成及结构直接影响其生存繁衍,底质构成类型越多,可为底栖生物利用的栖息环境就越多,其生物多样性就越多。如果因人为因素造成污染底泥沉积或河床过度硬化,则会损害廊道栖息地功能。河床底质构成指数为评价河段河床范围内石质底质分布面积占河床总面积的比值,其中石质底质是指大石(直径超过256 mm的圆形石头)、鹅卵石(直径64~256 mm的石头)和碎石(直径为2~64 mm的圆形粗材料的混合物)。

2. 赋分标准

根据表1-5-4在指标值对应区间按线性插值法赋分。

表1-5-4　河床底质构成指数赋分标准

河床底质构成指数/%	[100,75]	(75,50]	(50,25]	(25,10]	<10(主要为淤泥或人造材料,如建筑材料、金属、塑料等)
赋分	100	(100 80]	(80 60]	(60,30]	0

(二)河道蜿蜒度

1. 指标定义

河道天然的形态通常是蜿蜒曲折、纵深前进的。由于人为裁弯取直,减少了河道天然形态的多样性,降低了天然栖息地和生境的丰富度,不利于物种多样性的形成,则造成了廊道栖息地功能的损害。

$$D_{\mathrm{W}} = \frac{L_0}{L_{\mathrm{a}}} \times 100$$

式中:D_{W} 为河道蜿蜒度;L_0 为评价河段沿河道中心线的曲线长度;L_{a} 为评价河段起点到终点的直线长度。

2. 赋分标准

根据表1-5-5在指标值对应区间按线性插值法赋分。

表1-5-5　河道蜿蜒度赋分标准

河道蜿蜒度/%	≥200	(200,160]	(160,140]	(140,120]	≤120
赋分	100	(100,80]	(80,60]	(60,30]	0

(三)河岸稳定性

该指标借鉴于《河湖健康评价指南(试行)》。

1. 指标定义

$$\mathrm{BSr} = \frac{\mathrm{SAr+SCr+SHr+SMr+STr}}{5}$$

式中:BSr 为岸坡稳定性指标赋分;SAr 为岸坡倾角分值;SCr 为岸坡覆盖度分值;SHr 为岸坡高度分值;SMr 为河岸基质分值;STr 为坡脚冲刷强度分值。

2. 赋分标准

河岸稳定性评估的分指标赋分标准如表1-5-6所示。

表 1-5-6　河岸稳定性评估分指标赋分标准

岸坡特征	稳定	基本稳定	次不稳定	不稳定
分值	100	75	25	0
斜坡倾角/(°)　<	15	30	45	60
植被覆盖率/%　>	75	50	25	0
斜坡高度/m　<	1	2	3	5
基质(类别)	基岩	岩土河岸	黏土河岸	非黏土河岸
河岸冲刷状况	无冲刷迹象	轻度冲刷	中度冲刷	重度冲刷
总体特征描述	近期内河岸不会发生变形破坏,无水土流失现象	河岸结构有松动发育迹象,有水土流失迹象,但近期不会发生变形和破坏	河岸松动裂痕发育趋势明显,一定条件下可导致河岸变形和破坏,中度水土流失	河岸水土流失严重,随时可能发生大的变形和破坏,或已经发生破坏

(四)河岸带宽度

1. 指标定义

河流两岸能够为微生物、植物、动物提供生境空间,在影响生境质量的众多因素中,河岸带宽度是最基本和重要的指标。河岸带宽度为临水边界线与外缘边界线之间的宽度(临水边界线与外缘边界线确定方法参考水利部 2019 年印发的《河湖岸线保护与利用规划编制指南(试行)》)。指标数值采用评价河段河岸带按长度加权的平均宽度。

2. 赋分标准

综合国内外研究成果,我们将河岸带宽度对生物多样性的影响分为 6 个等级:在河岸带宽度小于 10 m 时,无内部生境;当河岸带宽在 10~60 m 时,可以基本维持河岸草本植物和两栖类生态系统,较多无脊椎动物种群、鸟类、小型哺乳动物物种,生物多样性较低;当河岸带宽度在 60~200 m 时,能够满足部分小型哺乳动物迁移,较多鸟类、小型哺乳动物物种,乔木、灌木等木本植物可以存活,生物多样性一般;当河岸带宽度在 200~600 m 时,能够满足小型和中等哺乳动物迁移,较多鸟类、草本、木本植物物种,生物多样性较高;当河岸带宽度在 600~1 000 m 时,能够满足中等哺乳动物迁移,动植物物种较丰富,生物多样性高;当河岸带宽度大于 1 000 m 时,满足中等及大型哺乳动物迁移,动植物物种丰富,生物多样性很高。根据上述研究结论,确定河岸带宽度的赋分标准如表 1-5-7 所示。

表 1-5-7　河岸带宽度指标赋分标准

河岸带宽度范围/m	生境特征说明	赋分
≤10	无有效生境	0
10~60	维持河岸草本植物和两栖类生态系统,较多的无脊椎动物种群、鸟类、小型哺乳动物物种,生物多样性较低	20
60~200	满足部分小型哺乳动物迁移,较多的鸟类、小型哺乳动物物种,乔木、灌木等木本植物可以存活,生物多样性一般	40
200~600	满足小型和中等哺乳动物迁移,较多鸟类、草本、木本植物物种,生物多样性较高	60
600~1 000	满足中等哺乳动物迁移,动植物物种较丰富,生物多样性高	80
≥1 000	满足中等及大型哺乳动物迁移,动植物物种丰富,生物多样性很高	100

(五)岸线植被覆盖率

该指标借鉴于《河湖健康评价指南(试行)》。

1. 指标定义

有乔木、灌木、草木等植被覆盖的河岸带面积占河岸带总面积的比值。

$$PC_r = \sum_{i=1}^{n} \frac{L_{vci}}{L} \times \frac{A_{ci}}{A_{ai}} \times 100$$

式中:PC_r 为岸线植被覆盖率;A_{ci} 为岸段 i 的植被覆盖面积,km^2;A_{ai} 为岸段 i 的岸带面积,km^2;L_{vci} 岸段 i 的长度,km;L 为评价岸段的总长度,km。

2. 赋分标准

岸线植被覆盖率指标赋分标准见表 1-5-8。

表 1-5-8　岸线植被覆盖率指标赋分标准

植被覆盖度率/%	说明	赋分
0~5	几乎无植被	0
5~25	植被稀疏	25
25~50	中密度覆盖	50
50~75	高密度覆盖	75
>75	极高密度覆盖	100

(六)生态流量满足程度

该指标借鉴于《河湖健康评价指南(试行)》。

1. 指标定义

汛期及枯水期最小日均流量占相应时段多年平均流量的百分比。

2. 赋分标准

生态流量满足程度赋分标准见表 1-5-9。

表 1-5-9　生态流量满足程度赋分标准

枯水期最小日均流量占比/%	≥30	20	10	5	<5
赋分	100	80	40	20	0
汛期最小日均流量占比/%	≥50	40	30	10	<10
赋分	100	80	40	20	0

(七)流量过程变异程度

该指标借鉴于《河湖健康评价指南(试行)》。

1. 指标定义

河流流量过程变异程度计算评价年实测月径流量与天然月径流量的平均偏离程度(宜同时考虑丰水年、平水年、枯水年的差异性)。

$$\mathrm{FDI} = \sqrt{\sum_{m=1}^{12}\left(\frac{q_m - Q_m}{\overline{Q}}\right)^2}$$

$$\overline{Q} = \frac{1}{12}\sum_{m=1}^{12} Q_m$$

式中:FDI 为流量过程变异程度;q_m 为评价年第 m 月实测月径流量,m³/s;Q_m 为评价年第 m 月天然月径流量,m³/s;$\overline{Q}$ 为评价年天然月径流量年均值,m³/s;m 为评价年内月份的序号。

2. 赋分标准

流量过程变异程度赋分标准见表 1-5-10。

表 1-5-10　流量过程变异程度赋分标准

流量过程变异程度	≤0.05	0.1	0.3	1.5	≥5
赋分	100	75	50	25	0

(八)水质状况指数

1. 指标定义

河水水质状况是评价水体质量的优劣程度,水体质量可影响水生生物的生存,河流水生态系统正常服务功能的发挥。若水体受到污染,则栖息地功能将受到损害。以《地表水环境质量标准》(GB 3838—2002)Ⅴ类水为标准,选取 SS、电导率、DO、BOD$_5$、NH$_3$-N、TP 等 6 项指标的单因子水质指数,并以其算术平均值作为评价河段的综合污染指数。

$$P = \frac{1}{n}\sum_{i=1}^{n}\frac{C_i}{S_i}$$

式中:P 为水质综合污染指数;C_i 为 i 污染物实测浓度;S_i 为 i 污染物评价标准值。

2. 赋分标准

根据表 1-5-11 在指标值对应区间按线性插值法赋分。

表 1-5-11　水质状况指数赋分标准

水质状况指数	≤0.2	(0.2,0.4]	(0.4,1.0]	(1.0,2.0]	>2.0
赋分	100	(100,80]	(80,60]	(60,30]	0

(九)河流纵向连通指数

该指标借鉴于《河湖健康评价指南(试行)》。

1. 指标定义

河流纵向连通性影响物种所适应的天然径流和水文条件的栖息地,如若因人为因素造成过多阻隔,则河流作为生物和营养元素交流廊道的功能将受到损害。该指标根据单位河长内影响河流连通性的建筑物或设施数量评价,有生态流量或生态水量保障,有过鱼设施且能正常运行的不在统计范围内。

2. 赋分标准

河流纵向连通指数赋分标准见表 1-5-12。

表 1-5-12　河流纵向连通指数赋分标准

河流纵向连通指数 (单位:个/100 km)	0	0.25	0.5	1	≥1.2
赋分	100	60	40	20	0

(十)横向连通度

1. 指标定义

河流–洪泛滩区是生物和营养元素交流的重要廊道,传统的非生态护岸阻断了河岸带与水体的连通性,使河岸过渡带的自净能力难以充分发挥,降低了物种的多样性,因此二者之间的横向连通性也是水岸带生态系统功能正常发挥的重要影响因素。本研究用透水性堤岸长度占研究河段总长度的百分比来表征横向连通度。

2. 赋分标准

河流横向连通度赋分标准见表 1-5-13。

表 1-5-13　河流横向连通度赋分标准

河流横向连通度/%	≥80	60~80	40~60	20~40	<20
赋分	100	80	60	30	0

(十一)岸线植被连续性指数

1. 指标定义

植被沿着河流岸线的分布规律,是影响河流生物通道功能的重要影响因素。该指标用有乔木、灌木、草木等植被覆盖的河岸带长度占河岸带总长度的比值来计算。

$$C_r = \sum_{i=1}^{n} \frac{L_{vci}}{L} \times 100$$

式中：C_r 为岸线植被覆盖连续性指数；L_{vci} 为有植被覆盖的岸段 i 的长度，km；L 为评价岸段的总长度，km。

2. 赋值标准

根据表 1-5-14 在指标值对应区间按线性插值法赋分。

表 1-5-14　岸线植被连续性指数赋分标准

岸线植被连续性指数/%	≥95	(95,80]	(80,50]	(50,20]	<20
赋分	100	(100,80]	(80,50]	(50,20]	0

(十二) 水体自净能力

该指标借鉴于《河湖健康评价指南(试行)》。

1. 指标定义

选择水中溶解氧浓度衡量水体自净能力。溶解氧对水生动植物十分重要，过高和过低的 DO 对水生生物均造成危害。

2. 赋分标准

根据表 1-5-15 在指标值对应区间按线性插值法赋分。

表 1-5-15　水体自净能力赋分标准

溶解氧浓度/(mg/L)	饱和度≥90% (≥7.5)	≥6	≥3	≥2	0
赋分	100	80	30	10	0

(十三) 防洪达标率

该指标借鉴于《河湖健康评价指南(试行)》。

1. 指标定义

评价河流堤防及沿河口门建筑物防洪达标情况。河流防洪达标率统计达到防洪标准的堤防长度占堤防总长度的比例，有堤防交叉建筑物的，须考虑堤防交叉建设物防洪标准达标比例；无相关规划对防洪达标标准规定时，可参照 GB 50201 确定。

$$FDRI = \left(\frac{RDA}{RD} + \frac{SL}{SSL} \right) \times \frac{1}{2} \times 100\%$$

式中：FDRI 为河流防洪工程达标率(%)；RDA 为河流达到防洪标准的堤防长度，m；RD 为河流堤防总长度，m；SL 为河流堤防交叉建筑物达标个数；SSL 为河流堤防交叉建筑物总个数。

2. 赋分标准

根据表 1-5-16 在指标值对应区间按线性插值法赋分。

表 1-5-16　防洪达标率赋分标准

防洪达标率/%	>95	90	85	70	<50
赋分	100	75	50	25	0

(十四)供水水量保证程度

该指标借鉴于《河湖健康评价指南(试行)》。

1. 指标定义

供水水量保证程度等于一年内河湖逐日水位或流量达到供水保证水位或流量的天数占年内总天数的百分比,按照以下公式计算:

$$R_{gs} = \frac{D_0}{D_n} \times 100\%$$

式中:R_{gs} 为供水水量保证程度;D_0 为水位或流量达到供水保证水位或流量的天数,d;D_n 为年内总天数,d。

2. 赋分标准

赋分按表 1-5-17 采用区间内线性插值。

表 1-5-17　供水水量保证程度赋分标准

供水水量保证程度/%	[95,100]	[85,95)	[60,85)	[20,60)	[0,20)
赋分	100	[85,100)	[60,85)	[20,60)	[0,20)

(十五)集中式饮用水水源地水质达标率

该指标借鉴于《河湖健康评价指南(试行)》。

1. 指标定义

集中式饮用水水源地水质达标率指达标的集中式饮用水水源地(地表水)的个数占评价河流集中式饮用水水源地总数的百分比。其中,单个集中式饮用水水源地采用全年内监测的均值进行评价,参评指标取 GB 3838—2002 的地表水环境质量标准评价的 24 个基本指标和 5 项集中式饮用水水源地补充指标。

2. 赋分标准

赋分按表 1-5-18 采用区间内线性插值。

表 1-5-18　河流集中式饮用水水源地水质达标率评分对照

河流(湖泊)集中式饮用水水源地水质达标率/%	[95,100]	[85,95)	[60,85)	[20,60)	[0,20)
赋分	100	[85,100)	[60,85)	[20,60)	[0,20)

(十六)通航保证率

该指标借鉴于《河湖健康评价指南(试行)》。

1. 指标定义

按年计,通航保证率 N_d 为正常通航日数 N_n 占全年总日数的比例,即

$$N_d = \frac{N_n}{365} \times 100\%$$

式中:正常通航日数 N_n 为全年内为正常通航的天数,以日计算,可统计全年河湖水位位于最高通航水位和最低通航水位之间的天数。

2.赋分标准

赋分按照表 1-5-19~表 1-5-21 采用区间内线性插值。

表 1-5-19　Ⅰ、Ⅱ级航道通航保证率赋分标准

通航保证率/%	[98,100]	[96,98)	[94,96)	[92,94)	[0,92)
赋分	100	[80,100)	[60,80)	[40,60)	0

表 1-5-20　Ⅲ、Ⅳ级航道通航保证率赋分标准

通航保证率/%	[95,100]	[91,95)	[87,91)	[83,87)	[0,83)
赋分	100	[80,100)	[60,80)	[40,60)	0

表 1-5-21　Ⅴ、Ⅶ级航道通航保证率赋分标准

通航保证率/%	[90,100]	[85,90)	[80,85)	[75,80)	[0,75)
赋分	100	[80,100)	[60,80)	[40,60)	0

(十七)水景观建设率

1.指标定义

水景观建设率用已经进行过水景观建设的河段长度与评价河段河流总长度的比值表示。

2.赋分标准

根据表 1-5-22 在指标值对应区间按线性插值法赋分。

表 1-5-22　水景观建设率赋分标准

景观建设率	[30,100]	[20,30)	[10,20)	[5,10)	[0,5)
赋分	100	[80,100)	[60,80)	[40,60)	0

(十八)景观障碍点密度

1.指标定义

景观障碍点指河流上堆砌垃圾、围网养殖、侵占岸滩以及排污口等影响景观美感的地点。景观障碍点密度用区域景观障碍点个数与所评价河流的长度的比值表示。

2.赋分标准

根据表 1-5-23 在指标值对应区间按线性插值法赋分。

表 1-5-23　景观障碍点密度赋分标准

景观障碍点密度/(个/10km)	0	(0,2)	[2,4)	[4,6)	≥6
赋分	100	[80,100)	[60,80)	[40,60)	0

第四节　评价方法

一、指标权重

借鉴已有研究成果,参照有关文献,采用专家打分法,确定各指标权重如表 1-5-24 所示。

表 1-5-24　评价指标权重

一级功能分类	二级功能分类	评价指标
生态服务功能 (0.5)	栖息地功能(0.6)	河床底质构成指数、河道蜿蜒度、河岸稳定性、河岸带宽度、岸线植被覆盖率、生态流量满足程度,流量过程变异程度、水质状况指数
	通道功能 (0.3)	河流纵向连通指数、横向连通性指数、岸线植被连续性
	自净功能(0.1)	水体自净能力(1.0)
社会服务功能 (0.5)	防洪功能(0.5)	防洪达标率(1.0)
	供水功能(0.3)	供水水量保证程度(0.5)、集中式饮用水水源地水质达标率(0.5)
	通航功能(0.1)	通航保证率(1.0)
	景观文化载体功能 (0.1)	水景观建设率(0.6)、景观障碍点密度(0.4)

二、评价方法

河流生态廊道功能完整性评价分为 5 个步骤:

(1)依据各指标的定义,计算指标值,根据各指标的赋分标准,计算指标分值。

(2)将每一个功能二级分类的各指标进行加权求和,得到该二级功能完整性评价分值。

(3)将二级功能分类的得分加权求和,得到一级功能分类的得分。

(4)将一级功能分类各功能得分加权求和,得到河流生态廊道功能完整性总评分。

(5)根据河流生态廊道功能完整性总评分确定河流生态廊道功能完整性的评价分

级,分数大于等于 90 分为功能优异,分数在 90~80 分为功能良好,分数在 80~60 分为功能一般,分数在 60~40 分为功能损害,分数低于 40 分为功能严重损害。

可利用本评价指标体系对河流廊道功能行综合评价,反映河流生态廊道功能完整性的总体状况,也可采用某一级功能分类或二级分类对应的指标进行单项评价,反映河流生态廊道某一方面功能的完整性水平。对于具体河流,如果不具有二级功能分类中的某一类或几类功能,例如某河流不具有社会服务功能中的航运功能,则可只评价其他具有二级分类功能,得分加权求和后,按照实际得分比例折算成百分制得分。

第二篇 综合技术篇

第一章　水源涵养与水土保持类技术

第一节　封育治理技术

一、封禁治理

封禁治理是利用森林的更新能力,在自然条件适宜的地区,实行定期封禁,禁止垦荒、放牧、砍柴等人为的破坏活动,以恢复森林植被的一种育林方式。根据实际情况可分为"全封"(较长时间内禁止一切人为活动)、"半封"(季节性的开山)和"轮封"(定期分片轮封轮开)。这是一种投资少、见效快的育林方式。

对郁闭度在 0.3 以上的林地实行全面封禁治理,只需设置封禁碑,并成立护林护草队伍,固定专人看管,禁止任何人为活动,依靠大自然的自我修复功能,配套相应的封禁设施,落实管护人员、管护经费,出台封禁政策,使封禁区域内植被迅速得到恢复,从而达到依靠大自然的自我修复功能,投入较小的资金,取得较大的生态、经济、社会效益的目的。划定封禁区域,对每片封禁治理区划定界线,插牌定界,制定管护责任制度及村规民约,禁止任何人擅自在封禁区内进行砍伐、采薪、放牧等生产性活动,确保封禁区内林、灌、草防护功能迅速得到恢复。对每年新造林地纳入封育范围,明确专职管护人员,并签订管护责任书,责任到人,保护和巩固封禁治理成果,尽快提高林草植被覆盖率。

封禁治理必须制定可行的经营管理办法和有关政策,注意解决当地农民生产、生活中需要的樵采、放牧、采药及经营其他林副产品等问题。要求当地乡(镇)政府和村民委员会组织农民对计划封育的地方进行规划,分区划片,制定管理办法。

在水源涵养区开展封禁治理是增进水源涵养功能的有效措施。通过封禁治理形成的林分植被种类增多,生物多样性增加,涵养水源、保持水土的能力增强。原来的疏林地、灌丛地、灌木林地、具备封育条件的荒山荒地等经过 5~10 年的封育,大多可成为有林地,而封育成本仅为人工造林的 1/5~1/10。封育起来的林分,植被种类丰富,使其涵养水源、改良土壤、水土保持的功能大大增强,封禁治理后水源条件能够得到有效改善。

二、生态补植

生态补植建设是水源涵养和水土保持的重要技术措施。在树林稀疏或分布不均的地方(平均郁闭度小于 0.3)及大于 25° 的坡耕地,采取人工补植的方式,可以促进植被迅速恢复。以栽植水土保持林草为主。

水土保持林是以防治水土流失、恢复和保持土地肥力为主要目的栽植乔木林或灌木林的一项重要水土保持措施,主要功能为:根系固结土壤,增强土壤抗冲蚀能力;拦截地表径流,增强土壤入渗能力,涵养水分;覆盖地面,免遭雨水直接击溅侵蚀,同时改善生物多样性,改善生态环境;提供木材、薪材等。

(一)造林树种选择原则

(1)根系发达,根蘖萌发力强,固土能力强。

(2)生长旺盛,郁闭迅速,树冠浓密,落叶丰富,且易分解,可较快形成松软的枯枝落叶层,改良土壤性能,能提高土壤的保水保肥能力。

(3)耐贫瘠,有较强的适应性和抗逆性。

(4)具有一定经济价值,兼顾当地群众对燃料、肥料、饲料、木材及开展多种经营的需要。

(二)整地原则

由于补植条件主要为荒坡,土层较薄,为减轻施工中造成的水土流失,故采用穴状整地。穴状为圆形坑穴,穴面与原坡面持平或稍向内倾斜,坑穴尺寸为 0.3 m×0.3 m×0.3 m。

(三)设计标准

(1)成活率要达到 85%以上,保存率达 90%以上。

(2)减少坡面径流量 225 m³/hm²,蓄水效益 50%以上;减少泥沙流失量 51 t/hm²。减沙效益达到 90%以上。

(四)造林设计

1.造林密度

荒山荒坡根据水土保持综合治理技术规范为:植苗一般每公顷 2 000~3 000 株,间距为 1~2 m,行距为 2~3 m。但对一些速生树种,株行距可适当增大(见表 2-1-1)。根据所选树种的特点和小流域的造林立地条件,大部分面积为补植。

表 2-1-1　常见树种种植密度

树种	密度/(株/hm²)	树种	密度/(株/hm²)
马尾松、云南松	3 000~6 750	旱柳和其他乔木柳	240~1 500
火炬松、湿地松	1 500~2 400	油桐	195~1 500
油松、黑松	3 000~5 000	油茶	1 110~1 650
落叶松	2 400~5 000	三年桐	600~900
相思树	1 200~3 300	千年桐	150~370
杨树	240~3 300	核桃	300~600
杉木	1 650~4 500	油橄榄	300
滇柏	1 250~2 500	枣树	220~600
樟、油樟	1 350~6 000	柑橘	800~1 200
柳杉	2 400~5 000	金秋梨	220~1 650
桉树	2 500~5 000	山楂	750~1 650
木麻黄	2 400~4 500	艳红桃	450~900

续表 2-1-1

树种	密度/(株/hm²)	树种	密度/(株/hm²)
枫杨	1 350~2 400	漆树	450~1 200
刺槐	1 650~6 000	散生竹	330~500
桢楠	2 500~3 300	丛生竹	520~820
侧柏、柏木、云杉、冷杉	4 350~6 000	花椒	600~1 600
栎类	3 000~6 000	苹果	450~1 240
榆	1 350~4 950	紫穗槐	1 650~3 300
木荷	2 400~3 600		

2. 树种配置

矩形配置行距等于株距,相邻株连线成正方形,这种配置方式比较均匀,能使树冠发育匀称,是种植用材林、经济林常用的配置方式。

单位面积配置苗木数:

$$N = S/(a \times b)$$

式中:N 为苗木数;S 为总面积;a 为株距;b 为行距。

3. 苗木规格

采用 1 年或 3 年生壮苗或容器苗栽植。

4. 栽植方法

穴植的技术要求是"三填、两踩、一提苗",即填表土于坑底,把苗木放入穴中央,再填一些湿润熟土于根底,用脚踩实一次,将苗木稍向上轻轻提一下,使苗根舒展与土壤密接,再将生土填入踩实,最后覆些土保墒。栽植深度一般以超过原根系 5~10 cm 为准。

单项设计见图 2-1-1、图 2-1-2。

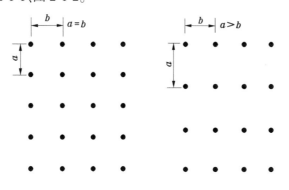

(a)正方形配置　　　　(b)长方形配置

1—簇式穴播;2—块状密植;3—行状穴播。

种植点的配置:a 为株距,b 为行距。

图 2-1-1　种植点配置方式示意图

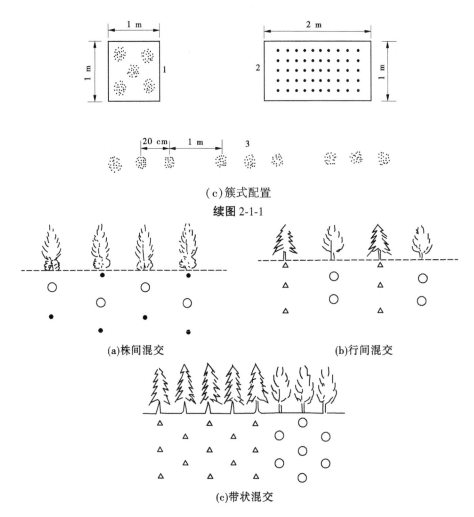

(c)簇式配置

续图 2-1-1

(a)株间混交　　　　　　　　　　(b)行间混交

(c)带状混交

图 2-1-2　不同树种混交示意图

5. 栽植季节

根据栽植地区气候、土壤条件和栽植树种生物学特性确定栽植季节和时间,南方大部分地区多在春、秋两季进行植树,避免在伏旱季节栽植。松、杉树等用容器苗可在雨季栽植。雨季栽植关键是掌握天气和土壤水分状况,选择阴天栽植容易成功。

6. 工程整地

整地在种植前一年或半年进行,春季栽植应在前一年夏、秋整地,秋季栽植可在当年夏季整地,整地的方式有带状整地和块状整地两种。

7. 苗木抚育

在幼树的头两年,松土除草每年不少于 3 次。在幼树已稳定,超出杂草高度,不再受杂草遮蔽、阳光压抑生长时,或者林木已基本形成支配局势时,可以减少除草次数,一年一次即可。造林施工单位与上级主管部门每年秋后要对去秋、今春新栽和补植的幼林进行一次调查,确定栽植成活率,评定栽植质量,确定补植或重新栽植的地块和面积。

第二节　水土保持治理技术

一、坡改梯建设

坡改梯工程建设是指对坡度在 5°~25° 的中低产坡地,通过修筑水平梯田、治理坡面水系与地力培肥等工程措施,使地貌呈阶梯形,以防止土、肥、水的流失,提高耕地生产能力的相关活动。

坡改梯工程建设的总体要求是达到"平、厚、壤、固、肥"的标准。坡耕地建设地面纵、横向平整,地面坡度降到 5° 以内。土层厚度 60 cm 以上,耕作层 20 cm 以上。梯地台位要求随等高线开梯,大弯取直,台位清晰,规范流畅。坡度在 15° 以内的坡地一般改成厢面宽 5 m 以上的宽面梯地;坡度在 15°~25° 的坡地一般改成厢面宽 5 m 以下的窄面梯地。

梯埂要求结实,坎面整齐,不易垮塌。埂顶宽 ≥30 cm,埂面高于土面 ≥20 cm。条石埂高 2 m 以内,基脚深至底土层或基岩,梯埂外侧边坡 75°~80°;预制件埂高 0.8~1.2 m,梯埂外边坡 65°~70°;块石(卵石)埂高 1.0~1.5 m,梯埂外侧边坡 70°~75°;土埂高 ≤1.0 m,梯埂外侧边坡 ≤70°。

(一)坡改梯地块选取原则

(1)以土地合理利用为依据,有利于农、林、牧业协调发展,根据当地人口增长速度和群众生产生活的需要,确定梯田建设的规模数量。

(2)选择地形稳定的地方,要求土层相对较深,土质较好,坡度 25° 以下,距村较近,交通方便,集中连片,便于经营管理的地方优先修筑。

(3)无论陡坡或缓坡,梯田地块都沿等高线布设,有灌溉条件的梯田,按行水方向保持 1% 左右的比降,以利于提高灌溉工效;在地形比较复杂、坡面有浅沟处,遵循大弯就势、小弯取直的原则,并适当在地埂内缘配置经济作物,以提高土地利用率。

(4)田、林、路、渠结合,统筹规划。

(5)梯田的水系、道路根据面积、用途,结合降雨和水源条件,在坡面的横向和纵向设计水系、道路。分层布设沿山沟、截水沟、引水沟,梯田边沟、背沟出水处分段设沉沙池、水窖等;纵向沟与横向沟交汇处布设蓄水池,蓄水池的进水口前配置沉沙池,纵向沟坡度大或转弯处修建消力设施。

(二)技术要求

(1)修筑水平梯田要选择适当的田坎外坡,达到稳定安全的高度。田坎一般高度以 1.0~2.0 m 为宜,外坡由土壤的内摩擦角、凝聚力及坎高决定,根据经验一般采用 75° 左右。

(2)砌筑方法采用干砌块石,按等高布坎、大弯就势、小弯取直的原则放线施工。清基深度在耕作层下 0.2 m,特殊地段清见底土为宜。坎顶水平,砌体丁挂错缝,砌面平整,结构密实稳固,砌筑后进行平整土地,不打乱活土层,平整后的土面残留坡度小于 5°。

石坎:砌筑石坎的材料可分为条石、块石、卵石、片石、土石混合。石坎高一般为 1~2.5 m,侧坡一般为垂直面。石坎断面如图 2-1-3 所示。

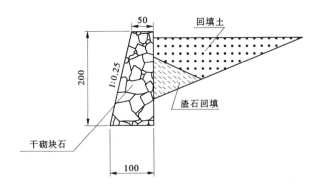

图 2-1-3　石坎断面　（单位:mm）

（三）田间作业便道

为便利连片梯田的耕作、运输、经营管理,需在坡改梯建设区内修筑人、畜行走的道路作为作业便道。

1.设计标准

布设在坡改梯地块中,作业便道与沟渠结合布设,以满足生产需要为原则,一般宽1.0~2.0 m。

2.设计原则

（1）作业道配置必须与坡面水系和灌排渠系相结合,统一规划,统一设计,防止冲刷,保证道路完整、畅通。

（2）布局合理,有利于生产,方便耕作和运输,提高劳动生产效率。

（3）占地少,节约用地。

（4）尽可能避开大挖大填,减少交叉建筑物,降低工程造价。

（5）便于与外界联系。

3.施工要求

（1）田间作业道和坡面水系都是连片梯田,要先于坡改梯实施或同步实施。

（2）道路两侧开挖排洪沟和修建消力设施,应与整个坡面水系相通、相连。沟、路相邻的,可利用开挖的土方进行路基填筑。

（3）土料路基以黏土略含沙质为好,要层土层夯,夯紧夯实。路面铺以砂质土,保持路面透水性。

（四）配套小型水利水保设施建设工程设计

小型水利水保工程的布设与坡改梯工程相结合,其功能是拦截坡面径流、引水灌溉,排除多余来水,将地表径流引导到安全区域或集中蓄积,防止冲刷,减少泥沙下池,保护坡脚农田,巩固和保护治坡成果。

1.设计原则

（1）坡面沟渠工程应与梯田、耕作道路、沉沙蓄水工程同时规划,并以沟渠、道路为骨架,合理布设截水沟、排水及灌溉渠道、沉沙池、蓄水池等工程,形成完整的防御、利用体系。

(2)根据不同的防治对象,因地制宜确定沟渠工程的类型和数量。以修梯田、保土耕作为主的坡面,应根据降雨和汇流面积合理布设排水沟,并结合水源规划引水渠、灌溉渠;以保土耕作为主的坡面还应配合等高种植,规划若干道蓄水沟;以种植林草为主的坡面,沟渠工程应采用均匀分布的蓄水沟,上方有较大来水面积的应规划排洪沟。

(3)在坡面上一般应综合考虑布设截、排、引、灌沟渠工程,沟渠、排水沟可兼作引水渠、灌溉渠。

(4)排水沟、引水渠和灌溉渠在坡面上的比降,应视其截、排、用水去处(蓄水池或天然冲沟及用水地块)的位置而定。当截、排、用水去处的位置在坡面时,沟渠和排水沟可基本沿等高线布设,沟底比降应满足不冲不淤流速;沟底比降过大或与等高线垂直布设时,必须做好防冲措施。

(5)一个坡面面积较小的沟渠工程系统,可视为一个排、引、灌水块。当坡面面积较大时,可划分为几个排、引、灌水块或单元,各单元分别布置自己的排、引、灌去处(水窖、蓄水池、天然冲沟或用水地块)。

(6)坡面沟渠工程规划尽量避开滑坡体、危岩等地带,同时注意节约用地,减少投资。

2.设计标准

根据水土保持国家标准《水土保持综合治理 技术规范小型蓄排引水工程》(GB/T 16453.4—2008),小型排水引水工程的规定是:防御暴雨标准按10年一遇24 h最大降雨量设计。

(五)谷坊

结合以往治理经验,谷坊多为砌石谷坊和植物谷坊,石谷坊多修在有长流水的沟道,按用途分滚水式和透水式;按断面形式分阶梯式和重力式。石谷坊如图2-1-4所示。

(a)正面图　　　　　　　　　　　(b)纵断面图

图2-1-4　石谷坊示意图

1.设计原则

(1)在对沟道的自然特征与开发状况进行详查的基础上,拟定谷坊的类型、功能、建筑程序。

(2)谷坊类型要因地制宜,就地取材,经久耐用,抗滑抗倾,能溢能泄,便于开发,功能多样。

(3)谷坊规格和数量,要根据综合防治体系对谷坊群功能的要求,突出重点,兼顾其他,统筹规划,精心设计。

(4)谷坊坝址要求"口小肚大",沟底和岸坡地形、地质状况良好,建筑材料方便。

（5）谷坊群的修筑程序，要按水沙运动规律，由高到低、从上到下逐级进行。

（6）要实地测绘 1:200~1:100 沟道纵断面图，选定修筑谷坊群址的横断面图，量算出沟长与沟底比降。

2.设计标准

谷坊工程的防御暴雨标准，要根据工程规模具体确定，一般采用 10~20 年一遇 3~6 h 最大降雨量。

石谷坊断面尺寸：阶梯式石谷坊一般高 2~4 m，顶宽 1.0~1.3 m，迎水坡 1:0.2，背水坡 1:0.8；重力式石谷坊一般高 3~5 m，顶宽为坝高的 50%~60%，迎水坡 1:0.1，背水坡 1:0.5~1:1。谷坊断面设计要素如图 2-1-5 所示。

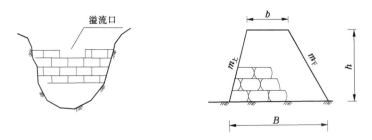

图 2-1-5　谷坊断面设计要素示意图

植物谷坊多采用当地材料，如柳、杨等多排密植，根据实际地形确定大小。适应性较强。

在侵蚀沟布设谷坊群时，谷坊间距用"顶底相照"原则确定（见图 2-1-6）。

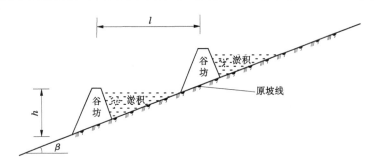

图 2-1-6　谷坊布设示意图

（六）蓄水池

蓄水池的功能是拦蓄地表径流，充分和合理利用自然降雨或泉水，就近供耕地、经果林浇灌和人畜饮水需要，提高土地产出率，减轻水土流失。

蓄水池一般规划布设在坡面水汇流的低洼处，并与排水沟、沉沙池形成水系网络，以满足农林用水和人畜饮水需要（一般每亩农田需水按 2~4 m² 计算）。布设中应尽量考虑少占耕地、来水充足、蓄引方便、造价低、基础稳固等条件。

坡改梯工程区设计蓄水池用以拦蓄地表径流和引用泉水，蓄水量一般为 65 m³。敞开式矩形蓄水池见图 2-1-7。

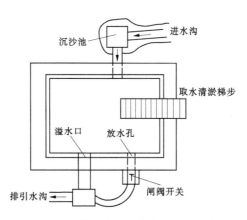

图 2-1-7　敞开式矩形蓄水池平面示意图

蓄水池的配套设施有引水渠、排水沟、沉沙池、进水和取水设施(放水管或梯步)。

蓄水池壁采用浆砌条石,池壁衬砌厚度一般不小于 20 cm。池底可用混凝土防渗处理,厚度一般为 10~15 cm。

放水孔:建于缓坡上的蓄水池,在临坡一侧埋设管道取水。管道进口离池底的距离,视泥沙在池内淤积的高度而定。出口端设闸阀控制。

建于平地上的蓄水池,不便埋设放水管取水,常为人工挑水方便而修建进池梯步,进池梯步为空支墩。

溢水口:为了防止池中水漫顶,冲毁水池,须设溢口,一般宽 0.5~1 m,深 0.2~0.3 m。溢出的水流入引水沟内。

(七)沉沙池

沉沙池是用来拦沙保土、消力防冲、蓄洪济水、沉淀坡面水系或其他引水水流中泥沙,起到澄清水流的作用。

布设原则如下:

(1)一般在进入蓄水工程前修建或在陡槽末端、跌水下方、沟渠拐弯处修建。

(2)也可选择在地头、地边、地块连接处和排水沟渠的内部。在地头的沉沙池以尽量少占耕地为原则,与背沟、边沟结合规划在沟渠内部的可选择低洼地做。

(3)根据地形,沉沙池可修建成圆形、长方形等多种形状。

沉沙池的设计标准一般采用 10 年一遇 24 h 最大降雨量。按来水量确定沉沙池需要的容积,再根据沉沙池的形状确定沉沙池的尺寸。

二、经果林建设

改造部分坡耕地和荒山荒坡种植经果林是促进水源涵养、增强水土保持的有效措施。建设经果林有利于发挥小流域的生态农业经济,合理利用土地资源,减轻水土流失,巩固治理成果,能提高土地产出率和商品率,有利于激发流域内群众治理的积极性,促进农村产业结构调整,促进水土保持产业化,提高小流域内群众经济收入。经果林建设要结合流域内经果林现状,发展少量的名、优、特品种。

(一)设计原则

1. 树种选择原则

(1)选择适宜当地自然条件栽培的品种。

(2)选择名、优、特、新品种。

(3)要选择适销对路、市场畅销的品种。

(4)早、中、晚熟品种搭配,错开成熟期。

(5)交通不便的地方,要选择易储藏、方便运输的品种。

由于治理区自然环境条件的复杂性,每一立地类型可以种植不同树种或不同混交方式,因此将形成一系列的多种混交经营模式和土地利用制度。

2. 整地原则

(1)根据立地条件选择有利于果树生长的整地方式。

(2)避免施工过程中造成新的水土流失。

(3)根据地形、土壤、土层厚度等特点,选择合理的整地形式和方法。

(二)措施设计

1. 工程整地

高标准、科学建园是取得高产、稳产、优质的基础。经果林建园时和定植前,必须搞好工程整地。

为了减轻工程建设中造成的水土流失,结合流域实际,因地制宜,采用不同的整地方式,如水平阶整地、穴状整地等。

2. 种植密度

根据选定的经果林品种,结合治理区实际,确定合理的种植密度(见表 2-1-2)。

表 2-1-2　部分树种造林密度

树种	造林密度		穴状整地规格(穴径×坑深)/m
	株行距/m	株/hm²	
杨	3.0×2.5	1 200	0.3×0.3
银合欢	3.0×2.5	1 200	0.3×0.3
滇柏	3.0×2.5	1 200	0.3×0.3
油桐	3.0×2.5	1 200	0.3×0.3
柳杉	3.0×2.5	1 200	0.3×0.3
杉	3.0×2.5	1 200	0.3×0.3
金秋梨	3.0×2.5	1 200	0.3×0.3
槐	3.0×2.5	1 200	0.3×0.3
核桃	3.0×2.5	1 200	0.3×0.3
刺槐	3.0×2.5	1 200	0.3×0.3
艳红桃	3.0×2.5	1 200	0.3×0.3

(三)经果林栽植

1. 苗木定植

(1)苗木准备。苗木首要标准是品种纯正优良,嫁接愈合良好,生长健壮,主干直立,有一定高度和干粗。

(2)栽植技术。一般在苗木萌芽前的冬春栽植。栽植前先将冬前回填入定植穴已混好肥料的表土取出一半,留在坑里的一半培成丘状,然后将栽植的树苗扶正,放入坑内,使根系均匀分布在坑底的土丘上,校正位置,再将原取出的已拌好肥料的表土分层填入坑中,每填一层都要踩实,并随时将树苗稍稍向上提动,使根系与土壤密实,最后将风化的心土填入。但必须使根颈(稼接口)露出地面,将树苗周围筑起 1 m 直径内低外高的树盘。栽后立即浇水,要灌足浇透,灌后封土保墒。

(3)幼苗管理措施。及时浇水,及时中耕除草,适时施肥,及时补植、定干。

2. 经果林果树管理

(1)土壤管理。幼龄果园可在行间、隙地(距树 1 m 的范围以外)种植绿肥或矮生作物,增加地面覆盖,减少蒸发,降低夏季地表温度。不得间作高秆和攀缘作物。

(2)水肥管理。施肥:果园一般每年施 1 次基肥和 3 次追肥。排水与灌溉:要注意雨后清沟排渍,干旱季节要注意及时灌溉,低于土壤田间持水量的 60% 时,需要灌溉,高于土壤田间持水量的 80% 时就需要排水。

(3)林农间作。幼林地生产一定数量的粮食和其他农副产品,既增加收入,又抚育了果树。间种作物应选择矮秆经济作物和豆科作物,不影响果树生长。

(4)果树的整形修剪。整形:正确的整形,必须使果树各级枝条分布合理,生长与结果的关系协调,骨干牢固、通风透光、早结果、早丰产,寿命长。一般情况下,梨树采用中央主干形,桃树采用自然开心形。修剪的时期和方法:分休眠期修剪(冬季修剪)和生长期修剪(夏季修剪)。修剪方法:疏删、短截、缩剪、长放、除萌和疏梢、摘心、弯枝、环剥、刻伤、断根。

三、生态农业推广

生态农业推广可以提高土地利用率,在保证农民经济收入的同时达到水土保持的效果。生态农业推广产生的生态效益明显。第一,能有效控制土壤侵蚀、涵养水源、降低水土流失;第二,保持土壤肥力,地上和地下部的腐烂物形成有机肥进入土壤,改变土壤结构,增加肥力,提高作物产量;第三,改善环境小气候,降低强光直射,调节温度和湿度,有利于作物和树木的生长发育;第四,减少干热风危害,提高系统防御自然灾害的能力以及提高森林的覆盖率等。

随着生态农业的发展,生态农业相应产生了一系列适应不同生境条件和经济发展条件的经营模式,既有立体种植结构,也有种养结合立体结构,还有时间立体和空间立体。农、林、牧、渔、副有机结合,形成农林、林牧、林药、农林渔等类型,充分发挥了地理和资源优势。

根据南方不同地区的实际情况,生态农业推广可以选择合适各地区的生态农业经营模式。

(一)农林混合种植经营模式

根据经营目的不同,可分作两类:一是以农为主的农林间作,林木常零星分布或宽行种植,改善气候条件,为农作物的生产创造一种适宜的环境,使作物增产,同时获取木材和水果等,如油桐-农间作。二是以林为主的林农间作型,适于造林地,多用于坡地。一般在幼林期,间作的农作物可充分利用林下或林间资源,获得短期收益,以耕代抚、以短养长,长短结合,进而促进林业发展,林木郁闭后即停止间作。

1. 银杏-农间作

银杏嫁接苗的间距很大,间作农作物既避免银杏幼树受到强光灼烧,又为树木提供营养,还有粮食收获。主要间作的农作物有玉米、小麦、花生等,形成银杏-玉米-番薯、银杏-小麦等间作模式。

2. 油桐-农间作

经济林中,油桐的自然分布范围最广、数量最多,多采用林-农间作。间作物的种类多,有小麦、春洋芋、番薯、荞子、玉米和耐阴的魔芋等,形成油桐-玉米-番薯、油桐-小麦、油桐-高粱-花生等模式。

3. 油橄榄-农间作

油橄榄的经济价值优于油桐,但技术要求高,发展不多。绝大部分间作,产量和质量均优于纯林。形成油橄榄-番薯、油橄榄-黄豆、油橄榄-黄豆-南瓜、油橄榄-小麦等模式。

4. 杉木-农间作

杉木-农间作,可先农后杉、先杉后农或杉农并举。可分为杉木幼苗间作玉米、高粱、黄豆等;杉木生长1~2年后间作低矮作物,如花生、番薯,或杉木和作物同层,如杉木-玉米间作。

5. 桑-农间作

桑树常栽于地边、田坎,改善小环境的同时可增加单位土地面积的生物量,间作模式有桑-水稻、桑-玉米、桑-黄豆等。

6. 脐橙-农间作

脐橙嫁接苗的间距大,多间作农作物。林木郁闭时停止间作,有脐橙-番薯、脐橙-薅菜等模式。另外,一些高龄广柑树因经济收益低而重新嫁接,林下光照条件好,均间作农作物,形成广柑-玉米-番薯、广柑-小麦等模式。

7. 茶-林-农间作

茶园中间种树木和农作物。树木稀疏或零星分布,为茶树的生长发育提供适宜的生态环境,提供茶叶的质量和产量。如茶树-杜仲-马铃薯、茶树-山楂-魔芋、茶树-乌桕-小麦等。

(二)林药混合种植经营

1. 草本药材

如黄连、天麻、当归喜阴湿环境,常于林下种植,特别是黄连属浅根、须根性植物,喜散射光和林内光斑,形成的典型混合种植模式有柳杉(杉木、水杉)-黄连、麻柳-黄连、油桐-魔芋、杉木-魔芋等。

2.林木与木本药材混作

如杉(柳杉、水杉、杉木)–杜仲(黄柏、厚朴)混作,栀子–盐肤木混作。

(三)林牧经营

1.以林为主

充分利用林下资源,获取林木的同时提供家畜饲料,如柑橘–苜蓿。

2.以牧为主

利用林木的水土保持和改善畜牧生境的生态效应,提高生产力水平。较常见的牧草有苜蓿、羊茅、早熟禾等品种。

(四)林菌经营

林木多为栎林,如麻栎、青冈栎、板栗、桤木等与菌搭配。主要模式有柳杉–香菇、马尾松–茯苓、竹林–竹荪等。

(五)林(农)渔经营

沟渠、水库、池塘边栽树,田中种稻,池中养鱼,形成果基鱼塘。如柑橘–鱼、柑橘–蔬菜–鱼和桑基鱼塘(如桑–鱼、桑–蔬菜–鱼)以及桑–稻–鱼型。

(六)林畜渔经营

主要在桑基、果基的林下放养牲畜和家禽,形成桑–鸡(鸭)–鱼、果–鸡(鸭)–鱼等类型。蚕沙和动物粪养鱼,塘泥肥树,物质循环和能量流动更为合理化。

(七)林草渔经营

桑基、果基上种牧草,牧草喂鱼,塘泥肥草、肥树,如桑–大麦–鱼复合型。

(八)植物篱(经济林)–农作物复合型

沿坡地等高线栽培由固氮树种组成的绿篱带,带间有一定的间隔作为作物种植带,可栽经济林,也可种农作物。它能有效防止土壤侵蚀,增加水分渗透,改善土壤结构,提高土壤肥力,提供牲畜饲料,改善小气候,使作物增产。且投资少,技术简单,具可操作性,在坡地治理中优于坡改梯和轮歇栽培,已引起重视。有铁篱笆(柑橘)–黄豆、新银合欢–柑橘–胡豆等模式。

(九)庭院经营

在环境复杂、生物资源丰富、人多地少的区域利于发展庭院经营。但目前重视不够,经营管理粗放,效益不高。较典型的有竹林–家禽、果(桑)–农–牧、果–粮、林果–瓜菜,以及其他的种、养、加工业的结合形式。

(十)农林牧结合经营系统

该类型在山区逐渐形成全方位的综合发展模式,如低山丘陵顶部栽柏树,中部为经济果木林,下部为农作物,而小河流两侧栽竹林等可阻挡泥沙入江。水源较好的地方种水稻,旱地种玉米、番薯等,林下栽培牧草,如白三叶、香根草、黑麦草、龙须草等。田埂上种经济果木,形成水土保持林–经济果木林–农作物–牧草的经营系统和相应的多种发展模式。

第三节　石漠化治理技术

石漠化即"石质荒漠化",主要发生在喀斯特地区,石漠化给人们的生产生活带来了严重的影响。石漠化作为我国南方喀斯特地区典型的生态退化过程,是形成喀斯特地区脆弱生态系统的重要驱动力。我国西南岩溶区是全球三大喀斯特集中分布区之一,分布着岩溶山地、岩溶丘陵、峰丛洼地、岩溶槽谷、孤峰残丘及平原、岩溶峡谷、峰林洼地、岩溶断陷盆地等 8 种不同类型的岩溶石漠化类型。我国南方长江与珠江上游交汇地属于岩溶区域,特别是西南黔、滇、桂三省(区),是我国石漠化最严峻的区域。

石漠化的发生发展是内因和外因共同作用的结果,内因主要为自然条件如岩溶地貌、气候因素等;外因主要为人为因素,如毁林开荒、烧放牧场、山林火灾等。需通过正确的治理措施实现岩溶石漠化区生态系统步入良性循环。石漠化生态系统极为脆弱,石漠化治理是一个长期而艰巨的过程,通常需要根据实际条件多种措施并举。下面从石漠化治理技术总结、治理途径及措施、治理模式三个方面加以介绍。

一、石漠化治理技术总结

自 20 世纪 80 年代我国开始进行西南岩溶地区石漠化问题治理以来,相关工作人员与研究学者已经针对岩溶地区缺水、少土、植被生长困难和区域贫穷落后四大基本问题研发和总结了一系列适用于石漠化治理的关键技术(杜文鹏等,2019),见表 2-1-3。

表 2-1-3　石漠化治理技术总结

解决问题	技术名称	主要内容
少土	土地整理技术	不同地貌部位土地整理、坡改梯、平整土地等
	土壤改良技术	客土改良,不同地貌土壤改良(荒地、坡耕地、梯形地等)
	水土保持技术	水土保持生物(植物篱技术、坡面植物梯化),水土保持工程(坡面治理工程、洼地治理工程)
缺水	水土保持技术	
	水资源开发及高效利用技术	地下水开发、岩溶蓄水块段水资源开发、表层岩溶水资源开发、岩溶水资源高效利用等
植被立地困难	植被恢复与重建技术	适生植物收集与苗木繁育、人工造林等
贫困落后	种草养畜技术	优良牧草种植、养殖、岩溶区人工草地管理等
	区域农业结构调整与生态产业培育技术	
其他问题/配套技术	洼地内涝防治技术	洼地排涝工程、洼地生物与工程相结合防治内涝等

(1)针对石漠化地区缺水的问题,重点应用水资源开发利用技术与水土保持技术。西南岩溶地区的双层岩溶水文地质结构使得地表水水资源不足,水资源以地下水为

主且地下水深埋,开发利用困难。水资源开发利用技术即通过蓄、引、提、堵等多种形式开发利用地表与地下水资源;同时,在不同地貌部位应用适用的水土保持技术,减少地表水的下渗,充分利用地表径流;此外,在地表与地下水开发利用过程中,应采取水污染防治等相应配套技术。

（2）针对石漠化地区少土的问题,重点应用土地整理技术、土壤改良技术与水土保持技术。

西南岩溶地区缺土问题主要表现在地表径流对土壤冲刷作用强,使得地表土层薄、土壤养分与有机质含量低、土地生产力低下、可利用土地资源面积小且分散。因此,需要通过土地整理技术调整土地利用结构、改善土地资源利用条件来提高土地资源利用率与生产力;通过土壤改良技术改善土壤的理化性质、增加土壤有机质含量来提高土壤蓄水保肥能力及生产能力,进而为植被生长创造良好的条件;通过水土保持技术削弱地表径流对土壤的冲刷作用来保持土壤空间分布的完整性,进而为农业生产提供良好的耕作条件。

（3）针对石漠化地区植被生长困难的问题,重点应用植被恢复与重建技术。

植被可以带来生态、社会、经济三重效益,可以说,植被的恢复与重建是石漠化治理工作的重中之重。由于西南岩溶地区气候、土壤、水文等条件的组合使得植被立地条件十分困难,因此需要研发适生植物收集、苗木繁育、恢复封造等植被恢复与重建技术,因地制宜地营造生态林与经济林,进而实现石漠化治理生态效益与经济效益的统一。

（4）针对石漠化地区贫困落后的问题,重点应用石漠化区域农业结构调整与生态产业培育技术。

经济落后引起的土地资源不合理开发利用是西南岩溶地区石漠化现象产生的动因,石漠化综合治理必须兼顾生态效益与经济效益。因此,需要研发石漠化区域农业结构调整与生态产业培育技术,在石漠化综合治理过程中,通过因地制宜调整农业结构实现区域生态经济双赢,使得石漠化综合治理效果具有可持续性。

二、治理途径及措施

石漠化治理途径可以分为自然恢复与人工干预两种。自然恢复主要指在消除人为干扰因素的前提下,通过岩溶生态系统自身的生产与恢复潜力来实现石漠化治理的过程。自然恢复途径的主要措施有封山育林、环境移民、生态保护区建设等生态措施。人工干预主要是指在生物、农艺、工程等人工措施的帮助下实现岩溶生态系统植被恢复与生态重建的目标,主要包括退耕还林还草等生物措施、套种轮作等农艺措施,以及坡改梯、小型水利设施建设等工程措施。

（一）重度石漠化地区

重度石漠化地区宜采取封山育林与人工辅助生态修复措施。重度石漠化地区,人地关系、人与自然的关系严重失调,对重度石漠化地区进行生态治理,首先应该减轻人口压力,减少对区域资源的掠夺式开发。在重度石漠化地区采取的治理措施以生态移民、封山育林等自然恢复措施为主;考虑到自然恢复周期较长等问题,在条件允许的情况下,可以采用一些人工播种、补植、种草等林草措施,以及铺设人工土、喷注草种泥浆等工程措施来推动植被顺向演替,加快石漠化治理进程。

(二) 中度石漠化地区

中度石漠化地区宜采取林草种植与生态诱导修复措施。大多数中度石漠化地区目前还处于开发利用中,人们通过砍伐、烧毁乔灌开垦土地进行农业生产,使得中度石漠化地区物种单一,生态系统承载力极其不稳定,易向重度石漠化演化。因此,对中度石漠化地区进行生态治理,应该在减轻人口压力、追求生态效益的同时,通过营造经济林果、种草养畜、改善耕作条件等措施兼顾治理的经济效益。

(三) 轻度石漠化地区

轻度石漠化地区宜采取生态恢复与经济发展相结合的治理措施。

轻度石漠化地区土地资源具有多功能性,土地开发利用活动具有多元化,生态问题并不严重,生态系统自身恢复能力较强;但是该区域大多属于落后的传统农业区,人地矛盾突出,人类不合理的土地利用导致的水土流失等生态环境问题已经初现。因此,对轻度石漠化地区进行治理,主要是通过宣传教育减少人类不合理的土地开发利用活动,并通过配套措施降低人类土地开发利用活动带来的负面效应。

(四) 潜在石漠化地区

潜在石漠化地区采取水土保持与产业结构优化调整措施。潜在石漠化地区大多具有人口密度大、经济较发达、土地集中连片农业集约化水平相对较高等特点;但是该区域土地利用存在严重错位现象,虽然没有明显的石漠化现象,一经破坏治理也相当困难。因此,对潜在石漠化地区进行治理,应该以水土保持等预防保护措施为主,同时应采取相应措施调整与优化产业结构,解决土地利用错位问题。

三、治理模式

我国南方岩溶地区根据其地形地貌特征可以分为岩溶高原区、岩溶峡谷区、岩溶槽谷区、中高山地区、断陷盆地区、峰丛洼地区、溶丘槽谷区和峰林平原区 8 个地形区。对不同区域进行石漠化综合治理需要采取不同的蓄水、保土、恢复植被以及促进经济发展措施,不同措施的有机结合形成了多样的石漠化综合治理模式。

自 20 世纪 80 年代在西南岩溶地区开展大规模石漠化治理以来涌现出许多典型的治理模式(见表 2-1-4)(袁道先,2014)。由于岩溶地区生态环境的高度异质性,各种石漠化治理模式特征鲜明,但各种治理模式亦存在共性特征:封山育林(草)或保护林草植被是各种治理模式均采取的措施,相关研究表明岩溶地区通过自然途径来实现生态保护与恢复效果优于人工途径,因此石漠化治理模式在理念上顺应自然规律,尽可能依靠自然力量恢复与治理是可行的途径。岩溶地区地表与地下的"二元结构"以及自然要素垂直方向空间分布的异质性,使得各种石漠化治理模式均由不同治理措施结合而成,如果化镇的"山顶戴帽,中间缠带,脚穿鞋"立体生态农业模式就是一个典型模式。

因此,从宏观上来看,石漠化治理模式是各种治理措施空间上有机结合形成的一套立体治理模式;从微观上看,各种治理模式所采取的系列治理措施,都是以减少水土流失(蓄水与固土)、增加植被覆盖度、增加地表土壤养分等为治理目标的。石漠化典型的治理模式见表 2-1-4。

表 2-1-4 8 种地貌石漠化治理模式

地貌类型	分布区域	区域主要问题	治理思路	典型模式
岩溶高原	贵州中部长江与珠江分水岭地带（高原面上）	地表水资源短缺、中低产田比重高、人口密度大、贫困面大	保护现有林草植被的基础上，重点保护和发展水源林、改造中低产田、优化农业生产结构	—
岩溶峡谷	黔西南、滇东北、滇西南	土层薄、人口压力大、陡坡开垦、砍伐薪柴严重、地表水资源短缺、承载力低	封山育林、人工造林为主，发展特色农林牧业以及生态旅游业	贵州晴隆人工种草养畜模式、贵州花江模式（顶坛花椒模式）等
岩溶槽谷	黔东北、川东、湘西、鄂西、渝东南、渝中、渝东北	石漠化加重趋势明显、高位岩溶水资源泄漏、农业生产结构不合理	保护、开发和合理调配不同高程岩溶水资源、加强水土保持、调整农业结构、发展畜牧业	云南西畴岩溶槽谷小流域石漠化治理模式等
中高山地	滇东北、川西和四川盆地西部	自然条件差、人口贫困、局部水资源能源短缺、草地退化	保护现有林草植被的基础上，重点加强草地保护与建设，发展畜牧业与生态旅游业	毕节高原岩溶山地开发扶贫生态建设模式等
断陷盆地	滇东至四川攀西盐源地区、贵州西部	农村能源短缺、局部无序工矿活动严重、水资源困乏、制约土地资源利用	保护现有林草植被的基础上，重点加强植被建设与特色产业开发	贵州六盘水三变模式、云南蒙自断陷盆地生态建设模式等
峰丛洼地	黔南、黔西南、滇东南、桂西、桂中	缺水、少土、耕地资源困乏、石漠化现象严重、环境恶劣、人地矛盾突出	蓄水保土、提高植被覆盖度、建设基本农田、针对性生态移民	果化立体生态农业管理模式、环江古周小流域综合治理模式等
溶丘槽谷	湘中、湘南、粤东、粤中	季节性干旱严重、地面塌陷、地面沉降等地质性灾害严重	封山育林育草、合理开发水资源、加大农村新能源建设、调整单一产业结构	广西恭城岩溶丘陵沼气开发利用模式等
峰林平原	桂中、桂东、湘南、粤北	地表水资源匮乏、干旱缺水、地下水开采引发地面塌陷	封山育林、人工造林、合理开发地表水与地下水资源	广西崇左天等模式等

第二章 栖息地功能保护与修复类技术

第一节 栖息地保护技术

一、生境形态维护

(一)天然生境维护

1. 天然水生境规划管理保护

对于自然河流、湿地、湖泊等天然水生生境以及重要天然水体的岸边带、深潭、浅滩、漫滩、江心岛等天然生境需要加强保护,划定相关保护区域范围,划定天然水生生境的范围,纳入区域、各级行政区土地利用总体规划,提出天然水生生境保持率,并在国土资源保护与综合利用中严格控制。减少相关区域开发建设和人为干扰。

2. 开发建设区域天然水生境保护

城镇开发建设区域内的河流、湿地、湖泊等自然水生生境以及其他涉水工程影响的自然水生生境,在城镇开发建设或涉水工程建设过程中,要提出水生生境保护或减缓、恢复、补偿不利影响的约束性指标。需要根据实际情况采用合理的生境保护技术措施,以减少对水生生境的影响。相关的生境保护的技术有生态岸边坡建设、河道内栖息地改善、闸泵调度等。

1)生态岸边坡建设

生态岸边坡建设主要指从坡脚至坡顶依次种植沉水植物、浮叶植物、挺水植物及湿生植物等护岸植物。生态岸边坡有多种建设方式,如草毯护坡技术、生态砌块。

草毯护坡是以秸秆农作物纤维为基底,连同定型网材料、优质草籽、营养剂、定型网在大型生产流水线上一次加工完成的新型生态覆盖物。环保草毯的使用,如同铺设地毯一样,将草毯覆盖于经过处理的边坡、路基上,并浇水养护,预先喷播或草毯自带的草种发芽生长,即能形成生态植被。作为环保草毯原料的植物纤维,在自然降解后与土壤混为一体,成为植被的营养基质。

生态砌块是由生态结构、锚固孔、阻滑垾等技术工艺组成的挡墙护坡用砌块。生态砌块在结构设计上能够满足结构要求的同时,在中间设置生物空腔和生态孔,使块与块之间通过生态孔达到生物空腔的贯通,生物空腔在水下部分为鱼虾类创造了良好的栖息地;同时,生物空腔水下部分也可种植水生植物,水上部分可种植湿生和中生植物,植物根系可通过生态孔延伸到其他砌块的生物空腔内,不仅有利于动植物生长,还能提高护坡工程的整体稳定性和工程的美观舒适性。

2)砾石群

在均匀河道上放置砾石或砾石群(见图 2-2-1)可以增加或修复河道结构的复杂度和

水力条件的多样性,这对于水生生物非常重要,包括水生昆虫、鱼类、两栖动物、哺乳类和鸟类等。除此之外,对生物的多度、组成、水生生物群落的分布具有重要意义。在河道内放置单块砾石和砾石群有助于创建具有多样性特征的水深、底质和流速条件;同时砾石是很好的掩蔽物,砾石后面局部区域是良好的生物避难所和休息场所;砾石还有助于形成相对加大的水深、气泡、湍流及流速梯度。这些措施对于增加河道栖息地多样性具有重要作用。

图 2-2-1　砾石群示意图

3）树墩和原木构筑物

原木具有多种栖息地加强功能,不仅可等同于构建护坡、掩蔽、挑流等结构物,而且可向水中补充有机物碎屑。具有护坡功能的结构常采用较粗的原木或树墩(见图 2-2-2)挡土和水流冲击。放置于河道主槽内的原木或树根除具有护坡、补充碳源的功能外,还具有掩蔽物的作用。在一些情况下,可以采用带树根的原木(树墩)控导水流,保护岸坡抵御水流冲刷,并为鱼类和其他水生生物提供栖息地,为水生昆虫提供食物来源。

4）挑流丁坝

在传统意义上,挑流丁坝是防洪护岸构筑物(见图 2-2-3)。挑流丁坝能改变洪水方向,防止洪水直接冲刷岸坡造成破坏,也具有维持航道的功能。在生态工程中,挑流丁坝被赋予新的使命,成为河道内栖息地加强工程的重要构筑物。除了原有的功能,挑流丁坝能够调节水流的流速和水深,增加水力学条件的多样性,创造多样化的栖息地。挑流丁坝还能促使冲刷或淤积,形成微地形,特别在河道修复工程中,通过丁坝诱导,河流经多年演变形成河湾以及深潭—浅滩序列。洪水期,丁坝能够减缓流速,为鱼类和其他水生生物提供避难所,平时能够形成静水或低流速区域,创造丰富的流态。连续布置的丁坝之间易产生泥沙淤积,为柳树等植物生长创造了条件,丁坝间形成的静水水面,利于芦苇等挺水植物生长。丁坝位置的空间变化,使生长的植被斑块形态多样,自然景观色调更丰富。

5）蜿蜒性及深潭、浅滩保护

河流平面形态可以分为 5 种类型:顺直微弯型、蜿蜒型、辫状、网状、游荡型,其中蜿蜒型河道是世界上分布最广的河流形态。蜿蜒型河流包含多种空间异质性的地貌单元,对于稳定河流物理结构和维持生态系统具有重要意义。

图 2-2-2　树墩和原木构筑物示意

图 2-2-3　挑流丁坝示意图

蜿蜒型河流的形成是水流、流域地质结构、科氏力共同作用的结果。河流演变初期表现为沿轴线的左右摆动，因受科氏力的影响，轴线逐渐弯曲，由于摆幅的增大和轴线曲率半径减小，使河流呈现出顺直→微弯→蜿蜒→裁弯的演变过程。王宏涛（2015）等从区域尺度、河段尺度等方面总结了影响蜿蜒型河流演变过程多种因素。河段尺度上，钱宁（1987）对于弯曲河流的边界条件、来水条件和来沙条件进行了总结，指出河岸组成物质具有二元结构,有一定的抗冲性,但也能坍塌后退。来沙条件是河床沙质来量相对较小,但有一定冲泻质来量。纵向冲淤变化基本保持平衡,汛期微淤,非汛期微冲。来水条件是流量变幅和洪峰流量变差系数小,洪水起落平缓,并且河谷比降较小。蜿蜒型河流形成需要4个基本条件:足够的空间、平缓的坡度、细颗粒沉积物和软土岸坡。而水中的倒木、巨石、黏土塞和其他障碍也是形成河道弯曲的原因。河床材料构成对形成深潭—浅滩序列有着重要作用。在卵砾石河床的河道中,容易形成匀称的深潭—浅滩序列;具有沙质河床的河道由深潭依次分布,但没有形成真正意义上的浅滩;较高坡降的河流形成深潭—跌水的序列。

(二)重要生物栖息地保护

重要生物栖息地包括洄游通道、鱼类"三场"、珍稀濒危和重要经济价值水生生物栖息地等。

1.洄游通道保护

依据鱼类洄游的不同目的,鱼类洄游可划分为生殖洄游、索饵洄游和越冬洄游等。依据鱼类生活史阶段栖息场所及其变化,可将鱼类洄游划分为过河口性鱼类洄游、淡水鱼类洄游。需要注意的是,应加强鱼类洄游通道的保护,并禁止在重要洄游通道地进行阻碍鱼类洄游的开发建设。

洄游通道保护主要通过采取保障洄游通道的畅通、减缓阻隔作用和减缓适宜生境被压缩等措施来减缓水利工程建设对鱼类栖息地的不利影响。其中,减缓阻隔包括采取过鱼措施疏通鱼类洄游通道、人工捕捞亲鱼辅助其过坝到上游产卵或者通过人工增殖放流等措施帮助洄游性鱼类完成其生活史,增强非洄游性鱼类上下游的种质交流。减缓适宜生境被压缩的措施主要包括建立替代生境拓展鱼类的生存空间、采取分层取水减轻水库下泄低温水对下游河道中鱼类生长发育的不利影响、通过人工优化调度下泄生态流量满足下游鱼类生存的栖息环境需求等。为了减缓已建水利水电工程对鱼类洄游的阻隔影响,可对水利梯级补建过鱼设施,保障鱼类洄游通道畅通。

2.鱼类"三场"保护

鱼类"三场"是指鱼类的越冬场、产卵场和索饵场,鱼类"三场"是重要水生生物栖息地,加强对"三场"的保护要划定保护范围,严格保护区域建设开发行为。对受人类开发活动破坏的鱼类"三场"开展修复工作,采用人工鱼礁、生境再造等措施恢复水生生物的栖息环境。

3.珍稀濒危和重要经济价值的水生生物栖息地保护

对于珍稀濒危的水生生物栖息地,有重要经济价值的水生生物资源及其栖息地,各级水产种质保护区、自然保护区、重要湿地等重要生物栖息地需要划定保护区范围,实施严格管理保护,严禁无关项目开发建设,严格控制涉及重要生境的水利开发活动。同时,建立珍稀鱼类保育中心,开展珍稀鱼类的繁殖、育种、救护、监测、研究,恢复和保护河流珍稀鱼类种群。此外,建立重要水生栖息地生态示范区,建设水生态研究中心,开展河流水生态健康监测与评价研究,并适时开展流域栖息地保护规划编制工作。

二、生境条件调控

(一)低温水减缓技术

1. 水温分层原因及判定

水库水温分层的原因是水库表层水和浅层水因日照较多而温度较高,底层水温度则相对较低,因此造成水库的分层现象。分层型水库的水温可分为:库面温水层(温变层),水库大多数增暖和冷却都在温水层进行;温水层以下是温度变化较迅速的斜温层(温跃层);斜温层以下是热量难以交换的冷水层(滞温层)。库面温水层和库下冷水层的温度差可超过 15~20 ℃ 。夏季水温分层后,形成稳定的斜温层。水温在水平方向上保持不变,仅垂直方向发生变化。而且由于水温引起的垂直方向的密度梯度,上下很难产生掺混,往往形成入流和出流的水平层流。随着夏季的来临,水库表面温度升高,由于外力影响,热量向较深层传递,在表面形成暖而轻的水层,冷而重的水分布在库底。如果混合不能充分补偿这种温度和密度的垂直分布,则形成夏季水库水温分层结构。这种分层型水库多在规模较大并且水流较慢的大型水库出现。

2. 低温水下泄的不利影响

深水库的低温水下泄对库区水域和坝下游河段的水温时空分布有重要影响。水库蓄水后,其水位和水面面积均较天然状况有大幅度增加,库区内的流速将减缓,库区江段由急流河道转变为近似于静水河道,往往出现分层的水温结构,水温分层使库底长期为低温水,造成诸多不利影响。

低温水下泄会对下游水体水温产生变化,对库区及下游河段的水生生物、农田灌溉和生活用水等将产生重大影响,会对下游水生生物的生长和繁殖造成危害,并且对水工坝体温度应力分析、施工温控设计、继电机组冷却等也有重要影响。

水温分层,对水体环境溶解氧的含量有重大影响。水库表面的温水层可通过水面与大气交换,保持较高的溶解氧水平,如有植物的光合作用,溶解氧量往往达到过饱和。在此状态下,如果水库氮、磷含量较高,就会使水体中的浮游生物及水生植物大量繁殖,出现富营养化和水质恶化现象。而水库库底冷水层,由于紊动扩散很低,氧的补充非常小,加上库面水生浮游生物死亡后沉于库底,其分解要消耗库底的溶解氧,并产生大量的硫化氢。所以,库底常常是缺氧状态,成了厌氧微生物的活动环境。因此,水库水温的分层不仅对水质有一定影响,而且会影响水中生物结构的变化。

在夏季,分层型水库形成稳定的正温分层,在水库中敷设的水电设施为了满足发电量要求,通常将取水口设置在水库的冷水层(滞温层),因此通过水电站下泄到下游的水流温度均低于原河道当月平均水温,形成低温水。低温水的下泄对下游农业和渔业将产生较大的影响。特别是水稻生长前期,用低温水灌溉会使稻苗迟发,成熟推迟,不仅影响早稻产量,且推迟了晚稻成熟,使晚稻易受"寒露风"危害,造成秕谷多,甚至发生不结谷的"翘稻头",致使早、晚稻都减产。

水温也是影响鱼类洄游的基本外因之一。鱼类洄游到岸边和河口段的时期,多种鱼类都要求一定的水温。例如,鲤鱼在水温低于 8 ℃ 或超过 30 ℃ 时便停止取食,当水温低于 18 ℃ 时则不能繁殖。因此,低温水的下泄将使鱼类繁殖、生长及捕食受到严重影响。

世界上许多大型水库在鱼类洄游产卵期泄放的水温明显低于同期天然河道水流的水温,致使这些河流的鱼种数量锐减或濒于绝迹的例子不少。

3. 低温水影响减缓措施

对低温水的减缓措施主要从预测水库水温结构及下泄水温、工程设施提高水库下泄水温、合理利用水库调度运行减缓低温水下泄等方面进行(陈秀铜,2010)。

1)预测水库水温结构及下泄水温

对水库水温结构及下泄水温的预测计算是建立生态型水电工程的重要前提。只有正确预测水库水温结构和下泄水温,才能对水电设施进行有效设计,确定合理的运行调度方案,使其对生态的影响达到最小。水库垂向水温预测方法一般分为两大类:一是经验公式法。通过对实测资料的分析,总结出水温垂向变化的形式(指数函数形式或多项式),即经验公式。由于该法很难考虑入库、出库水流,以及经验参数的地区适用性,所以其应用受到很大限制。二是数学模型法,应用较广泛的是垂向一维扩散模型。该模型考虑了入库、出库水流及垂向扩散对水温的影响,并在理论上认为垂向水温连续分布。在实际计算中,由于其解析解的获得颇为困难,一般采用数值方法求解,即其结果仍是呈离散的阶梯状分布。

2)工程设施提高水库下泄水温

为减缓水温尤其是低温水下泄不利环境影响,水电站工程通过分层取水的措施来尽量引表层水发电,阻挡底层水进入进水口,从而达到减缓低温水下泄的目的。具体分层取水设施可应用竖井式取水口、叠梁门分层取水口、浮式管型取水口、进水口前置挡墙等低温水减缓工程措施。

3)水库调度运行减缓低温水

在水库调度运行中,考虑生态因素约束条件下的水库中长期优化调度,把水库的生态调度和优化调度结合起来,可以减缓低温水影响。基于对水库水温的预测、监测,优化水库运行调度策略,建立水库优化调度模型。

(二)过饱和气体控制

1. 过饱和气体原因

由于大坝的修建,高水位水流下泄时,高速水流表面形成的负压,将空气中的气体 N_2 和 O_2 吸入水体,使下泄水中气体呈过饱和状态,并带入坝下水体内,对坝下水体产生剧烈的曝气过程。高坝工程在泄水时,会造成下游水体中总溶解气体(TDG)体积数大于当地温度和大气压力对应的溶解度,产生 TDG 过饱和现象。特别是泄洪过程中高坝挑流消能方式产生坝下水体气体过饱和现象更为严重,将对下游水生生态环境产生较大的影响。

下泄水流通过溢洪道或泄洪洞(闸)冲泄到消力池时,产生巨大的压力并带入大量空气,造成了水体中含有过饱和气体,这一情况一般发生在大坝泄洪时期。水库溢洪时,尤其是挑流消能泄洪时,水流挟带空气形成强降雨冲入坝下水体深处,静水压力增加,挟带空气溶解,这种过饱和往往是氮气起决定性作用,资料显示这种情况下氮气过饱和度一般为120%左右。

2. 过饱和气体影响

下泄水体中过饱和气体对下游鱼类繁殖和生存的影响较大。水中溶解气体的增加会对水生生物产生重要影响,它不仅会破坏水生生物原有的生存环境,打破原有的生态平衡,而且会直接导致某些生物产生疾病,如溶解在水中的氮气等进入鱼体内,当在鱼血循环中产生气泡时,可导致"气泡病"而死亡。资料显示(邹艳萍,2021),为保护水生生物,规定了水中总溶解气体总浓度控制在当地大气压力下饱和值的110%。

经下游水体中过饱和气体衰减分析,水体中过饱和氮气对水库水质基本无影响,但它却是影响水生生物的主要物质。水体中过饱和气体对水生生物的影响受体主要为鱼类,鱼类较长时间生活在溶解气体分压总和较多超过水层的流体静止压强的水中,使溶解气体在其体内、皮肤下等部位以气泡状态游离出来的现象称为"气泡病"。

3. 过饱和气体减缓措施

应控制好水库的泄洪调度与水库泄洪时期,减小泄洪水体过饱和气体对下游水体中鱼类的影响,同时要注意在水库运行期对水库鱼类进行监测,发现问题并及时解决。

(1)水电工程水体中气体过饱和现象主要产生在泄洪时期,为减少气体过饱和现象的产生,应该从水电工程设计、建设和运行管理中解决,准确预测水文气象情势,做好优化调度,减少泄洪,从而减少过饱和气体对下游水生生态的影响。结合水库运行、发电、泄洪等需求,设计合理的、能尽量满足鱼类栖息和繁殖所需要的水文节律的水库运行及泄洪方式,达到降低水库下泄水气体饱和度,减轻水电工程对水生生态的不利影响。

(2)对已建的各类水电工程调研发现,以挑流消能的泄洪方式的工程,下泄水体出现了严重的气体过饱和现象。因此,在工程设计过程中,要尽可能地采取底流消能方式,从源头和根本上减少气体过饱和现象产生,减少过饱和气体对下游水生生态的影响。

(3)加强对水体中溶解氮的监测,以及对下游水生生态影响跟踪监测。通过周年监测、理论分析、对比和数值模拟计算相结合的手段,建立坝下河道二维溶解性气体数学模型,研究水库下游的溶解性气体随水库的调度运行、江水流量和水温等因素产生的年内及沿程分布变化。为了更全面、科学地解决气体过饱和现象的影响,需要相关专业人士加强各项监测和研究,监测内容包括物理化学要素监测(如溶解性氮气、溶解氧、总溶解性气体)、生物要素监测(鱼类生物学致死效应监测、鱼苗气泡病监测、鱼类生物学异常监测)等。

(三)泥沙调控技术

1. 泥沙淤积原因

水库泥沙淤积主要是河水挟带的泥沙在水库回水末端至拦河建筑物之间库区堆积。水流进入库区后,由于水深沿流程增加,水面坡度和流速沿流程减小,因而水流挟沙能力(见河流泥沙运动)沿流程降低,出现泥沙淤积。

水库淤积是一个长期过程。一方面,卵石、粗沙淤积段逐渐向下游伸展,缩小顶坡段,并使顶坡段表层泥沙组成逐渐粗化;另一方面,淤积过程使水库回水曲线继续抬高,回水末端也继续向上游移动,淤积末端逐渐向上游伸延,也就是通常所说的"翘尾巴"现象,但整个发展过程随时间和距离逐渐减缓。最终,在回水末端以下,直到拦河建筑物前的整个河段内,河床将建立起新的平衡剖面,水库淤积发展达到终极。终极平衡纵剖面仍是下凹曲线,平均比降总是比原河床平均比降小,并与旧河床在上游某点相切。

2.泥沙淤积的影响

在库区,泥沙淤积减少有效库容,影响水库调节性能和建筑物的正常运用。在水库上游河道,淤积抬高河床,使河道水位升高,坡降和流速减小,河槽过水能力降低,增加了防洪困难,河水位抬高还会引起两岸地下水位升高,导致土地盐渍化;在水库下游河道,在水库淤积并拦截泥沙时期,水库下泄清水,下游河床由于冲刷而普遍下切,水位随之下降。它不利于大坝和沿河建筑物的基础,使沿河引水工程的运用发生困难,使下游桥梁基础埋深减少。

3.泥沙调控措施

水库泥沙调控和可持续管理已成为水库规划、设计、建设与运行阶段必须考虑的关键因素之一。

泥沙调控相关的技术主要包括泥沙动态调控指标体系构建技术、水动力—强人工措施有机结合的泥沙动态调控技术、泥沙动态调控的防洪减淤—生态环境等综合效益定量评价技术等。对于水利枢纽、水电梯级、航运枢纽等挡水建筑物,设置排沙设施,定期排沙;对于梯级枢纽,可通过联合调度进行泥沙控制。

水库排沙的具体措施有水力排沙、水力冲刷和机械清淤三类。水力排沙根据水库来沙多集中在汛期的特点,采用汛期降低库水位(或泄空),使悬沙的主要部分通过库区时来不及沉积而排出,也可采用汛末水库蓄水,将泥沙以异重流形式排出库外。这类方法称为蓄清排浑法。

水力冲刷法分为汛前泄空冲刷、低水位冲刷和定期降低水位水力冲刷法(一年内一两次或多年一次)等。

机械清淤,有利用水库水头差作为排沙能源和利用外加能源法两大类。前者常利用水库上下游水位差,根据虹吸原理,用浮动软管将建筑物前淤积物排泄出库;后者用挖泥船或泥浆泵等机械清淤,只适合于水资源特别宝贵的水库。

(四)河口红树林生境保护技术

1.红树林破坏因素与不利影响

人类对自然资源开发能力的增强加剧了对自然资源无序、无节制的开发,这不仅损害了生态系统,且降低了其生态系统服务功能,造成一系列的生态危机,红树林生态系统也不例外。

河口红树林遭到破坏的主要原因有河口湿地被侵占萎缩、含农药废污水导致红树林幼苗死亡、在红树林内过度采挖经济生物、河口咸潮上溯导致红树林种群结构变化等。红树林破坏因素包括围垦、砍伐、采矿、挖捕动物、海水养殖、污水排放、旅游、河口上游来水偏少等,其中围垦是以破坏红树林为前提的转换性利用,植物资源利用、挖掘捕获动物、污水排放等都属非转换性利用。前者会导致红树林的毁灭,后者如开发过度也会破坏红树林生态系统,但只要合理利用,仍可实现可持续发展(何琴飞,2009)。红树林破坏因素与不利影响见表2-2-1。

表 2-2-1　　红树林破坏因素与不利影响

人类活动方式	危害强度	对生态系统的影响	主要危害对象	对生态系统服务功能的影响	对生态系统服务功能影响的后果
围垦					
农业用地	强		红树林生态系统	生物多样性维持能力下降,影响生态系统对大气和气候的调节过程,改变营养物质储存与循环过程,破坏土壤形成与保护,灾害缓冲能力下降,损害生态系统环境的能力,减少温室效应气体能力减弱,净化环境能力减弱,提供产品能力下降	土地退回、荒漠化,生境消失,物种减少甚至灭绝。水体富营养化,动植物产量下降。小气候变化,导致水土流失
盐业用地	强		红树林生态系统		
采矿用地	强		红树林生态系统		
围塘养殖	强	生境破碎	红树林生态系统		
筑路海堤	强		红树林生态系统		
加固海堤	中		红树林生态系统		
城市用地	强		红树林生态系统		
造陆生林	强		红树林生态系统		
砍伐					
林木采伐	中		木榄等高大林木	生物多样性维持能力、森林结构和经济价值都下降,影响生态系统产品提供,影响生态系统大气和气候调节,影响营养物质储存与循环,影响护岸减灾的功能	物种减少甚至灭绝,农林产品减少,减少苗木量,小枝被折断,影响植物自然更新
放牧	弱		白骨壤林等树林		
食物利用	中		白骨壤林、水椰林等		
绿肥	中	改变生态系统结构	白骨壤林、秋茄林		
薪柴	强		桐花树等树林		
收集饵料	中		白骨壤林等树林		
采集药物	弱		白骨壤等个别物种		
挖捕动物	强	改变生态系统结构	动植物	生物多样性维持能力下降,生态系统产品供给能力下降,近海渔业产量下降	生境破碎,物种减少甚至灭绝,渔业产量下降,影响植物生长
海水养殖	中	改变生物地化循环	土著种,红树林生态系统	生态系统退化,净化环境能力下降,生物多样性维持能力下降,近海渔业产量下降,甚至栖息地和生物多样性丧失,土著种基因库资源破坏	病害导致渔业产量下降,生物入侵,土著种减少甚至灭绝,产生新种

续表 2-2-1

人类活动方式	危害强度	对生态系统的影响	主要危害对象	对生态系统服务功能的影响	对生态系统服务功能影响的后果
污染排放	强	生境破碎改变生物地化循环	红树林区动物简化	环境污染,栖息地丧失,生物多样性降低,甚至有些鸟类迁移消失,净化环境能力降低,病虫害防治和传粉能力降低	富营养化,含盐量变化,红树林退化甚至消失,物种减少或灭绝
旅游	中	生境破碎	潮沟红树林和鸟类	生物多样性降低,物种简单化,潮沟退化,净化环境能力降低,病虫害防治能力降低	生境退化,物种减少,水体富营养化,环境污染,动植物产量下降,小气候变化
引进新物种	中	生境退化	本地物种	生态系统退化,物种简单化,生物多样性降低,土著种基因库资源被破坏,病虫害防治能力降低	生物入侵,物种单一,土著种减少甚至灭绝

2. 红树林保护措施

1) 加强红树林保护立法

制定完善的保护红树林湿地的法律法规,地方政府应大力支持诸如红树林区的生态养殖,及时制止群众和开发商肆意围垦红树林湿地的错误行为。对能带来较大经济效益的开发建设项目,需要围垦红树林的,必须经过科学、严格的项目评估,通过审批,依法围垦,并认真落实资源补偿和恢复制度。

2) 建立完善的红树林保护管理机构

我国红树林保护工作蓬勃发展,对红树林资源的管理、保护、利用和恢复起到了积极的作用。但在红树林保护和管理工作中也出现了林业、海洋、环保等部门都参与此项工作的多头管理现象,这显然不利于加强红树林资源的管理和保护。红树林资源作为国土资源内一个独特的部分,应有一个独立的管理机构,以统一管理和保护红树林生态系统。

3) 建立红树林自然保护区

建立红树林自然保护区是我国目前保护红树林资源最有效的方式。从20世纪80年代初开始,我国海南、广东、广西、福建等省(区)相继建成了多个红树林自然保护区,保存了我国所有的红树植物种类和群落类型,是我国红树林资源的主体(韩博平,1995)。

为了更好地发挥红树林自然保护区的作用,应尽快改变红树林自然保护区目前的多头管理状况,加强保护区之间的协作与交流,积极恢复和扩展红树林资源,通过多种经营活动来增加保护区的经济活力,使各保护区步入良性循环的轨道。

大力宣传提高保护红树林的意识,对红树林自然保护区、河口湿地保护区等增强保护的力度,加强红树林的管护,严控人类活动的不利影响,提高幼苗成活率,加强红树林湿地保护的科学研究等。

4)调水压咸

根据珠江河口咸潮上溯对水生植物群落的影响研究,近20年来珠江河口咸潮异常上溯已经导致出海口门及入海河道下游河段耐盐的红树、半红树明显比半咸水红树占优,主要原因是河口盐度在枯水期异常升高。为降低枯水期河口盐度的异常升高,可采用调水压咸技术,充分利用水动力模型和准确预报来水状况、咸潮状况,选取合适时间联合调度河口中上游的大中型水库增加下泄水量,压制咸潮上溯,降低河口盐度的异常增加。

具体见本篇第四章第二节中的压咸补淡技术。

第二节　栖息地修复技术

一、河漫滩修复

(一)河漫滩重塑

河漫滩重塑就是在河漫滩对地形地貌进行有条件的微处理,以形成多元化的滩区地貌。地形的处理应当以不阻碍行洪作为基础依据,在平原地区,河漫滩一般以向下游的洼地相间分布为主要特征,在进行工程设计时,应当模仿与顺应这种地貌类型。此外,在河道沿途若有连片低洼且可以利用的区域,可以有条件地设置开放滩区,开放滩区在单侧或两侧放开堤防,以自然地形或通过修改来达到防洪目的。

(二)现状地形利用

河流蜿蜒形态的重构往往意味着旧有顺直河道的废弃,可以将旧有河道作为河道一侧的滞洪洼地来使用,也可以通过改造溢流堰等水工设施使之成为泄洪道。

在河漫滩栖息地重建方面,可利用现有的卵石坑、凹陷区、水塘和回水区,通过相互连通及与主河道连通,达到重建鱼类等生物栖息地的目的。同时,还可利用丁坝控导结构,形成深潭、水塘等地貌单元。这些低流速栖息地能够为多种鱼类提供避难所。

(三)种植设计

河流生态修复具有不同于传统意义上的河流治理工程的两大特征:一是生态功能优先,二是非一次性设计。河漫滩修复在植物种植方面,应遵循的原则有两条:首先是植物搭配的美学原则应当让位于生态功能,植被体系构建应当以保护河流生态系统的良性循环为目的;其次是应当考虑河流生态修复的时间维度,除满足必要的生态功能外,应避免使用一次成型的大型苗木,以降低成本。河漫滩植被应以自然发育为主,出于工程考虑可以人工辅助初期植被的建立。

(四)防护工程

河漫滩动态发育的特征使得安全防护的程度应当有所取舍,滩区不能一次成型,也不能任由泥沙淤积,在工程设计之初就应当进行河床基质选择与河流泥沙控制。对确有塌陷危险的河道边坡,应当进行防护,防护材料以透水不漏土为原则,并保证具有一定的生物生长空间,应避免采用光滑的整体性护坡形式。

（五）生物栖息地构建

河道内生物栖息地主要由浅滩深潭序列结构构成，在局部该结构不明显时，需要人工辅助加以完善。河道外生物栖息地以丰富滩区地貌单元为原则，在进行栖息地结构恢复时，应当妥善分配生物活动空间与人类活动空间，使之相互隔离或相互渗透，互不干扰。

二、堤防生态化改造

（一）改造对象

传统的河道堤防工程从稳定河道的目的出发，常采用一些岸坡防护措施，如浆石混凝土板等。这些工程措施会对河道岸坡自然栖息地造成不同程度的影响，导致栖息地质量下降。在水泥等现代材料出现以前，岸坡防护工程主要采取木、石、柴排等天然建筑材料，这些材料相对比较自然，对生物栖息地环境的冲击较小。伴随混凝土、土工膜等材料的广泛应用，河流渠道化问题凸现，造成关键生物栖息地丧失或连续性中断，加速了栖息地破碎化与边缘效应的发生，同时也造成了水体物理及化学过程的变化，使河流廊道的潜在栖息地消失，水体质量下降。除河流地貌与生态系统结构发生改变外，孤立的栖息地碎块阻断了河流上下游间的生物基因交流，从而影响了河流水生生物群落的迁移与生态演替，导致生物多样性丧失。尤其是河流廊道被渠道化整治之后，原来自然的河流廊道岸坡被混凝土护面所取代，阻隔了地表水与地下水的交换。由于栖息地丧失、破碎化以及边缘化效应，兼具生物栖息或迁移功能的河流廊道发生严重退化，进而使生物群落多样性降低。

（二）主要技术

近年来，开发和应用兼具生态保护、资源可持续利用以及符合工程安全需求的堤防生态化工程技术，已经成为河流整治工程的创新内容被广泛采用。现代河道堤防设计倡导遵循"道法自然"的原则，除满足防洪安全、岸坡冲刷侵蚀防护、环境美化、休闲游憩等功能外，还须兼顾维护各类生物适宜栖息和生态景观完整性的功能。

从工程设计角度出发，对于近自然化岸坡，在满足整体抗滑稳定性条件下，还要采用植被防护措施，使之满足水流冲刷侵蚀作用下的局部抗侵蚀稳定性要求，并有助于生物栖息功能的加强。对于采用人工或天然材料的堤防设计，要求这类生态堤防结构表面多孔、材质自然、内外透水的特点，即要选用多孔透水性材料和结构，并且能满足抗滑、抗倾覆整体稳定性及抗冲蚀等局部稳定性要求。

生态堤防常用的结构和材料包括自然植被护坡、块石、梢料排体、铅丝石笼或铅丝网垫、混凝土空块或铰接混凝土块（排体）、混凝土框架、土工格室、生态型混凝土、生态植被毯等。

对于多孔透水性生态堤防结构，其技术关键在于护坡面层及其下部的垫层及反滤层设计，重点在于防止护坡面层下面的土体在波浪、水流及渗流作用下发生淘刷侵蚀破坏，从而保证防护结构的整体和局部稳定性。反滤层材料可选用植物纤维垫、土工布、软体排或碎石。应用土工布作为反滤层时，要求土工布满足保土性、透水性和防堵性三方面的要求，其主要设计指标包括等效孔径、孔隙率和法向渗透性，在拉伸强度和刺破强度方面也有一定的要求，详见《土工合成材料应用技术规范》（GB/T 50290—2014）。碎石反滤层和垫层的设计，可参照土石坝设计规范等技术标准。在生态堤防设计中，应根据河道岸坡的坡度、水流特点和土质条件等综合选择确定适宜的结构形式。然后,根据不同设计洪水流量和水位,验算岸坡及防护结构在重力、水流拖拽力、坡内渗流作用力和波浪吸力作用下的整体稳定性与局部稳定性,例如岸坡的深层抗滑稳定、防护结构整体沿坡面的抗滑稳定性、单个块体的稳定性等。另外,需分析计算可能的坡脚淘刷深度及范围,据此确定防护结构向河床方向的延伸范围。在这类防护结构设计中,还需要通过人工种植或自然生长的技术途径,促进岸坡植被的发育。

三、河流蜿蜒性修复

河流蜿蜒性修复主要包括河道平面形态设计和断面设计。

(一)平面形态设计

蜿蜒型河道的河道宽度、深度、坡降和平面形态是相互关联的变量。这些变量的量值取决于河流流量和径流模式、泥沙含量以及河床基质与河岸材料等因素。在保护和修复河流蜿蜒性时,应对相关关键因素或参数进行确定。水文条件是影响河流地貌的重要因素,一般认为,水文过程的关键变量是平滩流量,所谓平滩流量,是指水位与河漫滩齐平时对应的流量,可以认为平滩流量就是造床流量,在该流量作用下泥沙输移效率最高并且会引起河道地貌的调整,平滩流量对塑造河床形态具有明显作用。在河道蜿蜒性修复中,常依据平滩流量设计河流的断面和河道平面形态,如河宽、水深以及弯道形态等。

在确定水文条件的基础上设计蜿蜒型河道,首先需要确定河道的主泓线。反映蜿蜒型河道主泓线特征的地貌参数包括蜿蜒波形波长、蜿蜒性河道波形振幅、曲率半径、中心角、半波弯曲弧线长度等。在计算出平面形态参数后,即可用试画法绘出河道主泓线。

(二)断面设计

自然河流的断面具有多样性特征,大部分河流断面是非对称的,深浅不一、形状各异。河道断面设计应满足如下原则:①河道断面应能确保防洪排涝需要,应保证在设计洪水作用下行洪安全;②尽可能采用接近自然河道的几何非对称断面;③选择适宜的断面宽深比,防止淤积或冲刷;④河槽布局设计应符合深潭—浅滩序列规律,形成缓流与急流相间、深潭与浅滩交错的格局;⑤根据河流允许流速选择材料类型和粒径;⑥断面设计应与河滨带植被恢复或重建综合考虑;⑦通过历史文献分析和野外调查获得数据资料是断面设计的重要依据。

基于以上原则进行断面设计,主要有断面宽深比的确定、断面尺寸、深潭—浅滩序列格局特征、深潭与浅滩断面参数计算、河床基质铺设等。

第三章　水生态廊道保护与修复类技术

第一节　水生态廊道保护技术

一、横向连通性保护

横向上,河流与周围的陆地有更多的联系,水、陆两相联系紧密,是相对开放的生态系统。水域与陆地间过渡带是两种生境交汇的地方,由于异质性高,使得生物群落多样性的水平高,适于多种生物生长,优于陆地或单纯水域。

(一)河流横向结构要素

河流横向结构组成要素主要有3个,分别是河道(河道形态、河道径流)、洪泛平原(洪水间歇性淹没区)和陆地过渡边缘带。从这个更宽泛的河流定义来说,洪水能够淹没和影响到的范围都属于河流范围,包括洪泛平原地、临时出现的沼泽和湿地草甸等。这一点对于河流的保护十分重要。

在河流保护治理中,经常将河床作为河流的空间范围,通过堤防等工程将河流限制在局促的空间内,导致河流健康受到影响。吞吐性湖泊是河流的组成部分,依靠洪水泛滥补给的湖泊和湿地也是河流生态系统的组成部分,应纳入河流生态系统进行保护。陆地过渡边缘带的地貌类型,如天然冲积堤等,是洪水期间由侵蚀和沉积作用形成的。

(二)破坏横向连通的主要因素与影响

大规模的大坝建设、水库调节等人类活动显著改变了径流的天然情势,使得洪水脉冲效应减弱、枯水流量增加、中水期延长、流量过程的起伏变小,坝下河流–洪泛区系统横向连通的生态格局受到明显干扰。其不利影响主要表现在:主河槽与洪泛区的水力联系及营养物质交换减少、土壤肥力降低、岸边植被多样性消失、水生生物的浅滩等生境丧失、生物多样性减损等,并由此引起区域内整体生态功能的退化(练继建,2017)。水库调节对下游河流–洪泛区系统横向连通的影响主要包括量级、频率、淹水时间、连续性、可预见性等的改变。

(三)横向连通保护措施

水文横向连通是水生态系统中水量、沉积物、有机物质、营养物质和生物体交换、循环的重要环节,保持洪泛区系统内周期性的漫滩过程是实现水文横向连通性的重要途径。

加强水系规划,严格控制新增阻隔河湖连通、水系连通的闸坝。加快河湖管理与保护范围等水生态空间的划分和"多规合一"的编制。

完善法律法规和管理规定,加强水库和坝闸管理。严禁私自侵占水生态空间和阻塞河道,加大处罚力度等。实施流域水资源综合管理,对河流、湖泊、湿地、河漫滩实施一体化管理,建立跨行业、跨部门协商合作机制。改进已建河湖连通控制闸坝的调度运行方式,制定运行标准,保障枯水季湖泊、湿地的水量。

二、纵向连通性保护

纵向上,河流是一个线性系统,常表现为交替出现的浅滩和深潭。浅滩增加水流的紊动,促进河水充氧,干净的石质底层是很多水生无脊椎动物的主要栖息地,也是鱼类觅食的场所;深潭还是鱼类的保护区和缓慢释放到河流中的有机物储存区。

(一)河流纵向连通性评价方法与标准

河流的纵向连通性是指在河流系统内生态元素在空间结构上的纵向联系,其数学表达式为(候佳明,2020):

$$MD = D/(L \times 100)$$

式中:MD 为 Machine Direction 河流纵向连通性指数;D 为河流的断点或节点等障碍物数量(如闸、坝等),已有过鱼设施的闸坝不在统计范围之列;L 为河流的长度,km。

评价标准如表 2-3-1 所示。

表 2-3-1　纵向连通性指标评价标准

指标名称	评价标准/(个/100 km)				
	优	良	中	差	劣
纵向连通性	<0.3	0.3~0.5	0.5~0.8	0.8~1.2	>1.2

(二)纵向连通保护

对河流现状纵向连通性为中及以下的,重点是通过恢复措施,提高河流连通性评价等级,具体见本章第二节生态廊道修复技术。

对现状连通性为优、良的河流,以连通性保护为主,在经济社会发展中不得降低连通性等级,主要措施如下:

(1)严格限制、控制新增规划水利、水电、航运枢纽梯级。

(2)取消未建的水利、水电、航运枢纽梯级。

(3)严格要求新建的水利、水电、航运枢纽梯级同步建设水生生物通道。

(4)对已建水利设施改建增设洄游鱼类的过鱼设施。

(5)拆除老旧无功能效益闸坝。

第二节　水生态廊道修复技术

一、横向连通性修复

(一)水系连通

1.水系连通及构成要素

河湖水系是由自然演进过程中形成的江河、湖泊、湿地等水体以及人工修建形成的水库、闸坝、堤防、渠系与蓄滞洪区等水工程共同组成的一个复杂的自然–人工复合水系。

河湖水系连通是以实现水资源可持续利用、人水和谐为目标,以提高水资源统筹调配能力、改善河湖生态环境、增强抵御水旱灾害能力为重点任务,通过水库、闸坝、泵站、渠道等必要的水工程,建立河流、湖泊、湿地等水体之间的水力联系,优化调整河湖水系格局,形成引排顺畅、蓄泄得当、丰枯调剂、多源互补、可调可控的江河湖库水网体系。

2. 水系连通措施

水系连通首先要根据流域水系空间形态进行优化布局,结合现有河道、城市规划、用地布局、地形地质条件等要素充分衔接,科学确定水体之间的高程关系及河流、湖泊之间的总体位置关系,合理设计连通渠,使流域形成适宜当地的水系连通体系。可借助例如基于水动力学模块 MIKE21 的水系连通设计优化水系连通方案。规划构建"格局合理、生态健康、引排得当、循环通畅、蓄泄兼筹、丰枯调剂、多源互补、调控自如"的江河湖库水系连通体系。

其次,通过实施清淤疏浚、打通隔断、新建必要的人工通道、连接通道的开挖和疏浚,改善河流、湖、库的连通性,有效促进水体流动性。

同时,在水系连通实施过程中开展水系拓挖护砌治理、节制控水建筑物配套、水系水质控制修复和保护工程建设、水利信息化建设等,可有效提高水系连通效果。

(二)河湖岸线清理

清理河湖岸线对改善水系连通有重要作用。通过对河湖岸线进行清理整治,可以使行洪通畅、水环境改善、生态空间得到拓宽。河湖岸线清理整治措施通常包括退渔还湖、退田还湖、恢复湖泊湿地河滩、拆除岸线内非法建筑物、道路改线等。

(三)河滨带修复

河滨带是河岸动态水陆交错的生态系统,河滨带对于来自流域的污染负荷具有重要的削减作用。对河滨带的修复,是改善水系横向连通性的重要方面。

1. 河滨带空间结构与功能

河滨带的结构,一般为岸边草地与乔木、灌木相结合的形式。在河滨带修复中,充分研究分析缓冲带历史状况与现状情况,以掌握修复工程的基础结构和参照目标。

在河滨带保护与修复过程中确定其功能对于实现修复目的和效果具有重要作用。河滨带一般具有如下功能:

(1)过滤和净化水质功能。缓冲带植被通过过滤、渗透、吸收、滞留、沉淀等作用使流入河道的城镇污水和农田排水等污染物毒性减弱。

(2)防止冲刷、固土护岸功能。研究表明,在南方湿润地区,河岸地表采取乔灌草植物措施覆盖 1 年后,无明显水土流失现象出现。由于植物群落根系密集,纵横交错地盘踞在土壤中,能够增加土壤的坚固性和稳定性。

(3)树冠遮阴作用。河流两岸树冠的遮阴作用,是维系河道水生生物的重要因素,树冠遮阴作用能降低水温,保持河水中的溶解氧。

(4)调节功能和美学价值。河滨带植被具有调节局地气候的功能,形成多样的植物群落和蜿蜒曲折的河岸环境,具有很高的美学价值。

2. 河滨带面临的问题

(1)由于砍伐和管理不善等,河滨带植被受到破坏,导致岸坡侵蚀加剧,部分栖息地丧失。

（2）岸坡侵蚀和坍塌。由于植被破坏,固土作用减弱,引起岸坡侵蚀和坍塌。

（3）挖土、填土、倾倒建筑垃圾以及建设临水建筑物,缩窄了河道,影响水流运动及河势稳定。

（4）放牧活动。牲畜破坏植被并妨碍植物再生,动物粪便引进杂草。

（5）由于倾倒生活、园艺垃圾以及砍伐乡土物种,引进害虫和杂草。

（6）灌溉排水中化肥、农药以及动物粪便造成水质污染。

（7）娱乐活动。高速游艇引起波浪,加剧对岸坡侵蚀。

（8）河滨带植被建设采用城市绿地模式,不但成本和养护费用高,而且削弱了乡土物种净化水体的功能。

（9）河滨带人工种植植物种类较少,对乡土植物保护不足,存在外来物种入侵风险。

不同河流河滨带面临的问题和受到的威胁不同,在保护与修护过程中,应仔细研究问题表征、成因,为提出保护和修复对策提供基础。

3. 河滨带修复措施

1）确定河滨带修复宽度

河滨带功能的发挥与其宽度有着极为密切的关系。原则上根据径流分布情况、径流量、径流中污染负荷量、缓冲带立地条件的变化等因素来确定缓冲带在不同区域的宽度。具体实施过程中,缓冲带的宽度受到多因素的影响,如缓冲带河岸的几何物理特性、流域上下游水文情况、河岸周边土地开发利用情况、缓冲带的生态服务功能、工程建设资金等。一般情况下,缓冲带的宽度越大越好,但是由于城区人地关系往往紧张,因此在建设缓冲带时,应考虑综合因素,明确缓冲带最小宽度值,合理制定适宜的缓冲带宽度(见图2-3-1)。

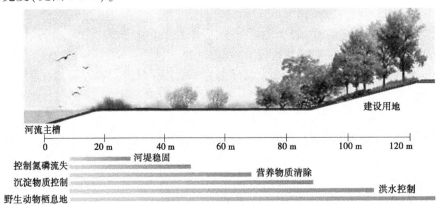

图 2-3-1　河滨带修复宽度示意

2）河滨带植被重建

植被重建是河滨带生态修复的一项重要任务,应遵循自然化原则,形成近自然景观。河滨带植被重建包括植物调查、植物种类选择、植物配置与群落构建、植物群落营造以及河滨带植物群落评价等方面(见图2-3-2)。

挺水植物

沉水、浮叶植物

湿生植物

湿生林

图 2-3-2　河滨带植被重建结构

(四) 生态岸坡

对硬化渠化河岸带进行生态化改造,建设生态岸坡能在一定程度上改善河流生态横向连通性。在岸坡构建水、土和生物相互涵养的仿自然状态,因地制宜选择对河段有良好适应性的不同种类水生和陆生生物,维持良好的水生态环境质量。常用的生态岸坡建设技术有生态格网结构技术、草毯护坡技术、蜂巢约束系统技术、生态混凝土技术、生态砌块技术等。

1. 生态格网结构技术

生态格网结构技术的特点是保证堤坡结构具有安全性和耐久性的同时,兼顾工程的环境效应和生态效应,以达到一种水体、土体和生物相互涵养、适合生长的仿自然状态。相对于传统的混凝土结构和浆砌石结构,它在整体性、柔韧性、透水性、抗风浪、防冲刷、抗高压、高抗震、环保性、施工简洁方面具备显著优势。

生态格网将低碳重镀锌、镀铝锌加混合稀土钢丝,或包覆聚合物的同质钢丝,编织成的多角状、六边形网目的网片或加筋网片,将网片裁剪、组装成相关结构单元,在其内部填充石块等填充物,作为建筑物基本构件,形成安全、稳定的断面结构。

2. 草毯护坡技术

草毯将农作物稻麦秸秆等植物纤维转化为保护生态环境的工业化生产的工程技术产品,该技术以秸秆农作物纤维为基底,连同定型网材料、优质草籽、营养剂、定型网在大型生产流水线上一次加工完成的新型生态覆盖物。环保草毯的使用,如同铺设地毯一样,将草毯覆盖于经过处理的边坡、路基上,并浇水养护,预先喷播或草毯自带的草种发芽生长,即能形成生态植被。作为环保草毯原料的植物纤维,在自然降解后与土壤混为一体,成为植被的营养基质。

该技术广泛适用于各种河渠边坡、施工工地现场、裸露地面工程绿化,可以因地制宜、私人订制,满足各种绿化工程的需要。该技术比较适用于土质稳定、卵砾石或软岩质边坡、坡度范围小于 35°的缓坡。

3. 蜂巢约束系统技术

该技术通过系统中相互连接的巢室所形成的高强度三维网络约束和稳定土体,蜂巢约束系统显著提高了土体性能。该技术适用于护坡、河渠保护、植被挡土墙,是一种先进的生态护岸(坡)技术。该技术能有效地解决土体稳定难题,是生态、环保、快捷、经济的解决方案。

4. 生态混凝土技术

生态混凝土,集结了岩石工程力学、生物学、肥料学、土壤学及园艺学、生态环境学等多种学科的特性,在实现安全防护的同时又能实现生态种植,是一种能将工程防护和生态修复很好地结合起来的新型材料。

生态混凝土以特定粒径骨料作为支撑骨架,由生态胶凝材料和骨料包裹而成,具有一定孔隙结构和强度。材料本身具有与普通混凝土相当的强度,具有较多的连通孔隙,能够为植物的穿透生长提供条件,在合适的条件下能够实现安全防护与生态绿化一体化。

5. 生态砌块技术

生态砌块是由生态结构、锚固孔、阻滑埂等技术工艺组成的挡墙护坡用砌块。生态砌块在结构设计上能够满足结构要求的同时,在中间设置生物空腔和生态孔,使块与块之间通过生态孔达到生物空腔的贯通,生物空腔在水下部分为鱼虾类创造了良好的栖息地;同时,生物空腔水下部分也可种植水生植物,水上部分可种植湿生和中生植物,植物根系可通过生态孔延伸到其他砌块的生物空腔内,不仅有利于动植物生长,还能提高护坡工程的整体稳定性和工程的美观舒适性。该技术解决了传统护坡护岸破坏水生物栖息、繁衍环境的难题,注重考虑砌块对生物的环境相容性。

二、纵向连通性修复

(一)闸坝拆除

1. 闸坝拆除的必要性

水电工程能产生绿色电力,减少传统能源的污染和碳排放,以往人们过度注重其生态环境的正面效益,但是,其引起的生态环境负面影响往往被弱化和部分忽视,特别是退役闸坝对河流纵向连通性方面的负面影响。一些水电工程因破坏周边自然环境,改变河流连通性,改变上下游沿岸及岸边野生动植物的栖息地,并影响流域区域生态,进而将被提上拆除的议事日程。

同时,我国降等与报废水库逐年增加,大坝退役拆除成为必然趋势。部分水库、水电站寿命接近或超过其正常使用年限,存在功能已经丧失或本身就是病险坝、经济效益日益衰退等问题,随着工程的运行成本及除险维修加固费用的不断上升,致使工程运行难以为继,执行降等使用或报废的数量将逐年增多,为减少债务和维修费用,通过拆除来恢复生态取得更大的社会效益和环境效益,将成为水利水电工程建设的新方向。

2. 闸坝拆除方式

坝型、大小、报废程度及功能的不同都将直接影响大坝拆除方法的选取。国内外大坝退役拆除的主要方法有排水与挖掘、意外拆除、分段拆除、部分拆除和瞬时拆除等,须根据实际情况采取不同的拆坝措施。

拆坝措施的选取及是否拆坝,须对各种潜在工程和非工程方案进行详细评估,目前关于大坝退役评估还未形成成熟的决策体系,仍处于探索阶段。可通过综合性大坝评估模拟工具和水坝退役多准则决策分析方法进行决策,前者运用定性与定量相结合的方法,从经济、生态和政治三个维度对大坝拆除的成本和效益进行评估,通过多准则决策分析,多目标权衡,选出最优拆除方案。

3. 闸坝拆除影响

闸坝拆除虽然可以加强水系连通性,但拆除行为也是对周围生态系统的再次干扰,造成水库栖息地的丧失和沉积物的移动,导致生态环境变化。因此,在闸坝拆除的同时要减少闸坝拆除的不良影响。研究发现,拆坝对生态环境的影响由非生态变量逐步提高到生态变量(非生态变量是指水文、水质、泥沙等流域特征,生态变量是指浮游植物、浮游动物、鱼类等食物链中的生产者和消费者),两者相互作用,互相影响,主要表现在河流形态、泥沙运输、水生环境和生物多样性等方面,且影响随时间尺度的差异产生不同的表现形式。主要的影响包括闸坝拆除对河流形态影响、对泥沙运输影响、对水生环境影响、对生物多样性影响以及对社会经济影响。可通过生态修复、生态补偿等方法对闸坝拆除工程进行恢复与补偿。

(二)增设鱼道

鱼道是在水利枢纽中(或天然障碍中)给洄游性鱼类和半洄游性鱼类提供洄游的过鱼建筑物。鱼道作为水利枢纽中唯一的生态工程,由于其本身固有的沟通功能,而成为水利工程对生态环境不利影响的重要补偿措施。

1. 鱼道的作用

作为修复河流廊道作用的工程手段,鱼道有其不可替代的优势。首先,鱼道建立了基本的物理联系。鱼道是在枢纽上唯一以保护水生生物为目的而设计的水利工程。也许它不能满足沟通闸坝上下游鱼类交流的要求,但在物理上构成了水生生物可以通过的通道。其次,鱼道的运行是相对独立的。鱼道的运行应该以过鱼为目的。在运行过程中,它虽然受到发电、灌溉、防洪等多方面的影响,但是它的运行相对于水利调度是独立的。这样它就有了对下游进行生态调度运行的可能性。再次,原有的鱼道便于改造。现有的绕岸式鱼道只要依据河流动力学原理和景观生态学原理进行改造,就可以成为沟通上下游生态圈的纽带。这些改造包括岸坡复式化、河岸带生态化,对鱼道进行加宽、加深,从而修复被破坏的河流及其廊道的连通性。

2. 生态鱼道的功能

生态鱼道是对原有鱼道概念的拓展。因此,成功的生态鱼道首先是成功的鱼道。在保证过鱼的基础上,通过对建筑材料的选择、结构形式和断面形式的生态优化,以及宽度、深度的增加,以达到修复河流廊道的目的。生态鱼道应具有以下功能。

1)过鱼的功能

生态鱼道不但要使上、下游的鱼类得到交换,维持原有种群的完整性,同时还要保持过道鱼类的体力,在过道过程中延续其性腺发育,最终使通过鱼道的鱼有充沛的体力,并且不致影响其后续的觅食、产卵等生理环节。同时能够在一定程度上帮助降河洄游鱼类免受水轮机的伤害。

2)通过有机质、泥沙和其他水生生物的功能

生态鱼道另一个重要的功能就是使有机质、泥沙和其他水生生物通过自然或人工障碍物。通过水力学设计和建筑材料选择,使上游聚集的有机质能通过生态鱼道输送至下游,以满足下游鱼类肥育的需要,同时形成饵料诱鱼。同样,通过水流挟沙使泥沙通过生

态鱼道,以满足下游的冲刷平衡以及一些鱼类对悬沙或底沙的需求。通过对河床质的调整,使河床质适应底栖生物的生活,在鱼道内部建立稳定的底栖生物群落,并且使底栖生物能够通过鱼道进行交流。通过对悬移质进行调整,沟通上下游的藻类和微生物群落,使鱼道中形成稳定的微生物群落,以完善河流中的食物链。

3)在横断面上恢复河流廊道(生态交错带)的功能

由于枢纽将原有的河流廊道截断,造成河流廊道的局部缺失,因此生态鱼道还有一个重要功能就是与河岸带的植被一起重新构建河流廊道,完成河流廊道的生境、通道、障碍、过滤、源和汇6项功能。

以上三点归根结底是提高景观的连通度。对于生物群体而言,景观连接度只有一种含义:当景观连接度较大时,表明生物群体在景观中迁徙、觅食、交换、繁殖和生存比较容易,受到的阻力较小;当景观连接度较小时,生物群体在景观中的活动和生存受到更多的限制。

3. 鱼道的形式

鱼道的形式目前主要有两种。

1)池式鱼道

池式鱼道是一连串的水池由短渠连通而成。鱼喜欢这种鱼道,但土方工程大,不经济。

2)梯级鱼道(又称鱼梯)

在底面呈斜坡式或阶梯式的槽中设置隔板,形成一系列水位均匀降落的水池,鱼从隔板中的"过鱼孔"一级一级往上游。梯级鱼道能适应各种不同的鱼类,为目前比较好的形式。

(三)增设升鱼机

升鱼机是指利用专门机械设备提升、输送鱼类过坝的过鱼设施。升鱼机既可为鱼类过坝提供通道,也可与运鱼车配合作业将鱼送到鱼类人工繁殖场。升鱼机基本不受枢纽水头及坝高的限制,鱼类过坝时体力消耗小,适于底层鱼类过坝。

1. 升鱼机原理

升鱼机原理与电梯相似,由进鱼槽、竖井、出鱼槽三大主要部分组成。工作时先由进鱼槽口放水,将下游鱼类诱入进鱼槽,接着移动立式自动赶鱼栅,把鱼驱入竖井,然后关闭竖井进口闸门,并向竖井充水至与上游水位持平。同时启动竖井内水平升鱼栅,提升鱼类到上游水位处。最后,打开上游闸门,移动出鱼槽的立式赶鱼栅,驱鱼入上游水域。设施内装有计数台和照相设备可供计数和摄影。工作一个周期约需3 h。升鱼机宜在高于60 m大坝上建造,具有较大过鱼能力。升鱼机的造价与运行费用昂贵,并需较多管理人员。

2. 升鱼机工作方式

升鱼机属往复循环的工作方式,不能连续过鱼。升鱼机在枢纽中可以布置在坝或水力发电站的一侧,也可单独设在坝下岸边。部分集鱼、运鱼设施还在坝的下游增设一道与河流斜交的混凝土潜坝(溢流堰)。堰顶设拦鱼栅,用以拦导上游的鱼类进入集鱼渠。集鱼渠中的诱鱼水流可直接引自水库或用水泵从坝下游抽水。升鱼机运行示意如图2-3-3所示。

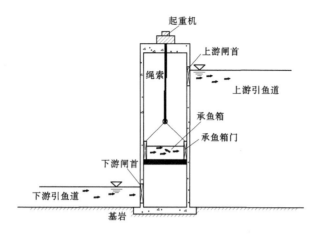

图 2-3-3　升鱼机运行示意

3. 升鱼机类型

在水工建筑物中,目前关于升鱼机的报道基本上是提升式的,其可以类比升船机扩展为如下几种类型:

(1)平衡重式升鱼机。其运行原理同电梯,即利用平衡重来平衡承船箱重量以节省提升力,电动机械提升力仅用来克服不平衡重及动力系统的阻力和惯性力,鱼类"乘电梯"过坝,可设计成干运和湿运两种。这种结构造价稍高,但具有过坝历时短、通过能力大、运行安全可靠、耗电能较少、操作方便等优点,尤其值得关注。

(2)浮筒式升鱼机。利用浮力来实现运船过坝,即将金属浮筒置于可按使用要求充放水而调整水位的竖井中,利用浮筒的浮力来平衡承鱼箱总重量,电动机械提升力仅用来克服运动系统的阻力和惯性力。其优点为工作可靠、支承平衡系统简单,但要考虑竖井尺寸及地质条件等的限制。

(3)斜坡式升鱼机。需在枢纽上下游间铺设斜坡轨道,承鱼箱可通过上游牵引或自行运行(类似卡车)的方式在轨道上行驶。但该过鱼方案受到地形条件、提升高度等的限制。以往工程建造升鱼机的主要缺点可归纳为机械设备易发生故障、运行及维修费用较高、不能连续过鱼且单次过鱼量少等。

第四章　水文情势保护与修复类技术

第一节　生态流量预防保护技术

一、河湖生态流量(水位)监控

对河湖生态流量(水位)控制断面进行监控,采取如下保障措施:

(1)将生态用水纳入流域水资源统一配置指标,强化流域用水总量控制,按照流域水资源总体配置,严格控制超指标用水,保障河道内生态用水。

(2)加强流域水资源统一调度和管理,制定流域水量调度条例,建立流域骨干水库联合调度的长效机制。合理调整流域水库功能,保障河道内生态用水。

(3)建立河流生态流量预警管理制度,对生态流量的满足程度进行不同等级的预警,当河流流量低于生态流量控制指标时,采取限制取水量、应急调度等措施,保障流域生态需水。

(4)生态流量监测体系建立。生态流量监测站网包括流量监测站点和生态监测站点,流量监测站点应覆盖各调度工程、控制断面,分为日常监测和应急监测。生态监测站点应设在流域内重要的生态敏感区和生态保护区,监测各类生态指标,监测频率为3~4次/a。同步建立生态基流数据监控系统,实时监测节点断面下泄流量,并将监控数据传输到监控平台,确保生态流量数据的真实性、完整性和连续性。

(5)在各监控断面选择合适的位置分别建设水量监测断面及监测设施。可在电站泄水口设立监测点,也可在节点断面下游附近选择河道断面作为监测断面,安装测流装置,监测下泄流量。各水库生态基流监测断面可布置在泄洪渠断面规整、平顺的河段。

二、生态基流控制断面和水量核算

(一)生态基流概念与内涵

生态基流是指特定时间和空间条件下,最大限度保证河流健康所预留的、满足一定水质要求的流量,以确保生态系统不再退化。其内涵包括:保持天然河道自然形态结构完整及其正常演化过程;维持水生生物正常发育、栖息与繁衍;维持与河道相连关系;维持大气水、地表水与地下水三者之间的水量转换;入海河口处,河道中应有足够的水动力来防止海水入侵;维持河流自净能力,以保持河流通过自净作用来降解污染物。

(二)生态基流控制断面

生态基流控制断面以各级别流域为单元,干支流兼顾,重点是在主要取水户或主要用水单元的下游要设置生态基流控制断面。

(三)生态基流核算方法

生态基流的核算开始于 20 世纪 40 年代,发展于 70 年代,目前关于生态基流的核算方法有很多,大致可分为水文学法、水力学法、生境模拟法和整体分析法 4 类,见表 2-4-1。表内生态基流核算方法可为我国南方河道生态基流标准的建立提供参考。

表 2-4-1 生态基流的核算方法(徐宗学等,2019)

分类	代表性方法	表达形式	适用性
水文学法	Tennant 法	以预先确定的年平均流量的百分数为基础,或以日平均流量的固定比例表示	计算简单快速,适用于确定大河流的流量,但未考虑流量的季节变化和河流形式
	7Q10 法	90%保证率最枯连续 7 d 平均流量	需要长序列水文资料,适用于水量小、开发程度高的河流
	Texas 法	50%保证率下月流量的特定百分数	考虑生物特性与水文季节特征,适用于流量变化主要受融雪影响的河流
	NGPRP 法	标准年 90%保证率流量	考虑了旱年、湿润年和标准年的差别
	BF 法	根据流量变化状况确定所需流量	计算简单,可反映季节性河流与非季节性河流的差异
	基本生态需水量法	河流最小月平均实测径流量的多年平均值	对资料要求高,可计算不同状况下的河流需水量
水力学法	湿周法	建立河道断面湿周和流量的关系曲线,确定其流量	适用于宽浅型、河床形状稳定的河道
	R2-CROSS 法	根据河流几何形状中的水深、河宽、流速等确定生态基流	以曼宁公式为基础,需要实地调查河流断面参数,适用于前滩式河流
	水力半径法	改进的 R2-CROSS 法,考虑生态水力半径	与 R2-CROSS 法相似

续表 2-4-1

分类	代表性方法	表达形式	适用性
生境模拟法	IFIM 法	采用 PHABSIM 模型拟流速变化与栖息地类型的关系,通过水力特征和生物信息的综合分析确定所需流量	将生物资料融入流量计算中,考虑了生物的各个生活阶段,计算过程复杂,实施耗时
	CASMIR 法	基于流量在空间和时间上的变化,采用 FST 建立水力模型,建立流量与生物类型之间的关系	不仅适用于水生生物需水评价,而且适用于景观、娱乐功能需水评价
整体分析法	BBM 法	确定河流、湿地、湖泊的水质和水量要求,保证它们保持在一个预定的状态	针对性强,计算过程烦琐,对大、小生态流量均考虑了月流量变化
	HEA 法	从生态系统整体出发,根据专家意见综合研究流量、泥沙运输、河床形状与河岸生物群落之间的关系,使推荐的流量能够同时满足生物保护、栖息地维持、泥沙沉积、污染控制和景观维护等功能	精度高,所需资料复杂,需长时间调查和收集
	水文-生态响应关系法	通过调研,认识生态、水文改变情况,构建水文生态响应概念模型	计算精度高,适用于生态资料丰富的大型河流的流量评估

三、南方丰水区河流生态流量与水生态因子响应关系研究

开展南方丰水区流域河湖生态水量的研究,分析主要的生态保护对象,确定主要控制断面的生态水量。制定生态水量是为了满足河流生态保护目标和要求,保障生态保护对象的需求。

生态保护对象与水文过程的响应关系是科学制定生态流量控制指标的根本依据,但当前生态流量的确定主要依据的是水文数据分析计算,与生态保护对象的关联性不强,其适宜性还有待进一步的观察、评估,因而有必要在保障现有生态水量(流量)下泄要求的情况下,研究生态流量与水生态因子的响应关系,评估其适宜性,提出改善措施。

第二节　生态需水保障技术

一、挡水建筑物改造

对挡水构筑物进行改造,增加生态流量下泄设施是保障生态需水的重要措施。生态

流量下泄设施需要结合挡水建筑物现状进行优化改造。

生态流量泄放系统包括在水库泄洪放空洞进水口侧布置生态流量阀门井,通过埋设的生态流量泄放管泄放生态流量,并利用泄洪放空洞向下游泄放生态流量。

泄水管进口位于泄洪放空洞进口明渠内,经边墙外侧生态流量阀门井折向下游,沿泄洪洞侧墙布置,直至出口处,下游接至河床。通过在生态流量阀门井内管道设两道流量调节蝶阀和一道电磁流量调节阀,用以控制泄放生态流量。

改造增加生态流量下泄设施,需要满足泄洪放空洞运行期及时泄放,以及不存在河道断流情况等要求。而在蓄水期,河流被截流蓄水,则需开启生态流量管泄放生态流量。

二、生态补水

(一)生态补水概念内涵

生态补水是通过采取各种措施,向因最小生态需水量无法满足而受损的生态调水,补充其生态系统用水量,遏制生态系统结构的破坏和功能的丧失,逐渐恢复生态系统原有的、能自我调节的基本功能。

生态补水一般应用于河流补水、湖泊湿地补水。其中河流补水是在河道上游无调蓄工程的前提下,由于河涌阻断、平原水网水动力条件差、区域内水源涵养功能削弱导致现有河道水量难以满足河流水系生态系统功能而采取的补水措施;湖泊湿地补水是在特枯年份对重要湖泊、湿地进行生态系统维持所需的补水。

(二)生态补水分类

生态补水工程可分为跨流域生态调水工程、特殊生态保护目标需求的补水工程以及应急补水工程。

跨流域生态调水工程是在两个或两个以上的流域系统之间通过调剂水量余缺所进行的合理水资源开发利用的工程,旨在解决受水区生态用水等多方面问题。跨流域生态调水工程一般包括水量调出区、水量调入区和水量通过区三部分。因此,跨流域生态调水工程的建设也从这三方面着手。跨流域生态调水工程一般具有如下特点:多流域性和多地区性,水资源时空分布上的不均匀性,工程结构复杂多样性,投资和运行费用大,较大风险性,生态环境的后效性等。

特殊生态保护目标需求的补水工程旨在满足特殊生态保护目标的生态需水要求。特殊生态保护目标一般有河道湿地、珍稀鱼类"三场"、河口湿地、库区湿地等。特殊生态保护目标需求的补水工程具有补水目的明确、针对性强等特点。

应急补水工程主要保障生态敏感区基本生态用水,尤其在干旱期间的基本生态用水,避免造成生态环境不可逆转的恶化。因此,应急补水工程主要体现是针对现状生态环境的明显恶化,采取的用于有效缓解生态敏感区生态用水紧张的措施。其具有补水规模、补水历时、区域范围相对较小,补水水源地较近等特点。

(三)生态补水技术

生态补水工程涉及三个方面的技术:补水水源分析、生态补水量的确定、补水方式。

1. 补水水源分析

补水水源有污水处理厂中水以及就近的河流、山塘水库、雨水调蓄池等天然地表水。

对补水水源进行分析,要求补水水源水质能达到要求。对于补水水质达不到补水要求的水源,需要对补水进行净化,以满足补水水质要求。

常用的地表水补水净化技术包括人工湿地、生态塘、前置库等,该类技术详细情况见本篇第五章"水环境保护与治理技术"。污水处理厂尾水深度净化技术除上述生态净化技术外,有 MBR 膜技术、膜分离法等,缺点是成本较高。

2. 生态补水量的确定

生态补水量的确定需结合受水河流生态敏感保护目标的需求、水动力对水质的影响两方面。以河流廊道生态保护为目标的生态补水工程,其受水河流的生态敏感保护目标可为河滨湿地节点、重要水生动物、重要水-陆生境等,根据敏感保护对象,确定补水量、补水时机。以水动力盘活、提升水环境容量为目标的生态补水,限于应用在污染汇入已经得到控制的前提下,因水流不畅、基流过少而导致的问题水质河道。综合考虑河道边界、水工建筑物位置、支流汇入点、重要控制断面等因素,对河道进行概化和划分河道断面,可利用 MIKE、Delft3D 等模型软件,对河流进行概化并输入河道断面数据、模型参数、水工建筑物及其调度规则,构建水动力模型。根据同步实测的水位、流量等资料,对模型参数(河床糙率)进行率定。在拟定的不同的补水工况下进行模拟计算,根据计算结果对比分析不同补水方案对河道水量、水质的影响规律和水质改善效果,从而优选出补水方案。

3. 补水方式

补水方式需要根据项目实际情况,通过补水路线的优化布置与补水工程方案的比选等工程论证进行确定。具体的补水工程有隧洞补水、管涵补水、明渠补水。

三、生态调度

(一)生态调度概念及内涵

生态调度主要是指考虑河段上下游生态目标和水环境保护要求的调度运用。主要包括保证维持下游河道基本功能的需水量、水温分层调度、泥沙调控调度、富营养化控制调度、模拟自然水文情势的水库泄流方式调度、控制下泄气体过饱和调度等。

生态调度是实现面向生态的水资源配置的重要手段,是以保护和改善水生态环境的调度,是水资源调度发展的最新阶段。它起着通过下泄合理生态流量消除或缓解兴建水利工程对下游生态与环境的不利影响作用,同时还在控制河口咸潮入侵、防止和缓解重大水环境事故及改善水质等方面发挥重要的作用。

(二)单个梯级的生态调度

生态调度为兼顾生态保护的调度方案。该技术为非工程措施,其目的在于提供一种协调人类生产、生活需求与河道水系生态廊道稳定之间的管理、运行技术。

生态调度实施过程分为 6 个主要步骤,即评价现行水利工程调度对河流生态的影响、明确改善调度的生态目标、量化水文改变与生态响应的关系、计算生态保护目标的环境水流需求、制订改善调度的技术方案、基于适应性管理方法开展改善调度试验。

结合已有的生态调度的经验来看,该项工作的开展首先要开展生态调查,确定保护对象;分析控制指标及时机;建立生态调度模型;复核重要断面生态流量;开展敏感期生态调度试验;对调度效果进行分析并完善推荐调度方案。由于生态调度是一个现场调查、理论分析、开展试验、跟踪调整的过程,因此其实际工作周期较长,且调度方案将随之不断优化。

(三)多个梯级的联合生态调度

梯级水利枢纽的建设会改变江河中下游的水文状况,对江河中下游鱼类繁殖特别是产漂流卵鱼类的繁殖产生了较大的影响,同时破坏了鱼类产卵场和洄游通道,影响鱼类的生长。产卵活动对水文条件需求较严格的四大家鱼受到的影响尤其明显。

对于珍稀鱼类自然保护区、水产种质资源保护区、鱼类卵场等水生态敏感保护目标,需加强敏感生态需水保障。单个梯级可用于生态调度的水量有限,水量不足时需要实施多个梯级联合调度。

以西江梯级生态调度为例(杨芳等,2017),随着西江水电梯级的陆续开发,对西江干流鱼类水生环境产生了不利影响,梯级开发形成的库区淹没了部分产卵场,压缩了鱼类繁殖生存空间。近年来西江开展了以四大家鱼为主要目标的鱼类繁殖联合生态调度研究,在确定西江干流典型产卵场四大家鱼繁殖的水文需求基础上,进行了覆盖鱼类早期资源、亲鱼、水生动植物、底栖生物、水质以及产卵场生境的生态调查,择机实施了多次水库联合生态调度。其联合调度方案主要是根据西江干支流水库位置分布和调节能力,选择红水河的岩滩水库、龙滩水库,柳江的红花水库,郁江的西津水库等作为主要调度水库,对目标断面大湟江口的洪水过程进行调控,使之满足东塔产卵场四大家鱼繁殖对涨水历时、涨幅、涨率的需求,选择下游的长洲水利枢纽作为反调节水库,对四大家鱼鱼卵漂流的沿程流速进行适当干预。调度方式分别针对来水特点采用"前蓄后补"或"前补后续"的方式进行。

四、压咸补淡

(一)压咸补淡相关概念

河口地区是外海洋与内河道的结合地段,是河流本身与注入水体的河流进行流量交换、物质互通的场所,故河口历来发挥着极其重要的作用。

咸潮是指近岸海洋大陆架高盐水团随涨潮流从入海河口沿河道向上推进,经过扩散混合造成上游河道水体变咸的自然现象,多发于枯水干旱时期。

咸潮上溯入侵是由于人为干涉活动加剧,引起河口地区咸潮灾害侵袭加剧,造成相关区域经济社会以及生态环境的负面影响。引起咸潮上溯入侵的人为干涉活动主要为:一是河道大量采沙挖深河床,使口内河床逆坡趋陡、纳潮蓄咸容积扩大、潮差变大和潮汐作用增强,以致咸潮进一步向里深入而不利于口内底层所蓄咸水的外排;二是大规模围垦滩涂消灭湿地,使口门迅速向海延伸,改变了河口的边界条件,枯季天然的"蓄淡抑咸"功能严重受损。

(二)咸潮上溯对水生态的影响

咸潮上溯对河口地区供水、农业产生用水等诸多方面带来不利影响。咸潮上溯对河口水生态影响方面,有许多调查研究。以珠江三角洲河口相关研究为例(刘明清等,2014),珠江三角洲河口入海河道两侧植物群落的分布特点,反映出河道水体盐度的变化已反映在植被分布变化上,主要表现为与正常情况下的河口植物种群分布相比,在河道中应完全是淡水植物分布的河段变为淡水植物、广适性植物和半咸水植物共同分布,但堤坝内侧陆地自然植被分布变化不明显。

河道内植被分布发生变化的过程与机制很明显:由于旱季上游来水减少、河道挖沙及海平面的上升,导致咸潮上溯,一些河道水体咸度上升及咸水持续时间延长,将限制喜淡水植物的生长,而适宜于咸水和半咸水植物的生长。因此,在咸潮出现频率、持续时间及上溯强度持续增加的情况下,河道中游必将出现半咸水或咸水植物(如茳芏和红树),甚至在河道上游(本应为喜淡水植物占优势的区域)大量生长广适性植物并逐渐成为优势群落。因此,咸潮超常上溯是各河道中植物优势群落的物种组成由喜淡水植物群落向广适性植物群落和半咸水(咸水)植物群落方向发生改变的根本原因。

(三)压咸补淡技术要点

调水压咸是一种非工程措施,此技术起因于珠江枯季径流偏少,河口咸害问题突出,水利部门从流域中、上游水库调水至河口济淡压咸的决策。经几年运作,现已积累经验,取得了良好的效果,社会效益尤为明显(王艺,2006)。该方法抑咸能否达到预期目标依赖于上游的径流水量人工调蓄,受制于整个流域的水资源调配问题,操作难度较大。现就珠江流域压咸补淡实践中取得的一些技术要点和经验介绍如下,以供借鉴。

1. 建立完善的应急机制

在多次枯季珠江水量调度过程中,曾遭遇诸多困难,只有运用科学的应急机制才能保证方案的顺利实施。

2. 依靠统筹管理

依靠国家的统筹规划,通过流域机构的全盘管理,进行统一水量调度,才能确保水资源利用的经济效益及社会效益双赢。经多方论证后,国务院批复了保障澳门、珠海供水安全的专项规划,为保障澳门长期供水稳定提供了有效基础。

3. 依靠完善的水利工程配置

由于上游水库距离远,无控区间范围大,区间降水预报困难,水量无法得到充分利用,提前7~10 d调度上游水库来保证下游流量的技术难度和风险高,增加了决策的难度。以往调度凸显了中下游控制性工程建设的紧迫性,因此需要完善相关水利工程配置,如建设西江干流控制性工程大藤峡水利枢纽。

第五章　水环境保护与治理类技术

第一节　水污染源防治技术

一、入河排污口整治

(一)排污口规范化建设工程

1. 规范化建设内涵

入河排污口是指直接或者通过沟、渠、管道等设施向江河、湖库(含运河、渠道、水库等水域)排放废污水的口门。入河排污口的新建、改建和扩大,统称入河排污口设置。新建,是指入河排污口的首次建造或者使用,以及对原来不具有排污功能或者已废弃的排污口的使用;改建,是指已有入河排污口的排放位置、排放方式等事项的重大改变;扩大(含扩建),是指已有入河排污口排污能力的提高。根据排放废污水的性质,入河排污口分为工业废水入河排污口、生活污水入河排污口和混合废污水入河排污口三种。

入河排污口规范化建设,包括统一规范入河排污口设置、竖立明显的建筑物标示牌、实行排污口的立标管理、标明水污染物限制排放总量及浓度情况、明确责任主体及监督单位等内容。

根据入河排污口规范化建设的内容,涉及工程建设的主要是排污口设置、计量监测设施设置、标志牌设置等。排污口设置应便于采集污水水样、便于计量监测、便于日常现场监督检查,排污口口门不得设暗管通入河道或湖库底部,如特殊情况需要设管道的,必须留出观测窗口,以便于采样和监督,排污口口门处应有明显的标志牌。

2. 测流监测设施

列入重点整治的污水排放口应安装流量计。重点整治的排污口可参考下列因素:

(1)国家确定的重点控制污染源,清单见生态环境部颁布的年度国家重点监控企业名单。

(2)城市(镇)污水处理厂,工业园区的污水处理厂,其他污水处理设施。

(3)日平均排放废水 100 t 或 COD 30 kg 以上的工业污染源。

(4)列入总量控制的污染物排放口。

(5)省市确定的或相关保护治理规划、项目等确定的重要排污口。

(6)其他相关法律、法规、规章、条例、规划确定的重要排污口。

一般污水排污口可安装三角堰、矩形堰、测流槽等测流装置或其他计量装置。一般排污口是指重点整治以外的排污口。

3. 措施建设

排污口测流监测设施建设主要包括:①加装缓冲堰板;②设置计量槽、测流段等计量、测流、取样装置;③安装流量计;④安装水质自动在线监测系统。

原则上一个排污口仅设置一套测流设施。所有排污口都必须设置计量槽、测流段等计量、测流、取样装置,重点整治的排污口需加装流量计,采用泵排水的必须加装缓冲堰板,根据需要安装水质自动在线监测系统。

4. 排污口标志牌

排污口标志牌建设的总体要求是:

(1)一切排污口必须按照国家标准《环境保护图形标志》(GB 15562.1)的规定,设置与之相适应的标志牌。

(2)重点排污口,以设置立式标志牌为主,一般排污口可根据情况分别选择设置立式或平面固定式标志牌。

(3)一般性污染物排放口,设置提示性环境保护图形标志牌;排放剧毒、致癌物及对人体有严重危害物质的排放口,设置警告性环境保护图形标志牌。具体见表 2-5-1。

表 2-5-1　　排污口类型

提示图形符号	警告图形符号	名称	功能
		污水排放口	表示污水向水体排放

标志牌内容应包括以下资料信息:入河排污口编号,入河排污口名称,入河排污口地理位置及经纬度坐标,排入的水功能区名称及水质保护目标,入河排污口设置单位,入河排污口设置审批单位及监督电话。

(二)排污口截污导流工程

排污口截污导流工程,是入河排污口整治的主要措施之一。入河排污口通过截污导流,将其接入附近的市政污水管网,或者将其统一迁移至下游进行集中处理或在可接纳该污水的水体进行排放。

对于城区内禁止设置入河排污口的水域,入河排污口整治应重点考虑污水集中入管网,并与城市的污水截流系统相协调;截污导流一般采取将入河排污口延伸至下游水功能区,或延伸至下游与其他入河排污口归并等形式。

1. 排污口具备接入市政污水管网的截污导流工程

排污口位于市政排水管网较完善的城区或者其他地区,可考虑将排污口进行截污,统一接入附近的市政污水管网。

(1)雨污合流的排污口截污导流工程。针对此类情况,技术主要内容包括:截流倍数选取,设计流量确定,排水管渠及附属构筑物,排水管渠设计重点在水力计算、管渠敷设、泵站设计等。

(2)雨污分流的排污口截污导流工程。对于雨污分流的排污口,管渠设计流量主要是污水量。污水流量主要参考《室外排水设计规范》第 3 节来计算,或者直接选取排污口调查时枯水期的污水流量。排水管渠和附属构筑物、泵站,主要参考《室外排水设计规范》来设计。

2. 排污口不具备接入市政污水管网的截污导流工程

排污口位于没有市政排水管网或者不方便接入市政管网的偏僻地区或者其他地区,可考虑将排污口进行截污,统一移至下游进行集中处理,或在可接纳该污水的水体进行排放。此类情况的截污导流工程相对于就近接入市政管网的截污导流工程的工程投资相对较大。

(三)排污口生态净化工程

排污口生态净化工程是针对经处理达到相应排放标准的废污水,或合流制截流式排水系统的排水,为进一步改善其水质、满足水功能区水质要求而采取的各种生态工程措施,包括跌水复氧、生态沟渠、稳定塘、人工湿地等。应结合当地自然地理条件、废污水特性、防洪排涝要求及景观需求等,综合考虑选择排污口生态净化工程措施。本小节具体介绍稳定塘、人工湿地、排污口截污导流,跌水复氧技术具体参见本章第二节"水环境治理技术"相关内容,生态沟渠技术具体参见下一小节"流域面源污染控制"相关内容。

1. 稳定塘

1)技术原理

污水稳定塘属于生物处理设施,又称氧化塘,净化污水的原理与自然水域的自净机制十分相似。污水在塘内滞留的过程中,水中的有机物通过好氧微生物的代谢活动被氧化,或经过厌氧微生物的分解而达到稳定化的目的。好氧微生物代谢所需的溶解氧由塘表面的大气复氧作用以及藻类的光合作用提供,也可通过人工曝气供氧。

稳定塘是以太阳能为初始能量,通过在塘中种植水生植物,形成人工生态系统,通过稳定塘中多条食物链的物质迁移、转化和能量的逐级传递、转化,将进入塘中污水的有机污染物进行降解和转化,最后不仅去除了污染物,而且以水生植物和水产、水禽的形式作为资源回收,净化的污水也可作为再生资源予以回收再利用,使污水处理与利用结合起来,实现污水处理资源化。

2)适用条件

稳定塘既可用来处理城市污水,也能用于处理石油化工、印染、造纸等工业废水,还可用于污水的深度处理设施,进一步处理常规二级处理设施的出水。

2. 人工湿地

1)技术原理

人工湿地利用对水体中污染物的沉淀、过滤、吸附、吸收、降解等作用去除污染物。

污水中的不溶性 BOD 及 SS 的去除主要依靠人工湿地中填料的吸附、过滤功能和不溶性 BOD 及 SS 自身的沉淀。可溶性 BOD 及 SS 主要依靠湿地中植物的根系及根系周围生物膜的吸附作用以及湿地中微生物的分解代谢作用去除。

人工湿地中的氮去除机制包括挥发、氨化、硝化/反硝化、植物摄取和基质吸附。许多研究表明,湿地中的主要去氮机制是微生物硝化/反硝化,有研究表明,硝化反硝化去氮量占氮去除总量的 60% ~ 86%(连小莹等,2011)。

人工湿地除磷主要依赖湿地基质、水生植物和微生物以及三者之间的联合作用,通过一系列复杂的物理、化学以及生物的途径,实现磷素去除的目的。湿地基质的除磷作用最大,富含 Al^{3+}、Fe^{3+}、Ca^{2+} 的基质通过吸附和沉淀反应有很好的除磷效果。植物和微生物的耦合作用也是湿地除磷的一个重要机制。虽然植物和微生物单独作用对磷直接去除贡献率很小,但其协同作用可以通过影响湿地水运输方式、供氧能力的方式改变湿地中磷素的赋存形态,从而促进磷素去除。

湿地对重金属的去除主要是填料对重金属的吸附和反应,吸附有离子交换吸附和专性吸附。污水中重金属离子浓度一般很低,不能与无机阴离子形成金属沉淀,它可以与有机质络合,增强重金属对填料的亲和性。微生物对重金属的去除也有相当大的作用,它们可通过胞外络合作用、胞外沉淀作用固定重金属,还可把重金属转化为低毒状态,也有的转化为毒性更强的物质。另外,重金属离子在湿地系统中可通过植物的富集和微生物的转化来降低其毒性。植物可通过根部直接吸收水溶性重金属,当有毒金属被富集储存在细胞的不同部位或被结合到胞外基质后,通过微生物代谢,这些离子可形成沉淀或做轻度螯合在可溶或不可溶生物多聚物上,最终达到从污水中去除的目的。

病原菌是由固态悬浮物水中的悬浮物带入湿地中的。它的去除与固态悬浮物的去除和水力停留时间有关。由固态悬浮物带入的病原菌与固态悬浮物的去除机制一样,通过沉淀、拦截等达到去除目的。病原菌被分离后分布在湿地的不同地点,但都必须与它们周围有机群体竞争存活。一般它们的存活率很低。如果接近水面,很容易被大气降水或 UV 射线所消杀。

2) 适用条件

人工湿地的适用范围很广,不仅可以用于以脱氮除磷为主要目的的三级处理,还可以直接用于污水的二级处理;不仅可以用于处理以耗氧有机物和氮、磷等营养为主的生活污水,还可以处理以耗氧有机物、重金属和油类为主的工业废水;不仅可以用于集中点源的治理,还可以进行工艺改造后用于农业面源污染、城市或公路径流等非点源污染的治理。在进行人工湿地设计时,应根据拟建工程点的情况综合考虑选用适宜类型。人工湿地技术的优缺点如下。

人工湿地主要优点包括:建造和运行费用便宜,其造价及运行费远低于常规处理技术,不到传统二级污水处理厂的 1/2;易于日常维护;抗冲击负荷能力强,处理效果稳定,处理效果好;去除的污染物范围广泛;湿地中收割的植物可作为畜禽养殖饲料、农业有机肥和工业原材料等;人工湿地可种植观赏性高的植物,景观效果好。

人工湿地也存在使用的局限性,包括:人工湿地占地面积大,每立方米污水处理用地大大超过传统二级生化处理;表面流人工湿地水量负荷较大且水质较差时,容易散发恶臭、滋生蚊虫,影响周围环境质量;潜流人工湿地长时间运行后,容易产生堵塞问题,造成处理能力和处理效果下降;人工湿地植物选种要求与当地气候条件相适宜,处理效果受气温影响较大。

二、点源污水处理

(一)水解酸化工艺

1. 工艺概况

水解工艺是将厌氧发酵阶段过程控制在水解与产酸阶段。水解池是改进的升流式厌氧污泥床反应器。其工艺特点包括以下几方面：

(1)以功能水解池取代功能专一的初沉池,水解池对各类有机物去除远远高于传统初沉池,因此降低了后续构筑物负荷。

(2)利用水解和产酸菌的反应,将不溶性有机物水解成溶解性有机物、大分子物质分解成小分子物质,使污水更适宜于后续的耗氧处理,可以用较短的时间和较低的电耗完成净化过程。

(3)污水经水解池,可以在短的停留时间(HRT=2.5 h)和相对较高的水力负荷[大于$1.0 \ m^3/(m^2 \cdot h)$]下获得较高的悬浮物去除率(平均85%的 SS 去除率)(王强等,2011)。出水 BOD/COD 值有所提高,增加了污水的可生化性。

(4)由于采用厌氧处理技术,在处理水的同时也完成了对污泥的处理,使污水污泥处理一元化,简化了传统处理流程。

2. 工艺技术要点

水解酸化工艺设计内容包括反应器池体形式的设计、配水方式的确定、出水收集设备、排泥设备等。

水解酸化反应器池体一般可采用矩形和圆形结构。反应器的高度从运行方面考虑,高流速增加污水系统扰动,因此可增加污泥与进水有机物之间的接触。但过高流速会引起污泥流失。最经济的反应器高度一般为 4~6 m(闫爱萍等,2016)。在确定反应器容积和高度后,从考虑布水均匀性和经济性方面对矩形池确定反应器的长和宽。水解酸化反应器的设计还包括反应器的分格和上升流速。

(二)化学絮凝强化工艺

1. 工艺概述

化学絮凝强化工艺是向污水中投加絮凝剂以提高沉淀处理效果的一级强化处理技术,该工艺技术由于受自然条件约束少、占地省、流程短、基建与运行费用低、操作简单而成为极具优势的城镇污水处理方法。城镇污水中污染物主要是悬浮物、胶体和溶解性有机物,投加絮凝剂的一级处理能明显改善对悬浮物及胶体有机物的处理效果,提高了一级处理的出水水质。其工艺特点如下:

(1)通过投加絮凝剂,使微小的悬浮固体(SS)、胶体颗粒脱稳,聚集形成较大的颗粒,从而提高沉淀效率。

(2)对悬浮固体、胶体物质和磷的去除具有明显效果。

(3)除磷效果好。一般单独采用生物除磷工艺很难满足出水含磷量低于 1.0 mg/L 的排放要求。采用化学絮凝工艺的除磷效率将高于生物除磷。

2. 工艺技术要点

化学絮凝强化工艺技术的要点在于混合反应时间的确定以及药剂的选择。

混合反应时间一般要求几十秒至 2 min。混合过程要求激烈的湍流,在较快的时间内使药剂与水充分混合,混合作用一般靠水力或机械方法来完成。反应时间一般控制在 10~30 min。反应中平均速度梯度一般取 30~60 s^{-1},并控制 GT 值在 10^4~10^5 范围内(何群彪 等,2005)。

药剂选择方面,混凝剂的选择要对去除的污染物有较高的去除率,为达到这一目标,有时需要两种或多种絮凝剂及助凝剂同时配合使用。混凝剂的来源应当可靠,产品性能稳定,并应易于储存和投加。所有的混凝剂都不应对处理的水产生二次污染。

(三)传统活性污泥法

1. 工艺概述

传统活性污泥法是活性污泥法的基本模式,以去除污水中有机物和悬浮物为主要目的,适用于无须考虑除磷脱氮的情况,其核心处理单元由曝气池和沉淀池组成。

因运行方式和参数不同,传统活性污泥法演变出传统曝气、完全混合、阶段曝气、吸附再生、延时曝气、高负荷曝气、深井曝气、纯氧曝气等工艺。

2. 工艺技术要点

该工艺技术的主要处理单元曝气池按照水力学流态的不同分为完全混合式和推流式。完全混合式进水迅速与池内混合液混合,曝气池内各点水质均匀,池形为圆形或正多边形,一般可与二沉池合建。推流式池内水质从入口到出口逐步降低,其池形多为廊道式,是目前应用最广的形式。

曝气池设计关键技术主要有污泥负荷法和污泥龄法。污泥负荷法属于经验参数设计方法,污泥龄法属于经验参数与动力学参数相结合的设计方法。

近年来,国际水污染研究与控制协会推荐的活性污泥数学模型开始在国内应用(徐承志等,2021)。活性污泥数学模型是全面反映活性污泥生物处理系统的运行状态的数学方程组,可用于活性污泥系统的数值模拟,以指导实际运行管理。

(四)脱氮除磷活性污泥法

为了有效地降低污水中氮、磷的含量,利用生物脱氮除磷技术原理,发展了多种具有生物脱氮和除磷功能的污水处理工艺,主要包括 A$_1$/O 法(缺氧–好氧生物脱氮工艺)、A$_2$/O 法(厌氧–好氧生物除磷工艺)、A^2/O 法(厌氧–缺氧–好氧生物脱氮除磷工艺)、氧化沟法、SBR 法。上述工艺在降解有机物的同时,具有较强的脱氮除磷效果,且去除率高。

1. A$_1$/O 法生物脱氮工艺

A$_1$/O 法生物脱氮工艺是一种有回流的前置反硝化生物脱氮工艺,由前缺氧池、后段好氧池串联组成。其设备与常规活性污泥法相同,只是增设缺氧反应池,在缺氧反应池内采用机械搅拌,并设置硝化混合液回流泵。该工艺与传统生物脱氮工艺相比,其技术要点与特点如下:

(1)流程简单,构筑物少,大大节省了基建费用。

(2)在原污水 C/N 较高(大于 4)时,不需外加碳源,以原有污水中的有机物为碳源,保证了充分的反硝化,降低了运行费用。

(3)好氧池设在缺氧池后,可以使反硝化残留的有机物得到进一步去除,提高了出水水质。

（4）缺氧池在好氧池之前，一方面由于反硝化消耗了一部分碳源有机物，可减轻好氧池的有机负荷；另一方面，也可以起到生物选择器的作用，有利于控制污泥膨胀。

（5）该工艺在低污泥负荷、长泥龄条件下运行，因此系统剩余污泥量少，有一定稳定性。

（6）便于在常规活性污泥法基础上改造成 A_1/O 脱氮工艺。

（7）混合液回流比的大小直接影响系统的脱氮率，一般混合液回流比取 200% ~ 500%，太高则动力消耗太大。因此，A_1/O 工艺的脱氮率一般为 70% ~ 80%，难以进一步提高。

2. A_2/O 生物除磷工艺

A_2/O 生物除磷工艺由前段厌氧池和后段好氧池串联组成。该工艺的 BOD_5 去除率与普通活性污泥法基本相同，而磷的去除率为 70% ~ 80%，剩余污泥中磷的含量在 2.5% 以上。该工艺技术要点与特点如下：

（1）工艺流程简单。

（2）厌氧池设在好氧池之前，可起到生物选择器的作用，有利于抑制丝状菌的膨胀，改善活性污泥的沉降性能，并能减轻后续好氧池的负荷。

（3）反应池水力停留时间较短。

（4）A_2/O 生物除磷工艺是通过排除富磷剩余污泥实现的，因此其除磷效果与排放的剩余污泥量直接相关，只有在短泥龄条件下运行，才能达到除磷的目的。A_2/O 工艺的泥龄一般以 3.5 ~ 10 d 为宜。

（5）便于在常规活性污泥工艺基础上改造成 A_2/O 除磷工艺。

（6）受运行条件和环境条件影响较大，因此除磷率难以进一步提高，一般处理城镇污水除磷率在 75% 左右。

3. A^2/O 生物脱氮除磷工艺

A^2/O 脱氮除磷工艺（厌氧-缺氧-好氧活性污泥法，亦称 A-A-O 工艺），它是在 A_2/O 除磷工艺基础上增设一个缺氧池，并将好氧池流出的部分混合液回流至缺氧池，具有同步脱氮除磷功能。

污水经预处理和一级处理后首先进入厌氧池，在厌氧池中的反应过程与 A_2/O 生物除磷工艺中的厌氧反应过程相同；在缺氧池中的反应过程与 A_1/O 生物脱氮工艺中好氧池中的反应相同；在好氧池中的反应工程兼有 A_2/O 生物除磷工艺和 A_1/O 生物脱氮工艺中好氧池中的反应和作用。因此，A^2/O 工艺可以达到同步去除有机物、硝化脱氮、除磷的功能。A^2/O 工艺适用于对氮、磷排放指标均有严格要求的城镇污水处理，其技术要点与特点如下：

（1）工艺流程简单，总水力停留时间少于其他同类工艺，节省基建投资。

（2）该工艺在厌氧、缺氧、好氧环境下交替运行，有利于抑制丝状菌的膨胀，改善污泥沉降性能。

（3）该工艺不需要外接碳源，厌氧、缺氧池只进行缓速搅拌，节省运行费用。

（4）便于在常规活性污泥工艺基础上改造成 A^2/O。

（5）沉淀池要防止产生厌氧、缺氧状态，以避免聚磷菌释磷而降低出水水质和反硝化

产生 N_2 而干扰沉淀。但溶解氧含量也不宜过高,以防止循环混合液对缺氧池的影响。

4. 吸附-生物降解活性污泥法

吸附-生物降解活性污泥法简称 AB 法,它是在传统两段活性污泥法和高负荷活性污泥法的基础上改造、改良的一种工艺技术。其主要特点是不设初沉池,A 段和 B 段的污泥回流系统严格分开。A 段污泥负荷高,泥龄短,水力停留时间短,微生物绝大部分是细菌,其世代时间短,繁殖速度快,A 段能去除 50%~60% 的有机物。在 B 段以低负荷运行,继续氧化分解 A 段处理后残留于水中的有机物,可保证较高的稳定性,达到较高的处理效率。其技术要点与特点如下:

(1)AB 法处理工艺具有较强的抗冲击负荷能力,对进水中的 pH 值、有毒物质以及水量、水质等冲击具有很好的缓冲作用。

(2)A 段可使 B 段的运行负荷减少 40%~70%,因此在给定的容积负荷下,活性污泥曝气池的容积可减少 45% 左右,大大节省了土建造价。

(3)由于 A 段增加了碳的去除和 B 段污泥龄的相应加长,改善了 B 段硝化过程的工艺条件。

(4)由于 AB 法属两段工艺,并且 A 段的除磷效果好,使 AB 法工艺为污水除磷过程提供了条件。

(5)AB 法的主要缺点是产泥量较高,增加了污泥处置费用。

(6)AB 法主要适用于进水浓度高的城镇污水处理,B 段可根据出水需要采用传统活性污泥法、A^2/O 法、氧化沟法等。

(五) 氧化沟

1. 氧化沟概述

氧化沟又称连续循环式反应池或循环曝气池,因其构筑物呈封闭的沟渠型而得名。氧化沟是活性污泥法的一种改型,它把连续式反应池作为生物反应池。污水和活性污泥的混合液在该反应池中以一条闭合式曝气渠道进行连续循环。氧化沟通常在延时曝气条件下使用,水和固体的停留时间长,有机负荷低。它使用一种带方向控制的曝气和搅拌装置,向反应池中的物质传递水平速度,从而使被搅动的液体在闭合式曝气渠道中循环。

2. 氧化沟技术特点

氧化沟曝气池占地面积比一般的生物处理大,但是由于其不设初沉池,一般不建污泥厌氧消化系统,因此节省了构筑物之间的空间,使污水处理厂总占地面积并未增大,在经济上具有竞争力。其技术特点主要表现在以下几个方面:

(1)处理效果稳定,出水水质好,并且具有较强的脱氮功能,有一定的抗冲击负荷能力。

(2)工程费用相当于或低于其他污水生物处理技术。

(3)污水处理厂只需要最低限度的机械设备,增加了污水处理厂正常运转的安全性。

(4)管理简化、运行简单。

(5)剩余污泥较少,污泥不经过消化也容易脱水,污泥处理费用较低。

(6)与其他工艺相比,臭味较小。

(7)构造形式和曝气设备多样化。

(8)曝气强度可以调节。

3.氧化沟类型和基本形式

氧化沟技术发展较快,类型多样,根据其构造和特征,主要分为派斯维尔氧化沟、卡鲁赛尔氧化沟、交替工作式氧化沟、奥贝尔氧化沟、一体化氧化沟。

氧化沟系统一般不设初沉池,悬浮状的有机物可在氧化沟中得到好氧稳定。为了防止无机沉渣在氧化沟中积累,原污水应先经过格栅及沉沙池进行预处理。氧化沟系统的基本构成包括氧化沟池体、曝气设备、进出水装置、导流和混合装置。氧化沟系统污水处理工艺流程如图 2-5-1 所示。

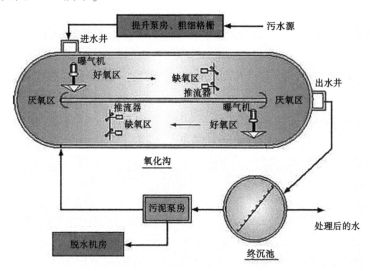

图 2-5-1　氧化沟系统污水处理工艺流程

(六)间歇式活性污泥法

1.间歇式活性污泥法概述

间歇式活性污泥法也称续批式活性污泥法(简称 SBR),是在一个反应器中周期性完成生物降解和泥水分离过程的污水处理工艺。在典型的 SBR 反应器中,按照进水、曝气、沉淀、排水、闲置 5 个阶段顺序完成一个污水处理周期(见图 2-5-2)。设计合理的 SBR 工艺具有良好的除磷脱氮效果,因而备受关注,成为污水处理工艺中应用最广泛的工艺之一。

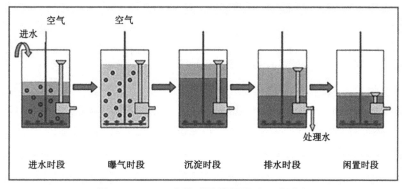

图 2-5-2　SBR 序批式活性污泥法工艺流程

2. 工艺技术特点

SBR 技术的核心是集均化、初沉、生物降解、二沉等功能于一反应池,无污泥回流系统。SBR 工艺技术的特点和要点如下:

(1)运行灵活。可根据水量、水质的变化调整各时段的时间,或根据需要调整或增减处理工序,以保证出水水质符合要求。

(2)近似于静止沉淀的特点,使泥水分离不受干扰,出水 SS 较低且稳定。

(3)在处理周期开始和结束时,反应器内水质和污泥负荷由高到低变化,溶解氧则由低到高变化。就此而言,SBR 工艺在时间上具有推流反应器特征,因而不易发生污泥膨胀。

(4)在某一时刻,SBR 反应器内各处水质均匀,具有完全混合的水力学特征,因而具有较好的抗冲击负荷能力。

(5)SBR 一般不设初沉池,生物降解和泥水分离在一个反应器内完成,处理流程短,占地面积小。

(6)因为运行灵活,运行管理成为处理效果的决定因素。这要求管理人员具有较高的素质,不仅要有扎实的理论基础,还应有丰富的实践经验。

3. 工艺类型和基本形式

SBR 工艺技术是目前发展变化最快的污水处理工艺。SBR 工艺的新变种有间歇式循环延时曝气活性污泥法(ICEAS)、间歇进水周期循环式活性污泥工艺(CAST)、连续进水周期循环曝气活性污泥工艺(CASS)、连续进水分离式周期循环延时曝气工艺(IDEA)等。在工程实践中,设计人员可根据进出水水质灵活组合处理工序和时段,灵活设置进水、曝气方式,灵活进行反应器内分区,并不局限于上述定型工艺之中。

三、流域面源污染控制

(一)农村生活污水控制工程

1. 农村生活污水防治的技术路线

农村生活污水防治的技术路线是在源头削减、污染控制与资源化利用的基础上,遵循分散处理为主、分散处理与集中处理相结合的原则,对粪便和生活杂排水实行分离并进行处理,实现粪便和污水的无害化、资源化利用。

2. 农村生活污水的收集模式与管网布设

农村生活污水的收集模式应综合考虑当地的人口分布、污水水量、经济发展水平、环境特点、气候条件、地理状况,以及当地已有的排水体制、排水管网现状等确定,宜采用分流制。应根据村落和农户的分布,因地制宜地规划排水系统和污水处理系统,尽量避免长距离排水管道的建设,宜利于分散式的污水处理。

管网布设应符合地形变化,取短捷路线,污水干管沿主要道路布设。污水管道尽量考虑自流排水,依据地形坡度铺设,坡度不小于 0.3%。当污水收集系统不能实现全程重力自流时,可在需要提升的管渠段建污水泵站。泵站的位置应尽量靠近污水处理设施。泵站集水池可利用现有坑塘,集水池坡底向集水坑的坡度不宜小于 10%。厕所污水和生活杂排水宜分开收集,厕所粪便污水应先排入化粪池,再流入排水管,生活杂排水可直接进入排水管,在出户前宜设置检查井。

3. 农村生活污水处理工艺

农村生活污水处理工艺需因地制宜进行选择,常用的有三级化粪池、户用沼气池、小型一体化污水处理装置、人工湿地、土地处理技术、稳定塘等。

1)三级化粪池

三级化粪池也称三格式化粪池,由三个相互连通的密封粪池组成,粪便由进粪管进入第一池,依次顺流到第三池。根据三个池的主要功能依次可命名为截留沉淀与发酵池(第一池)、再次发酵池(第二池)和贮粪池(第三池)。三格式化粪池一般与水冲式厕所相配套,由进粪管、分格池、过粪管、盖板等部分组成。该技术广泛适用于农村无害化卫生厕所改造。

三格式化粪池的一般有效容积为 $2\ m^3$,化粪池防渗层采用砖加 1.5 mm 厚的土工膜加水泥砂浆抹面的复合结构,定期由吸污车进行清掏,能有效地处理农村粪便污水。

三格化粪池的技术关键在于容积的基本要求。三格化粪池容积应根据使用人数、冲水量、粪便发酵腐熟的时间以及沉卵灭菌的要求来决定。粪便发酵腐熟时间及病原体死亡时间按 30 d 计算,其中在第一池需停留 20 d,第二池停留 10 d,第三池容积至少是二池之和。第一池、第二池、第三池的容积比应为 2:1:3,在不减少第一池规定容积的前提下可适当扩大第二池的容积,不用粪肥的户厕第三池又可适当减小其容积。

2)户用沼气池

户用沼气池为农村家用沼气池,是处理农村粪便及生活污水的小型沼气设施。户用沼气池宜建在畜圈或厕所地表以下,进料间与人、畜粪入口相连通。具有适用、卫生、平面布局合理、外形美观的特点。正常使用寿命 20 年以上。

其工艺流程为:人畜粪便(青草及农业废物)→进料间→厌氧发酵间→水压(出料)间→农田。在有条件的地方,可将人粪便和牲畜粪便分两处进料口进入厌氧发酵间。

发酵间的形状以圆形为主,受占地面积限制或地下水位较高的,可将发酵间设计成椭球形或单跨拱长方形。

用户沼气池平面布局应符合下列要求:一是充分利用土地资源,平面布局紧凑;二是厕所与畜圈分设;三是进出料方便;四是导气管和输气管不被损害;五是进出料间中线夹角应大于 90°,进料间蹲位板面应高于发酵间平面,出料间应低于发酵间平面。

用户沼气池设计可以参照《用户沼气池设计规范》(GB/T 4750—2016)。

3)小型一体化污水处理装置

小型一体化污水处理设备和大中型污水处理设备就技术原理而言没有本质差别,其最大差别是价格较低,规格、处理量较小,更适合使用在处理水量较少的场所,避免造成浪费,有利于农村小型集中式生活污水的处理。其用于农村生活污水处理具有操作简便、一体化服务、占地面积少、投资少、施工简便的优点。

以常用的 A^2/O 一体化污水处理工艺为例,其工艺流程见图 2-5-3。

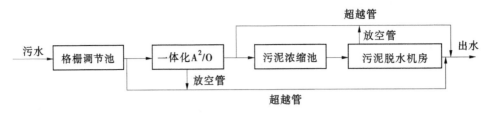

图 2-5-3　一体化污水处理工艺流程

4）人工湿地

（1）技术原理。

人工湿地技术是一类模仿自然湿地系统而建设的综合生态系统，通常由 5 部分构成：①各种透水性好、比表面积大的基质，如土壤、砂、砾石；②适于在饱和水和厌氧基质中生长的植物，如芦苇、菖蒲等；③水体（在基质表面下或上流动的水）；④无脊椎或脊椎动物；⑤好氧或厌氧微生物种群。其中填料、植物和微生物是人工湿地的核心构成。

（2）人工湿地类型。

人工湿地按水流类型可分为表流人工湿地、潜流人工湿地和潮汐流人工湿地，其中潜流湿地又可分为水平潜流湿地和垂直潜流湿地。

潜流人工湿地是人工湿地的核心技术，一般由两级湿地串联，处理单元并联组成。该工艺独有流态和结构形成的良好的硝化与反硝化功能区，对总氮、总磷、石油类的去除明显优于其他处理方式。

在垂直潜流湿地中，污水由表面纵向流至床底，在纵向流的过程中，污水依次经过不同的介质层，达到净化的目的。

在水平潜流湿地中，污水由进水口一端沿水平方向流动的过程中依次通过砂石、介质、植物根系，流向出水口一端，以达到净化目的。

（3）人工湿地适用范围。

人工湿地技术较常应用于农村生活污水集中式处理，与其他农村生活污水集中式处理技术相比，其具有投资较低、运维能耗低、运维便捷的特点，但该技术要求占地面积较大，且要求进水浓度低。该技术广泛适用于农村平原地区和山区。

人工湿地技术除适用于农村生活污水处理外，还适用于农业面源污染末端控制、城市集中式污水处理厂、尾水净化及水体水质旁路净化等。

5）土地处理技术

（1）技术原理。

土地处理技术是由表层土的过滤截流、土壤团粒结构的吸附储存、微生物氧化分解、植物吸收以及土壤胶粒的交换作用而去除污水中各类污染物质。

（2）土地处理技术类型与特点。

土地处理可分为慢速渗滤系统、快速渗滤系统、地表漫流系统和湿地处理系统。

慢速渗滤系统：污水投配负荷一般较低，渗流速度慢，故污水净化效率高，出水水质优良。通过过滤、沉淀、吸附和生物降解作用等过程使污水得到净化。适用于渗水性良好的土壤及蒸发量小、气候润湿的地区。

快速渗滤系统：是一种高效、低耗、经济的污水处理与再生方法。适用于渗透性能良好的土壤，如砂土、砾石性砂土、砂质垆㙟等。污水灌至快速滤渗田表面后很快下渗进入地下并最终进入地下水层。灌水与休灌反复循环进行，使滤田表面土壤处于厌氧-好氧交替运行状态，依靠土壤微生物将被土壤截留的溶解性和悬浮有机物进行分解，使污水得以净化。

地表漫流系统：适用于渗透性差的黏土或亚黏土，地面的最佳坡度为 2%~8%。废水以喷灌法或漫灌法有控制地在地面上均匀地漫流，流向设在坡脚的集水渠，在流动过程中，少量废水被植物摄取、蒸发和渗入地下。地面上种牧草或其他作物供微生物栖息并防止土壤流失，尾水收集后可回用或排放水体。

湿地处理系统：是一种利用低洼湿地和沼泽地处理污水的方法。污水有控制地投配到种有芦苇、香蒲等耐水性、沼泽性植物的湿上，废水在沿一定方向流动过程中，在耐水性植物和土壤共同作用下得以净化。

6）稳定塘

（1）技术原理。

稳定塘旧称氧化塘或生物塘，是一种利用天然净化能力对污水进行处理的构筑物的总称。其净化过程与自然水体的自净过程相似。通常是将土地进行适当的人工修整，建成池塘，并设置围堤和防渗层，依靠塘内生长的微生物来处理污水。主要利用菌藻的共同作用处理废水中的有机污染物。稳定塘污水处理系统具有基建投资和运转费用低、维护和维修简单、便于操作、能有效去除污水中的有机物和病原体、无须污泥处理等优点。

（2）稳定塘技术类型与特点。

按照塘内微生物的类型和供氧方式来划分，稳定塘可以分为厌氧塘、兼性塘、好氧塘、曝气塘。

厌氧塘：塘水深度一般在 2 m 以上，最深可达 4~5 m。厌氧塘水中溶解氧很少，基本上处于厌氧状态。厌氧塘的原理与其他厌氧生物处理过程一样，依靠厌氧菌的代谢功能，使有机底物得到降解。其优点为有机负荷高，耐冲击负荷较强；由于池深较大，所以占地省；所需动力少，运转维护费用低；储存污泥的容积较大；一般置于塘系统的首端，作为预处理设施，在其后再设兼性塘、好氧塘甚至深度处理塘，做进一步处理，这样可以大大减少后续兼性塘和好氧塘的容积。其缺点为温度无法控制，工作条件难以保证；臭味大；净化速率低，污水停留时间长。其适用条件为：对于高温、高浓度的有机废水有很好的去除效果，如食品、生物制药、石油化工、屠宰场、畜牧场、养殖场、制浆造纸、酿酒、农药等工业废水；对于醇、醛、酚、酮等化学物质和重金属也有一定的去除作用；对重金属也有一定的去除效果。

兼性塘：有效深度介于 1.0~2.0 m。上层为好氧区；中间层为兼性区；塘底为厌氧区，沉淀污泥在此进行厌氧发酵。兼性塘是在各种类型的处理塘中最普遍采用的处理系统。兼性塘是最常见的一种稳定塘。兼性塘的有效水深一般为 1.0~2.0 m，从上到下分为三层：上层好氧区，中层兼性区（也叫过渡区），塘底厌氧区。好氧区的净化原理与好氧塘基本相同。其优点是投资省，管理方便；耐冲击负荷较强；处理程度高，出水水质好。其缺点是池容大，占地多；可能有臭味，夏季运转时经常出现漂浮污泥层；出水水质有波动。

好氧塘:是一种菌藻共生的污水好氧生物处理塘。深度较浅,一般为 0.3~0.5 m。阳光可以直接射透到塘底,塘内存在着细菌、原生动物和藻类,由藻类的光合作用和风力搅动提供溶解氧,好氧微生物对有机物进行降解。好氧塘应该建在温度适宜、光照充分、通风条件良好的地方。既可以单独使用,又可以串联在其他处理系统之后,进行深度处理。如果好氧塘用于单独处理废水,则在废水进入好氧塘之前必须进行彻底的预处理。其适用条件为:适用于去除营养物,处理溶解性有机物;由于处理效果较好,多用于串联在其他稳定塘后做进一步处理,处理二级处理后的出水。

曝气塘:塘深大于 2 m,采取人工曝气方式供氧,塘内全部处于好氧状态。其工作原理不是依靠自然净化过程为主,而是采用人工补给方式供氧,通常是在塘面上安装曝气机。实际上是介于活性污泥法中的延时曝气法与稳定塘之间的一种工艺。其优点为体积小、占地省,水力停留时间短、无臭味,处理程度高,耐冲击负荷较强。其缺点为运行维护费用高;由于采用了人工曝气,所以容易起泡沫,出水中含固体物质高。

(二)农田径流污染控制工程

1. 农田径流污染控制相关概念

农田径流污染主要是降雨冲刷农业耕作层地面,携带农作物种植过程中残留的化肥、农药及丢弃的农作物腐烂后的污染物进入地表水体,造成大量的氮、磷等营养盐和农药污染。一般情况下,农业耕作层地面残留的大量农药、化肥在降雨的中、早期就被冲刷带走,初期地表径流污染物浓度较高,中后期地表径流中因冲刷携带的残留化肥、农药较少,浓度较低。

2. 农田径流污染控制路径

基于农业地表径流面源污染的特征,管控措施应着重考虑源头削减和资源化利用,主要包括 3 个方面:一是减少农药、化肥的施用量,必然会减少流失量;二是减少化肥在耕作层地表的残留量;三是将农业地表径流面源资源化利用,回用于种植业的灌溉。

减少农药、化肥施用量的途径主要包括推广低毒、低残留农药,推行水肥一体化的种植模式,实施测土施肥,推广精准施肥技术和机具等。

减少化肥在耕作层地表残留量的途径主要是尽量减少抛撒施肥,采用表层开挖后施肥再覆盖的方式。

农业地表径流调蓄回用主要考虑的是农业面源主要污染物是氮、磷等营养盐,回用不会造成农作物的污染,难点是要将中早期的地表径流面源与中后期分离,尽量收集、回用中早期的面源。

3. 农田径流污染控制工程技术

农田径流污染控制主要工程技术措施包括水肥一体化工程、分散调蓄净化与回用技术、前置库工程、生态沟渠、人工湿地、稳定塘等。

1)水肥一体化工程

(1)工作原理。

水肥一体化是指将节水灌溉与施肥融为一体的种植模式,将肥料与灌溉水源混合后形成混合水源,通过管道将混合水源输送至田间,然后采取滴灌、喷灌的方式将肥料直接输送给农作物。在配合测土施肥的情况下,可较大幅度地降低农业种植化肥施用量和流失量。

（2）适用条件。

水肥一体化比较适用于规模化、集约化种植的旱作种植业，不适用于水田种植。

（3）工艺流程。

水肥一体化种植模式的工艺流程主要包括取水设施、水肥混合池、田间节水灌溉设施。

（4）主要构筑物。

主要构筑物包括取水设施及配套输水管渠、水肥混合设施、田间灌溉设施。

取水设施及配套的输水管渠规模根据灌溉用水规模、灌溉周期及水肥混合设施的调蓄能力确定，根据取水口高程与水肥混合设施的高程差、输水距离确定是否需要设置动力提水设备，以及配套的点源、线路等，规划阶段需要明确引水（提水）流量、提水设施的功率、输水管渠尺寸、输水距离等。

水肥混合设施的主要作用是将肥料与灌溉水混合，最好是肥料能在灌溉水中溶解，溶解后的水肥需一次性用完，不建议长时间储存。

水肥混合设施主要包括混合池、搅拌装置等，混合池的规模根据灌溉用水速率和用地情况选择，搅拌装置可以考虑人力、水力和机械搅拌，设计机械搅拌装置时需要考虑用电便利性。

田间灌溉设施主要是田间节水灌溉设施，包括喷灌、滴灌等。

2）分散调蓄净化与回用技术

分散调蓄净化与回用技术工作原理是在田间建设分散式径流收集池塘，每个池塘收集的农用地面积不能太大，采取工程措施，对雨水进行收集、存储和综合利用，减少雨洪对农田冲刷。该技术适宜多年平均降水量下限为 250 mm 的地区。

其优点为减少农田径流污染的同时使雨水得以有效利用；缺点为需定期进行检查及清除杂物，设施较分散，管理难度大。

分散式径流收集池塘规模确定依据如下：

（1）单个蓄水池的容积一般根据受水范围面积内的初期地表径流量确定。可以通过监测地表径流污染物浓度变化的情况，综合分析降雨强度与地表径流污染物的浓度变化之间的关系，将污染物浓度明显降低前或降低到一定程度之前的地表径流定义为初期地表径流。

（2）在没有监测数据的情况下，南方常按照连续供水 80~120 d 设计蓄水容积，则容积系数为 0.22~0.33，复蓄次数 3~4 次，相当于容积系数为 0.25~0.33。

（3）对于种植区土地使用权较为分散的区域，可以以亩为基本单位建设调蓄净化池，收集地表径流的标准为单次降雨强度 10~15 mm，调蓄池的规模为单次降雨强度、径流系数、收集面积的乘积。

设计的相关规程规范可参考《雨水集蓄利用工程技术规范》（GB/T 50596—2010）。

3）前置库工程

前置库是指利用水库存在的从上游到下游水质浓度变化的特点，在水源地水库前修建一个或者若干个子库与主库相连，通过延长水力停留时间，促进水中泥沙及营养盐的沉降,同时利用子库中大型水生植物、藻类等进一步吸收、吸附、拦截营养盐,抑制主库中藻类过度繁殖,减缓富营养化进程,改善水质。对控制面源污染、减少湖库外源有机污染负荷具有广泛的应用前景。

前置库系统综合了良好的沉降效应、水文效应、生物效应,具有较强的水体净化功能,适用于缺少污水收集设施的地区进行面源污染控制,解决农田灌溉污染问题。

前置库技术适用于有一定降雨量基础的山地区域,多设置在江河入湖口。典型前置库通过在入湖口筑坝,建成位于主体湖泊水库上游的小型水库,用于截留进入主体水库的污染物。若生态强化处理系统不能满足前置库水质相关要求,应建设集中式污水处理处置设施,使入库水质满足相关要求。

前置库用于收集受农田径流、农业面源污染的初期雨水,通过拦水坝、进水渠等将污水引至前置库,经前置库调蓄池及净化池的净化处理后排入水库。前置库流程示意图见图 2-5-4。

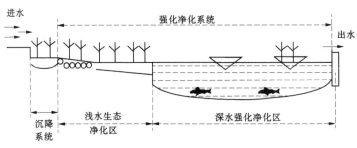

图 2-5-4 前置库示意图

前置库主体分为调蓄池和净化池,调蓄池尺寸根据处理规模确定,净化池的停留时间为 7 d。收集的地表径流首先进入种有挺水植物(芦苇等)的沉降带,依靠植物的根系和自身的重力作用,拦截大部分泥沙,并促使其沉降下来,同时可去除水中部分磷和少量的氮。以沉降带流出的水进入浅水生态净化系统,经砾石床及所种植的挺水植物(芦苇、香蒲、茭白等),再去除部分氮、磷。浅水净化区出水进入深水强化净化系统,该区水深约1.6 m,通过调整库区的水量、水深、停滞时间和生物组成,促进硅藻等易沉降的藻类生长,同时在深水区种植各种漂浮植物和浮叶植物,库区内水生植被要达到一定规模,应占总库区面积的20%左右,合理设置挺水植物、浮叶植物与沉水植物的比例,挺水植物占库区面积的10%,浮叶植物和沉水植物各占5%,保障水质的同时应注意控制水生植物或藻类的过度生长,同时要防止水生植物过度生长造成二次污染。并投入一定数量的有选择的鱼类,以调高氮、磷的去除率。经强化净化前置库系统处理后,预计总氮、总磷、泥沙的去除率可分别达到70%、80%、90%以上(边博等,2013)。

4)生态沟渠

生态沟渠是指具有一定宽度和深度,由水、土壤和生物组成,具有自身独特结构并发挥相应生态功能的沟渠生态系统。目前多用于对农田径流中的氮、磷等物质的拦截和处理,达到控制养分流失、减少农田面源污染的目的。作为单独使用的污水处理措施时,一般可用于处理生活污水或初期雨水。生态沟渠的优点是适用范围广、营养物质截留效果好,一般依原有沟渠而建,不占用土地;缺点是需要进行定期的维护管理,沟渠的水生植物要定期收获、处置、利用,沟底淤积物要及时清淤。

（1）技术原理。

工程和植物两部分组成的生态拦截型沟渠系统,能够通过截留泥沙、土壤吸附、植物吸收、生物降解等一系列作用,促进流水携带的颗粒物沉淀,吸收和拦截水体中的养分,同时水生植物的存在可以加速氮、磷界面交换和传递,从而使污水中氮、磷的浓度减小,具有良好的净化效果。

（2）技术适用条件。

生态沟渠工程适用于拦截农业面源和城市面源污染以及分散式小型生活污水的深度处理,建造时应因地制宜,尽量利用原有自然沟渠,对其进行生态改造。用于农业面源截流的生态沟渠建设密度应能满足农田排水要求和生态拦截需要,一般为每公顷农田100 m生态沟渠。一般分布在农田四周与农田区外的河道之间。

（3）工程设计要素。

生态拦截型沟渠系统主要由工程部分和生物部分组成,工程部分主要包括渠体及生态拦截坝、节制闸等,生物部分主要包括渠底、渠两侧的植物。其两侧沟壁一般采用蜂窝状水泥板(也可直接采用泥土沟壁),两侧沟壁具有一定坡度,沟体较深,沟体内相隔一定距离构建小坝,减缓流速,延长水力停留时间,使流水携带的颗粒物质和养分等得以沉淀和去除。

生态沟渠构建时应充分利用原有排水沟渠,对沟渠进行一定的工程改造,因地制宜,等高开沟,保证水流平缓,延长滞留时间,提高拦截效果,使之在具有原有的排水功能基础上,增加对排水中所携带氮、磷等养分的吸附、吸收和降解等生态功能。

（三）畜禽养殖场废弃物处理利用工程

鼓励建设生态养殖场和养殖小区,通过发展沼气、生产有机肥等措施,实现养殖废弃物的减量化、资源化和无害化。畜禽养殖场废弃物处理利用技术模式包括"厌氧+还田"模式、"堆肥+废水处理"模式和发酵床养殖模式。畜禽养殖废弃物处理常用的技术包括畜禽养殖废弃物厌氧处理技术、畜禽养殖废弃物堆肥技术等。

1. 畜禽养殖废弃物厌氧处理技术

1）技术原理

畜禽养殖废弃物厌氧消化技术是指在厌氧条件下,通过微生物作用将畜禽粪污中的有机物转化为沼气的技术。该技术可降低畜禽粪污中有机物的含量,并可产生沼气作为清洁能源。发酵后的沼气经脱硫脱水后可通过发电、直燃等方式实现利用,沼液、沼渣等可以作为农用肥料回田。

2）工艺流程

畜禽粪污经匀浆池(或调节池)调节水质、水量后,提升到厌氧消化池。厌氧消化池产生的沼气经净化后再利用,出料经固液分离后,沼渣可制备有机肥后回田利用,沼液除部分回流外,其余部分可作为液体肥料利用或进一步处理,见图2-5-5。

3）工艺类型及适用性

厌氧消化工艺包括多种类型,常用的有连续搅拌反应器(CSTR)技术、升流式固体厌

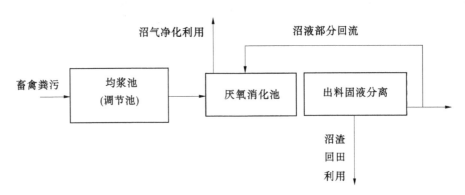

图 2-5-5　畜禽粪污厌氧处理工艺流程

氧反应器(USR)技术、升流式厌氧污泥床(UASB)技术等。

连续搅拌反应器(CSTR)技术是指在一个密闭厌氧消化池内完成料液的发酵、产生沼气的技术。发酵原料的含固率通常在 8% 左右,通过搅拌使物料和微生物处于完全混合状态,一般采用机械搅拌。投料方式可采用连续投料或半连续投料方式,反应器一般运行在中温条件(35 ℃左右),在中温条件下的停留时间为 20~30 d。该技术可以处理高悬浮固体含量的原料,消化器内物料均匀分布,避免了分层状态,增加了物料和微生物接触的机会。该工艺处理能力大,产气效率较高,便于管理,适用于大型和超大型沼气工程。

升流式固体厌氧反应器(USR)技术是指原料从底部进入反应器内,与反应器里的厌氧微生物接触,使原料得到快速消化的技术。未消化的有机物和厌氧微生物靠自然沉降滞留于反应器内,消化后的上清液从反应器上部溢出,使固体与微生物停留时间高于水力停留时间,从而提高了反应器的效率。USR 技术对布水均匀性要求较高,需设置布水器(管)。为了防止反应器顶部液位高度发生结壳现象,建议在反应器顶部设置破壳装置。USR 运行温度和停留时间与 CSTR 基本相同,目前国内多采用中温发酵。该技术优点是处理效率较高、管理简单、运行成本低,适用于中小型沼气工程。

升流式厌氧污泥床(UASB)技术由反应区、气液固三相分离器(包括沉淀区)和气室三部分组成。在反应区内存留大量厌氧污泥。污水从厌氧污泥床底部流入,与反应区中的污泥进行混合接触,污泥中的微生物将有机物转化为沼气。污泥、气泡和水一起上升进入三相分离器实现分离。同时,由于畜禽养殖废水中悬浮物含量较高,因此畜禽养殖废水 UASB 有机负荷不宜过高,采用中温发酵时,通常为 5 kg COD/(m^3·d) 左右。该技术的优点是反应器内污泥浓度高,有机负荷高,水力停留时间长,无须混合搅拌设备。

2. 畜禽养殖废弃物堆肥技术

1) 技术原理

堆肥发酵是指在有氧条件下,微生物通过自身的生物代谢活动,对一部分有机物进行分解代谢,以获得生物生长、活动所需的能量,把另一部分有机物转化合成新的细胞物质,使微生物生长繁殖,产生更多的生物体;同时好氧反应释放的热量形成高温(>55 ℃)杀死病原微生物,从而实现畜禽粪便减量化、稳定化和无害化的过程。

2) 工艺流程

堆肥发酵过程通常包括前处理、好氧发酵、后处理和储存等环节。发酵前需与发酵菌剂、秸秆混合,同时调节水分、碳氮比等指标,发酵过程中不断进行翻堆,从而促使其腐熟。堆肥工艺流程见图 2-5-6。

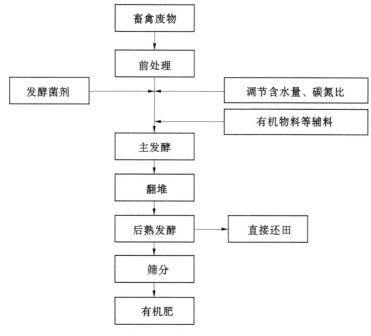

图 2-5-6　堆肥工艺流程

3)工艺类型与适用性

堆肥发酵工艺包括多种类型,常用的有自然堆肥、条垛式主动供氧堆肥、机械翻堆堆肥、转筒式堆肥等。

自然堆肥是指在自然条件下将粪便拌匀摊晒,降低物料含水率,同时在好氧菌的作用下进行发酵腐熟。该技术投资小、易操作、成本低,但处理规模小、占地大、干燥时间长,易受天气影响,且堆肥时产生臭味、渗滤液等环境污染。该技术适用于有条件的小型养殖场。

条垛式主动供氧堆肥是将混合堆肥物料成条垛式堆放,通过人工或机械设备对物料进行不定期的翻堆,通过翻堆实现供氧。为加快发酵速度,可在垛底设置穿孔通风管,利用鼓风机进行强制通风。条垛的高度、宽度和形状取决于物料的性质与翻堆设备的类型。该技术成本低,但占地面积较大,处理时间长,易受天气的影响,易对大气及地表水造成污染。该技术适用于中小型畜禽养殖场。

机械翻堆堆肥是利用搅拌机或人工翻堆机对肥堆进行通风排湿,使粪污均匀接触空气,粪便利用好氧菌进行发酵,并使堆肥物料迅速分解,防止产生臭气。该技术操作简单,生产环境较好,但一次性投资较大,运行费用较高。该技术适用于大中型养殖场。

转筒式堆肥是指在可控的旋转速度下,物料从上部投加,从下部排出,物料不断滚动从而形成好氧的环境来完成堆肥。该技术自动化程度较高,生产环境较好,但一次性投资较大,运行费用较高。适用于中小型养殖场。

第二节　水环境治理技术

一、内源污染治理

(一)环保疏浚工程

环保疏浚指采取工程措施对水体中的污染底泥进行疏挖,以减少底泥中污染物向水体释放,为水生态系统的恢复创造条件,是一种重污染底泥的异位修复技术。

污染底泥的环保疏浚应坚持局部重点区域重点疏浚的原则;以污染底泥有效去除和水质改善为工程直接目的,以疏浚后促进生态修复为间接目的。在设计环保疏浚方案时,应同时考虑与其他相关工程措施的协调与配合,综合设计,分步实施。环保疏浚与安全处理处置并重,避免重疏挖、轻处理处置。同时,综合考虑工程效益与投资。

环保疏浚工程设计的技术路线见图 2-5-7。

环保疏浚关键技术主要包括疏浚技术和污染淤泥处理技术两大方面。

1. 清淤疏浚技术

1) 清淤疏浚总体要求

目前,清淤方法主要有直接挖运法、动态清淤法和静态清淤法,其中直接挖运法有排干直接挖运法、抓斗船开挖法,动态清淤法有绞吸式挖泥船、射流式开挖船和潜水式开挖船等开挖方法,静态清淤法有气力泵系统船开挖方法等(赵建峰,2019)。

在设计清淤方案时,既要考虑工程实施中技术上的可行性,又要满足环境保护要求,在工程实施过程中不造成二次污染。一般需要考虑以下几方面的因素:

(1)为保证水质,在清淤施工中应尽量减少对水体的扰动,尽量不使淤泥因扰动扩散污染水体。

(2)为防止漏挖、欠挖,避免遗留淤泥对水体造成影响,要求环保清淤船应配有精确的定位系统(如 GPS)和精确的深度控制系统(如回声测深仪)。

(3)环保清淤设备必须具备全封闭远距离管道输送能力,确保泥浆环保、安全、高效地输送到指定区域。

(4)清淤船舶如果需通过陆路车运调遣进场,选择的清淤船舶的船体必须可以分体、拆卸、拼装。

2) 常见清淤方式

(1)抓斗挖泥船清理。

抓斗挖泥船是内河、湖泊等疏浚工程常用的一种船舶。抓斗挖泥船上设有可旋转的吊机,吊杆顶装有两个滑轮,控制抓斗开、闭的两根钢缆分别通过此两滑轮与绞车连接。抓斗在悬吊时开斗缆受力,抓斗张开,然后同时放松开斗缆和闭斗缆,依靠抓斗的自重下落至泥面并切入泥土中,此时收紧闭斗缆,使抓斗闭合并挖取泥土,继续绞进闭斗缆,将抓斗起吊出水面,旋转吊机,使抓斗处于泥驳或卸泥区上,收紧开斗缆,放松闭合缆,抓斗自动开启卸泥。

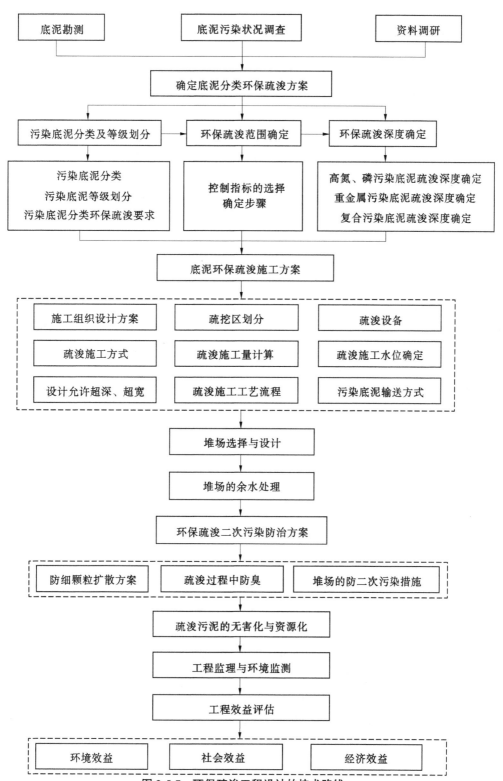

图 2-5-7 环保疏浚工程设计的技术路线

　　抓斗挖泥船适应范围广,适合于淤泥、黏土、松散的砂质土等地质条件施工。其优点是施工设备简单,易于操作,挖深大,可同时多区域施工,施工进度较容易满足。存在以下问题:抓斗施工过程中,扰动库底污染淤泥,会加大污染物质的水溶性浓度;抓斗提升过程中,会有部分污染淤泥流失,散落于水中,影响施工区域水体的水质;施工超挖量较大,清理底部平整度差。

　　(2)绞吸式挖泥船清理。

　　普通绞吸式挖泥船:绞吸式挖泥船是内河、湖泊、港口等疏浚工程常用的一种船舶。它是利用装在船前的桥梁前缘的绞刀,将河床泥沙进行切割和搅动,通过船上离心泵产生的吸入真空,使泥浆沿着吸泥管进入泥泵吸入端,再经泥浆泵离心力将泥浆压入排出端,沿着排泥管送到指定的卸泥区。它的挖泥、运泥、卸泥工作过程可以一次连续完成,是一种高效率、运行低成本的施工设备。

　　绞吸式挖泥船清理方案的优点是可连续施工,生产率高,清挖平整好,其施工对水库的水质影响小。缺点是需要在陆地上有较大的卸泥场,进行沉泥、排水处理。

　　环保绞吸式挖泥船:环保绞吸式挖泥船是集开挖和输送为一体的清淤设备,主要是依靠挖泥船上安装的离心式泥泵的作用在其吸入管中产生一定的真空度,将绞刀挖掘所得的淤泥由吸泥口吸入、提升,再经泥泵加压,然后通过泵后的排泥管输出。与一般的绞吸式挖泥船相比,它以机械动力的方式来切削水下淤泥,使更多淤泥随水流经吸入口吸入,从而增加了泥浆浓度,提高了生产效率,施工时泥浆浓度最高可达55%。

　　环保绞吸式挖泥船的关键设备是专用环保绞刀头,与常规绞刀的构造迥然不同,是目前环保清淤领域最先进的装置。以 IHC 海狸 4010 挖泥船(见图 2-5-8)为例(倪福生,2004),该环保绞刀装配有导泥挡板、绞刀密封罩、绞刀水平调节器等,无论清淤深度如何变化,通过绞刀水平调节器,使绞刀始终保持水平状态,绞刀外罩底边紧贴泥面,将绞刀扰动范围控制在密封罩内,确保绞刀挖掘范围内的淤泥被泥泵充分吸入,既防止因绞刀扰动造成污染泥微粒向罩外水体扩散造成二次污染,又有助于提高挖掘泥浆浓度。此外,环保绞刀还能有效地控制开挖泥层厚度以适应薄层污染泥的疏挖,挖掘精度比常规绞刀提高50%。同时,该船具备全封闭远距离管道输送能力和分体陆路调遣的特点。

图 2-5-8　海狸 4010 型环保绞吸式挖泥船

（3）气力泵船清理。

气力泵船是由我国20世纪90年代引进国外的劲马泵发展起来的一种环保疏浚船，最大清淤深度大于20 m，最大排泥距离可达2 500 m（刘厚恕，1998）。船尾设有起吊架，用于升降气动泵，配一部升降绞车，在船前部配2台拖泵绞车，保证气动泵平稳移动。其关键部分为气动泵，由3个装有排泥管、空气管和泥管的泵筒组成。3个泵筒分列在等边三角形的顶点上；每个泵筒的进泥管、排泥管和空气管中分别装有进泥阀、排泥阀和空气阀等部件，可确保泵体正常工作。每个泵筒工作原理是：首先关闭排泥阀和进泥管阀，打开空气管阀进行排真空，使泵筒产生一定真空度，利用泵筒内外压差打开排泥管阀吸入流态的被疏浚物。待泵筒装满疏浚物后，关闭进泥管阀，打开排泥管阀，并从空气管压入空气，利用压缩空气把泵筒内的流态被疏浚物从排口排出泵外，并通过排泥管送到目的地。对单泵，其工作是由一吸一排两个动作交替进行的。对两个以上的泵组合的泵组来说，其一吸一排是分别连续进行的（有一些脉动），其工作原理不是靠常规泵的转率，而是靠高速旋转产生的离心力进行吸排工作，因此其排泥的浓度可大大提高（可达45%～90%），减轻存泥区及脱水的污染，可满足环保疏浚要求。

气力泵船适合淤泥松散的砂质土等地质条件的水库、水源地清淤，其优点是清淤排泥浓度高，对底部扰动小，对存泥区的脱水二次污染影响较小。

气力泵系统主要组成部分为泵体、空压机及分配器（见图2-5-9），组成较为简单，无大型机械动力。泵体由3个分别设有吸、排口及各种阀件组成，由空气软管与船上分配相连，采用压缩空气为动力，利用活塞作用原理，依次启闭阀件，连续吸泥、排泥，该系统船只采用拼装浮箱式船体，各组成部分拆装灵活，可分散运输至施工地点拼装成型，不受水路运输限制。

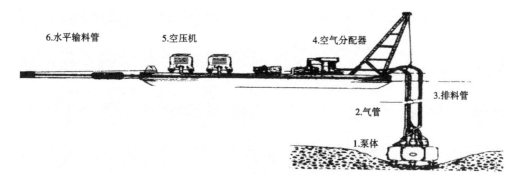

图2-5-9　气力泵抽排系统简图

2.污染淤泥处理技术

1）自然脱水法

由于淤泥的高含水率，为了使其转化为良好的工程材料，降低淤泥含水率是最为直接的方法。通常情况下，自然晾晒是最简单的方法，国内有许多清淤工程就采用堆泥场自然干化的方法，如杭州西湖、无锡五里湖的底泥疏浚工程。这种方法一般要设置堆场，占用大量的土地或鱼塘。淤泥干化需要较长的时间，且易受天气的影响，一般实施较为困难。

堆场晾晒是最简单、运行费用最低的淤泥脱水方法,但该方法需占用大量土地,其中的污染物可能渗入地表土层,会在雨水的冲刷下进入地表水系统或影响地下水,引起二次污染的问题。

2)传统机械脱水法

机械脱水,即采用离心脱水机或压滤机进行脱水的方法。机械脱水法尤其对高含水率的淤泥比较有效。但机械脱水具有脱水地点固定的缺点,且一次性投资较高;另外,经过脱水处理后的淤泥有时仍需进行二次处理才能满足工程的要求。

机械脱水设备主要是将泥浆里的颗粒表面毛细水和重力水分离开来。用于清淤工程泥浆脱水的脱水设备主要有以下4种(许春莲等,2016):

(1)沉降式离心机。如图2-5-10所示,在一个旋转的圆筒形容器中,泥浆中固体颗粒将受到比重力大很多倍的离心力作用,使得比液体密度大的固体颗粒沿半径向旋转的四壁移动沉积,如四壁是开孔的或是可渗透的,液体穿过沉积的固体颗粒和四壁而排出,从而达到固液分离的目的。

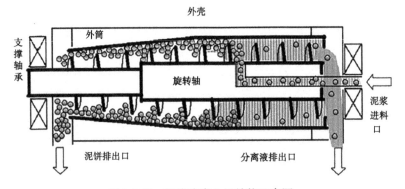

图 2-5-10　沉降式离心机结构示意图

(2)水中造粒机。如图2-5-11所示,泥浆和药剂混合后形成疏散絮体,在造粒机和重力作用下,让其沿曲面滚动、碰撞、移位、产生剪切力,受到各种不均匀的作用,迫使水分从疏散的絮体中分离出来,使絮凝物如滚雪球一样,逐渐加大,成为密实体,形成年轮结构,从而完成泥水分离。淤泥经脱水以后含水率在 0.7~0.8 wL。

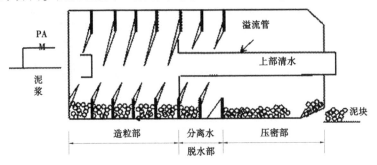

图 2-5-11　水中造粒机的内部结构示意图

（3）螺杆式压滤机。如图 2-5-12 所示，泥浆和药剂混合后形成疏散絮体，将其送入料斗后受到螺旋叶片的推送而向滤渣出口移动。由于螺杆外径越向出口越大，所以它同带孔圆筒之间的间隙越来越小。这样，泥浆在逐渐增大的压榨力下脱水，其中水分从筒体的滤网孔流出，而泥渣则从卸料口排出。淤泥经脱水以后含水率在 0.6~0.8 wL。

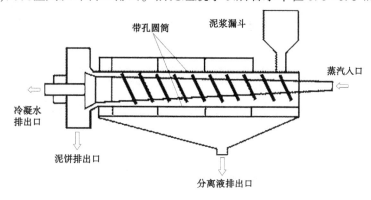

图 2-5-12　螺杆式压滤机的结构示意图

（4）带式压滤机。如图 2-5-13 所示，利用滤布的张力和压力，在滤布上对添加过药剂的淤泥施加压力使其脱水。淤泥经脱水以后含水率在 1.0 wL 左右。

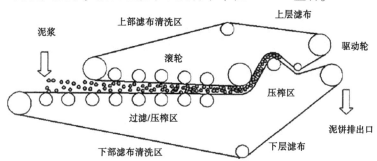

图 2-5-13　带式压滤机的结构示意图

机械脱水是一种简单方便的淤泥脱水技术，被广泛地应用在市政工程、工业废水处理等领域。但是机械脱水能耗高，运行管理相对复杂，且淤泥处理量相对于管袋技术和堆场自然排水技术来说比较小，适用于淤泥处理量小的工程。

3）真空预压法

真空预压法是在软黏土中设置竖向塑料排水带或砂井，上铺砂层，再覆盖薄膜封闭，抽气使膜内排水带、砂层等处于部分真空状态，排除土中的水分，增加地基的有效应力，该法是在负超静水压下排水固结，亦称为负压固结。当抽真空时，先后在地表砂垫层及竖向排水通道内逐步形成负压，使土体内部与排水通道、垫层之间形成压差。在此压差作用下，土体中的孔隙水不断由排水通道排出，从而使土体固结。

采用真空排水固结类方法处理淤泥的关键问题是保证排水系统的有效性，这样才能有效地降低淤泥中的水分，加速固结。国内很多工程都采用真空排水固结类方法，但由于淤泥的黏粒含量一般较高，进行常规真空排水时，排水通道很快会被淤堵，导致淤泥排水效果很差(陆志浩等,2014)。真空排水法适用于有机质含量低、含砂量较大、持水性差的淤泥脱水。

4)化学固化法

化学固化处理是近年来淤泥在工业处理上普遍重视和使用较多的一种方法。它是指用物理-化学方法将淤泥颗粒胶结、掺和并包裹在密实的惰性基材中,形成整体性较好的固化体的一种过程。其中固化所用的惰性材料叫固化剂,淤泥经过固化处理所形成的固化产物为固化体。

通常固化剂可以同时实现淤泥的稳定化,即将有毒有害污染物转变为低溶解性、低迁移性及低毒性的物质。通过一系列复杂的物理化学反应(如水化反应),将有毒有害的物质固定在固化形成的网链(晶格)中,使其转化成类似土壤或胶结强度很大的固体,可就地填埋或用作建筑材料等。固化处理技术既可用作特殊工业淤泥,如含重金属淤泥、含油淤泥、电镀淤泥、印染淤泥等危险废物的固化处理,也可用于城市污水处理厂产生的普通淤泥和河道清淤底泥的固化处理。

目前,有关淤泥的固化处理主要集中在固化材料的选择和固化处理后淤泥的强度、变形等力学特性的研究(王锌鑫等,2022;汪吉青,2021;魏雁冰等,2021;张沈裔等,2020),尤其关注淤泥固化处理后的早期强度,即采用一种强胶结材料,使固化处理后的淤泥可以一次胶结成型,并具有较高的强度,使固化处理后的淤泥作为建筑材料使用,达到资源再利用的目的;但淤泥化学固化技术成本较高,若采用临时堆填后再固化的技术路线,淤泥处置的环境经济效益较差。

5)生物修复法

淤泥生物修复可分为原位生物修复、异位生物修复以及联合生物修复。原位生物修复,是指在基本不破坏水体底泥自然环境的条件下,对受污染的环境对象不作搬运或运输,而在原场所进行修复。原位生物修复又分为原位工程修复和原位自然修复。在原位工程修复中经常通过加入微生物生长所需营养来提高生物活性,或添加实验室培养的具有特殊亲和性的微生物来加快环境修复;原位自然修复是利用底泥环境中原有微生物,在自然条件下进行生物修复。

原位生物修复成本低廉但修复效果差,适合于大面积、低污染负荷底泥的生物修复。异位生物修复是指将受污染的底泥搬运到其他场所再进行集中的生物修复,主要应用于底泥的处理。这种修复效果好,但成本高昂,适合于小面积、高负荷污染底泥的修复。

6)机械脱水固结一体化法

机械脱水固结一体化法是一套完整的清淤-脱水工艺,通过移动式脱水站与淤泥接驳管直接相连,可以在一套脱水站中完成淤泥输送与干泥输出。移动式脱水站由砂水分离设备、垃圾分拣设备、淤泥脱水设备、加药设备、泥水处理设备及干淤泥输送设备等组成,均采用可移动平台结构。绞吸船把吸入的淤泥经管道压入岸上移动式脱水站的淤泥脱水设备,分离出来的砂石、垃圾以及经脱水后的干泥由皮带输送机输送至运泥车,由运泥车将脱水后的干泥运往指定地点进行后续处理。淤泥脱水过程中分离出来的水经处理达到排放标准加以回收利用。

常见的淤泥处理方法以及板框压力机的脱水机械对工程施工的占地面积要求大,一般都属于间歇式工作模式或者需要长时间搅拌和晾晒,且臭气难以控制;工作效能低,对周边环境影响大,易引起居民的投诉等。一体化法的成套设备占地面积小,连续作业效能高,无须长时间搅拌和晾晒,固化稳定性良好,臭气挥发小。设备维护简易,工艺成熟,易于控制。脱水后的泥饼,由于稳定性良好,强度和防渗性能良好,可有多种再利用的处置方法,如园林土利用、回填土利用、路基填土利用、再生燃料利用、卫生填埋后再开挖的利用等。

机械脱水固结一体化法,可实现不同的处置要求,连续生产,节省大量的场地需求,功耗低,加药量少,运输成本低,是一套完整优异的河道清淤技术。

7)土工管袋法

土工管袋是一种由聚丙烯纱线编织而成的具有过滤结构的管状土工袋,其直径可根据需要变化(1~10 m),长度最大可达到200 m,具有很高的强度、过滤性能和长期抗紫外线性能。土工管袋脱水步骤分为3个阶段,分别是充填、脱水、固结阶段。

充填:把淤泥或淤泥充填到土工管袋中,为加速脱水,必要时投加絮凝剂促进固体颗粒固结。

脱水:清洁的水流从土工管袋中排出,其脱水原理主要是土工管袋材质所具有的过滤结构和袋内液体压力两个动力因素,同时还可以添加脱水药剂促进脱水速率。经脱水后,超过99%的固体颗粒被存留在土工管袋中;渗出水可以进行收集并再次在系统中循环利用。

固结:存留在管袋中的固体颗粒填满后,可以把土工管袋及其填充物抛弃到垃圾填埋场或者将固结物移走,并在适当的情况下进行再利用。

土工管袋作为一种高效的淤泥脱水具有良好的应用前景。该技术脱水效率高、操作简单,特别是便于运输组装。其在水体淤泥污染原位环境修复方面,如河道淤泥与湖泊污染淤泥的现场处理,具有巨大的优势。该技术经济效益、环境效益较好。在目前我国愈来愈重视环保问题的背景下,土工管袋在环境保护中将会发挥重要的作用。

(二)围网养殖污染治理工程

一般养殖户在选择养殖基地时事先都对养殖水域的水质进行考察,网箱养殖水域的水质起初都是比较好的,但随着时间的推移,发现原本水质比较好的水体已被严重污染了。网箱养殖由于其特殊的生态环境,其水污染也有其自身特点,主要表现在污染源广、持续性强、危害严重、控制困难。网箱养殖对底部沉积物最明显的影响在于有机物的积累及底质向缺氧状态转变。水产养殖尤其是网箱养鱼污染对周围水体的影响较大,水平方向将影响300~500 m;在垂直方向,越是深水处、接近底泥的部位,因沉于底泥的残饵、鱼类粪便的二次污染致使水体污染浓度越大。

对于围网养殖污染严重的水域,实施围网养殖清理工程,逐步拆除围网养殖;实施池塘循环水养殖技术示范工程,对现有养殖池塘进行合理布局,构建养殖池塘-湿地系统,实现养殖小区内水的循环利用。

(三)航运污染治理

航运污染是指船舶在运输过程中产生的污染,主要污染物有含油污水、生活污水、船舶垃圾等三类。对于航运污染严重水域,实施船舶防污,建设和完善船舶污染物岸上接收设施,建立和完善船舶污染应急基地,码头应急配备。

岸上污水接收设施可以是连接接收池及连接市政管网的污水管,也可以是接收池及污水处理站。垃圾接收设施主要是临时储存场,性质差异较大的垃圾需分开储存。

(四)垃圾及植物清理

对于水面经常性的漂浮垃圾以及生态景观营造过程中产生的植物废弃物,一般需要设置专门的打捞、堆放及运输填埋机构,配备打捞设施,选择合适的位置建造临时堆放场地等,性质差异较大的垃圾需分开储存。

二、水体自净能力提升

(一)生物浮岛工程

1.工程原理

生态浮岛技术就是人工把水生植物或改良驯化的陆生植物移栽到水面浮岛上,植物在浮岛上生长,通过根系吸收水体中的氮、磷等营养物质,从而达到净化水质的目的。片状微生物床系统,可为水体中的微生物提供良好的附着载体,使微生物得以在上面生长繁殖并形成生物膜,微生物的数量增加,从而使人工浮岛对有机物的降解得到强化。通过浮岛上种植植物、浮岛下悬挂微生物床的组合,大大增加了生物量,提高了去污能力。

2.工程适用条件

生态浮岛技术是基于自然水体表层生态系统的修复与构建,主要去除氮、磷等污染物,属内源污染控制及生态系统改善工程。主要适用于湖、库型水域和流速较缓慢的河流、排水渠等。

在生物浮岛技术应用中,应该根据不同水体、不同季节来选择不同的植物,一般控制浮床的覆盖率在30%左右会达到最佳效果(刘伟等,2022)。一般情况下对总氮的净化能力为 $25 \sim 75$ g/($m^2 \cdot a$),对总磷的净化能力为 $5 \sim 10$ g/($m^2 \cdot a$),对 COD 的净化能力为 $15 \sim 25$ g/($m^2 \cdot a$)。

3.规模选取

生态浮岛的规模需根据水面面积、污染负荷削减量、覆盖率及水体生态系统的改善等综合考虑,单位为 m^2。在本次规划阶段,可用水体年污染物负荷削减量除以生态浮岛与片状微生物床的净化能力得到初步规模,然后适当考虑水面面积确定,生态浮岛的面积一般不超过水面面积的30%。

4.载体构建

一个完整的浮岛主要包括浮岛载体、浮岛固定装置和浮岛植物三部分。浮岛工程设计需确定浮岛载体、植物及固定方式。

1)浮岛载体选择

浮岛载体作为植株的承载物,是浮岛技术的主要部件,应尽量满足稳定性、耐久性、环保性、经济性、环境的协调性、结构的简易性等条件。根据国内外浮岛载体的发展来看,目前适用的浮岛载体主要有三类：第一类是植物根茎载体，第二类是有机高分子载体，第三类是无机载体。

2）浮岛固定方式

人工浮岛的固定既要保证浮岛不被风浪冲散，还要保证在水位剧烈变动的情况下，能够缓冲浮岛和浮岛之间的相互碰撞。

5.植物选择

浮岛植物选择是浮岛技术中至关重要的一个环节。作为浮岛技术的核心，浮岛植物必须适应当地的气候环境，能在水环境中健康成长，耐受病虫害，并较少依赖人工维护。浮岛植物的选择应该遵循以下几个原则：抗逆性强、净化效率高、生物量大、生长周期长、景观效果好、维护方便，有一定经济价值。

6.填料的选择

片状微生物床是利用人工材料和人工技术模拟水体自然生态环境的水体修复技术（见图 2-5-14），常用于湖水和河水的水质净化，可与人工浮岛技术结合使用。其净化的关键即是挂于床体下方的填料，借助填料超强的吸附能力和对浮游生物提供栖息场所与天然食物的优势，重建湖库生态体系，使湖库恢复较强的自净功能，从而达到净化水体的效果。

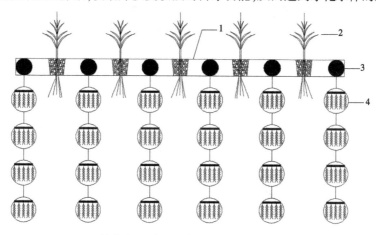

1—浮岛框架；2—挺水植物；3—浮体；4—弹性填料。

图 2-5-14 浮岛及片状微生物床系统示意图

7.浮岛的构建

在浮床上部的种植篮或网格中种植不同植物，以陶粒、砾石等填料或网格固定，通过植物本身和花期颜色调整形成多彩的廊道，以美化环境，植株种植密度为 9 株/m²，种植间距为 0.3 m。在浮床下部下挂弹性填料，下端坠以重物，防治漂浮打结。将浮岛设置成不同的形状（圆形、椭圆形、多边形等）、大小和色彩供人观赏。人工浮岛实景如图 2-5-15 所示。

（二）跌水复氧

1.技术原理

污染严重的河道水体由于耗氧量大于水体的自然复氧量，溶解氧很低，甚至处于缺氧或厌氧状态，向处于缺氧或厌氧状态的河道进行人工充氧的过程称为河道曝气复氧，用以

图 2-5-15　人工浮岛实景

增强河道的自净能力,改善水质,工程实例如图 2-5-16 所示。

图 2-5-16　跌水复氧工程应用实例

跌水复氧深度进化排污口水质的原理是水体中的溶解氧与黑臭物质(如 H_2S、FeS) 等还原性物质发生了氧化还原反应,且具有反应速度快的特点。由于黑臭物质的耗氧量是化学耗氧量的一部分,这部分物质的去除亦可降低水体的化学耗氧量。因此,向处于缺氧(或厌氧)状态的河流中进行曝气复氧可以补充河流中过量消耗的溶解氧,增强水体的自净能力,有助于加快恢复黑臭状态的河流恢复到正常的水生态系统。跌水复氧即跌水曝气,跌水复氧的基本途径有两条:一是在重力势能的作用下,水滴或水流表面由高处向低处自由下落的过程中充分地与大气接触,部分大气中的氧溶入到水流中,形成溶解氧;二是在水滴或水流以一定的速度进入受水区液面时,会对水体产生扰动,从而产生部分气泡,在其上升到水面的过程中,气泡表面与水体进行充分接触,将部分氧溶入水中形成溶解氧。

河道曝气技术具有占地面积小、设备投资少、运行简单、处理水量大等优点且无二次污染。

2. 工程适用条件

从跌水复氧工程的工作原理可以看出,跌水复氧是通过增加水体中溶解氧的含量的方式增强水体的自净能力,因此适用于溶解氧浓度低的污染水体。目前对定量的净化效果多处于研究阶段,多用于水环境和水生态的改善,在一定程度上可以作为污水二级处理后的再处理,进一步降低污染物浓度,较少直接用于污水处理。

由于跌水复氧工程需要一定的高程差,所以适宜在具有一定坡度的地方,如山地、丘陵地带建造,利用自然地势落差营造跌水条件,或者通过人工的方式增加水头落差,比如在河道或排水渠中建设橡胶坝、混凝土滚水堰等。

3. 工程设计要素

跌水复氧工程的复氧效果主要受跌水流态和跌水高度影响。水幕状态的跌水效果要好于水柱状态的复氧效果。在水幕跌水状态下,复氧效果随着跌水高度的增加而增加,随着跌水深度的增加而减小,随着跌水宽度的增加而增加,随着跌水流量的增加而增加。

(三) 人工曝气

1. 技术原理

河道人工曝气复氧的净化机制是:采用人工的方法向水体中充入空气或纯氧,提高水体中溶解氧的浓度,抑制厌氧菌和藻类的繁殖,去除水体黑臭现象,同时增加好氧菌的繁殖速度,增强水体的自净能力。人工曝气增氧的效果主要取决于氧气的溶解度和溶解速率,溶解度一般处于稳定状况,溶解速率受氧亏、水-气的接触面积和方式及水的运动状况 3 个因素的影响。

2. 人工曝气技术类型

目前人工曝气技术主要有 4 种:鼓风机-微孔布气管曝气系统、叶轮吸气推流式曝气系统、水下射流曝气系统、纯氧增氧系统(龚梦丹等,2020)。

1) 微孔曝气

微孔曝气具有分布均匀、通气量大、充气能力大、微孔不堵塞、使用寿命长、氧利用率高、动力效率高等优点。我国在借鉴国外技术的基础上,自主研发的微孔曝气器充氧效率达 15%~25%,比大中气泡型曝气器节能 50%。研究表明,微孔曝气可获得较高的气含率和气泡停留时间,氧总体积传质系数明显高于传统气泡曝气。衡量鼓风曝气装置性能的指标是氧利用率和动力效率,恰当地选取曝气器的浸没水深和产生的气泡直径,既可使氧利用率高,又可使动力消耗少。曝气池内存在着有效能耗总利用率最高的高效曝气气泡分布段,通过控制曝气系统工况,可实现“低气量、高效能”的优化运行。

由鼓风机和微孔布气管组成的鼓风曝气系统,氧转移速率高,施工精度要求高,维修较困难,受潮汐河流水位影响,占地面积较大,运行噪声较大,投资较大。

2) 叶轮吸气推流式曝气系统

叶轮吸气推流式曝气系统有复叶推流式曝气器与轴向流液下曝气器两种形式,在湖泊和河道的曝气充氧中有着广泛的应用。叶轮吸气推流式曝气方式能有效地改善区域内水体水质,增加溶氧水平,水体透明度和臭味明显改善,COD 显著降低。

叶轮吸气推流式曝气安装方便,受水位影响较小,占地少,维修简单方便,叶轮易被堵塞缠绕,影响航运,可能会形成一些泡沫,影响美观。

3)水下射流曝气

水下射流曝气是通过水泵将水吸入,在水体高速流动条件下经出水管道水射器将空气吸入,气水混合液经水力混合切割后进入水体,形成湍流,从而达到复氧的目的。

射流曝气器混合搅拌作用强,具有较高的充氧能力、氧利用率和氧动力转移效率,构造简单,工作可靠,不易堵塞,易维修管理。

4)纯氧曝气

纯氧曝气法是在传统活性污泥法的基础上发展起来的,其机制与空气曝气基本相同,不同点在于纯氧是向水中充入纯氧,复氧效率高于空气曝气;纯氧曝气包括纯氧-微孔管曝气系统和纯氧-混流增氧系统两种形式。

纯氧曝气的氧转移效率高,占地面积小,系统运行可靠,无噪声,安装方便,不易堵塞。

第三篇　典型案例篇

第一章　东江生态廊道保护与修复

第一节　东江概况

一、地理位置

东江是珠江流域的三大水系之一,流域面积 35 340 km²。东江发源于江西寻乌县的桠髻钵,上游称寻乌水,自东北向西南流入广东省境内,至龙川县五合汇入定南水后,始称东江,流经龙川、河源、紫金、博罗、惠阳至东莞石龙镇分南、北两条水道注入狮子洋。东江主河道长 115.4 km,主河道纵比降 6.24‰,流域平均坡度 0.31 m/km²,流域平均高程 461 m。

东江流域(石龙以上)面积 27 040 km²,覆盖江西、广东两省,分别占流域总面积的12.9% 和 87.1%,涉及江西省的赣州和广东省的河源、惠州、东莞、深圳、韶关(仅有少部分)、梅州(仅有少部分)7 个地市,其中东莞、惠州为国家水生态文明试点城市。东江流域行政区划情况见表 3-1-1。东江流域范围见图 3-1-1。

表 3-1-1　东江流域行政区划范围情况

行政分区		国土面积/km²	其中:东江流域面积/km²	东江流域占总面积比例/%	各市东江流域面积比例/%
江西	赣州	39 290	3 500	8.9	12.9
广东	小计	65 683	23 540	35.8	87.1
	河源	15 642	13 646	87.2	50.5
	惠州	11 356	7 061	62.2	26.1
	东莞	2 472	679	27.5	2.5
	韶关	18 385	1 232	6.7	4.6
	深圳	1 953	650	33.3	2.4
	梅州	15 875	272	1.7	1.0
合计		104 973	27 040	25.8	100

二、地形地貌

东江流域地势东北部高、西南部低。高程 50 ～500 m 的丘陵及低山区约占 78.1%,高程 50 m 以下的平原地区约占 14.4%,高程 500 m 以上的山区约占 7.5%。

东江流域的区域地质,上中游以下古生界地层较发育,上中生界地层及中、新界地层分布较少。古生界地层多变质岩或轻度变质,主要有长石石英砂岩、粉砂岩、片岩、页岩等。石灰岩多见于和平、连平、新丰、龙门等地,即新丰江上游及干流两岸地区。中生界侏罗系中下统地层分布于干流及秋香江,为砾岩及砂页岩。上统地层在惠州以南及西枝江一带,从西到东广泛分布,为火山岩系的英安斑岩、安山玢岩、凝灰岩等。新生代第三系红色砂岩层分布于龙川、河源、惠州等地,多呈盆地沉积,丘陵地貌。燕山期花岗岩在流域的分布除佛岗—河源岩体作东西展布外,散布各处,但与断裂构造仍有密切关系。

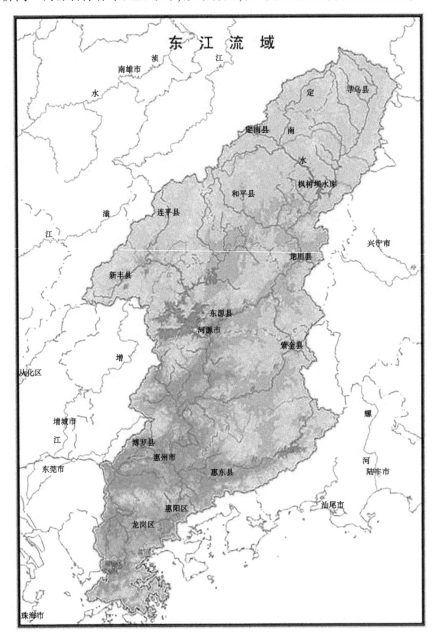

图 3-1-1　东江流域范围

东江的主要断裂构造带属华夏、新华夏系,走向北东、北北东。河源断裂带属压扭性,纵贯东江干流河源以上河段并延长至江西省南部。它控制着第三系地层的分布、部分花岗岩的侵入和东江某些河段的发育。

东江流域内共发育 5 列大致平行的东北—西南向山脉,地形特征呈现"五山夹四盆"的格局。

东江源区属多山地区。位于武夷山南端余脉与南岭东端余脉交错地带,属亚热带南缘,是一个以山地、丘陵为主的地区,地貌可概称"八山半水一分田,半分道路与庄园"。

(1)山地:指海拔 500 m 以上的低山、中山等,大多由变质岩、花岗岩组成,分布在各县的边缘。山势陡峭,河谷深切,分化壳薄,植被较完好,典型的如安远三百山区。

(2)丘陵:指海拔 200~500 m 的低丘、高丘,主要由变质岩、花岗岩组成,并经过长期的风化侵蚀。变质岩形成的丘陵坡度大、河谷深;花岗岩形成的丘陵风化壳很发育,地表物质疏松。

(3)盆地:山地、丘陵之间分布有许多山间盆地、谷地、隘口,大多为农田及城镇。

三、气象气候

东江流域属亚热带气候,表现为高温、多雨、湿润、日照长、霜期短、四季气候差异显著。各种气象因素以地理位置和地形地貌影响,北部山区和东南沿海差异较大。流域内降水以南北暖气团交汇的锋面雨为主,多发生在 4—6 月,其次是热带气旋雨,多发生在7—9 月,年内降水分配不均,其中 4—9 月降水量占全年的 80% 以上,面上分布是西南多、东北少,年降水量在 1 500~2 200 mm,平均为 1 753 mm,中下游比上游多,年际变化较大,各测站最大年和最小年降雨量比值为 2.45~3.59。多年平均水面蒸发量在 900~1 200 mm。

流域内气温较高,年平均气温 20~22 ℃,年中最高温为 7 月,平均气温 28~31 ℃,极端最高气温达 39.6 ℃(龙川站,1980 年 7 月);最冷为 1 月,平均气温 11~15 ℃,极端最低气温-5.4 ℃(连平县,1955 年 1 月 22 日),由于受海洋性气候影响,年气温变化不大,但区域性气温变化仍较大,东北部山区冬季或有冰雪。

流域内多年平均风速 2.4 m/s,1 月最大,8 月最小,历史上最大风速为 27 m/s(1979年 8 月 2 日),全年最多风向是东北偏北。

四、河流水系

东江发源于江西省寻乌县桠髻钵,上游称寻乌水,南流入广东境内,至龙川合河坝汇安远水(又名定南水)后称东江。东江流经龙川、东源、源城、紫金、惠阳、惠城、博罗至东莞市的石龙,石龙以下习惯称东江三角洲,分南、北两支,南支称东莞水道,北支为东江北干流,再分成河网注入狮子洋,最后经虎门出海。东江干流由东北向西南流,河道长度至石龙为 520 km,至狮子洋为 562 km。石龙以上河道平均比降为 0.39‰。

东江支流众多,其中流域面积 50 km² 及以上的河流共计 162 条,50~200 km² 的河流127 条,200~3 000 km² 的河流 32 条,3 000 km² 及以上的河流 3 条。直接汇入东江干流的一级支流共计 48 条,其中流域面积大于 3 000 km² 的一级支流有新丰江、西枝江 2 条,流域面积分别为 5 817 km²、4 156 km²,流域面积在 200~3 000 km² 的一级支流 13 条,50~200 km² 的一级支流 33 条。东江流域河流水系情况见图 3-1-2。

图 3-1-2　东江流域水系

五、水利工程

东江流域多年平均径流量 326.6 亿 m³，流域内有 3 座控制性大型水库，分别为位于支流新丰江的新丰江水库、位于贝岭水和寻乌水汇合口下游枫树坝水库和位于支流西枝江的白盆珠水库，三大水库总的兴利库容为 82.3 亿 m³，控制面积 11 736 km²，占石龙以上流域面积的 42.8%。石龙以上东江流域,河道平均坡降 0.39‰。主要支流自上而下有安远水、浰江、新丰江、船塘河、秋香江、公庄河、西枝江、淡水河和石马河等。流域内提水、引水工程 2 万余处,东江干流枫树坝以下共布置 14 个梯级,分别为河源市的龙潭、稔坑、罗营口、苏雷坝、枕头寨、蓝口、白坭塘、黄田、木京、横圳(风光)、沥口(观音阁)电站和惠州市的下矶角(福园)、博罗(剑潭)电站及东莞市的石龙电站。其中,已经建设完成的有枕头寨、木京;正在建设中的有蓝口、黄田、横圳(风光)、博罗(剑潭)四宗。东江流域基本情况见表 3-1-2。

表 3-1-2　东江流域基本情况汇总

项目	广州	东莞	深圳	惠州	河源	韶关	合计
一级支流/条	1	1		10	14		26
大型水库/个				3	2		5
中型水库/个	6	8	4	19	12	1	50
大型水闸/个		4		1			5
1 万亩以上堤防/条	4	2		17			23
取水口/个	11	369	20	235	622		1 257
排污口/个		6		13			19
梯级电站/个		1		2	11		14
河沙可采量/万 m³				230.7			230.7

注:河沙开采量为 2007 年可采量。

六、土壤植被

东江流域内主要发生在花岗岩母质的低山丘陵区,与侵蚀发生体的透水性、抗冲抗蚀性及与此有关的颗粒组成、孔隙状况和土体构型有关。流域内地形地貌复杂,保留了许多相对完好的南亚热带季风常绿阔叶林生态系统,植物种类丰富。盛产稻谷、甘蔗、花生、荔枝等。

七、矿产资源

东江流域范围内主要有铅、锌、钨、锡、铁、煤炭及稀土类矿等矿产资源。东江源头区域范围内主要有钨和稀土类矿等矿产资源。寻乌县矿产资源丰富,已发现的矿种有钨、锡、钼、铜、铅、锌、稀土、铌钽、铁、钴、金、花岗岩石材、磷、石膏、黏土、水晶、铀、矿泉水等30 余种,其中稀土为优势矿种。稀土主要分布于寻乌县的河岭、南桥、三标等矿区。河岭矿区平均品位为 0.159%,探明储量 23.94 万 t,保有储量约 11 万 t;南桥矿区品位 0.149% ~ 0.189%,探明储量 10.9 万 t,保有储量约 6 万 t;三标团石寨矿区品位 0.102%,探明储量 0.73 万 t;澄江族亨矿区品位 0.110%,储量 2.75 万 t;项山矿区探明储量 1.02 万 t。

安远县金属矿主要有钨矿、铅锌矿、稀土、硫铁矿、铁矿、铂钯矿、铜矿、金银矿、砂金矿、钽铌矿、钼矿、锰矿、钴矿,非金属矿主要有石灰岩、钾长石、花岗石、油页岩、膨润土、煤、水晶、云母、萤石、磷矿、高岭土。

定南县矿产资源丰富,有钨、钛、稀土、砂金、石墨、花岗石等,岿美山钨矿在境内。定南的稀土品种多、品位高,有钨、稀土、钛铁、磷片石墨、花岗岩、膨润土等 20 多种矿藏。

第二节　东江特点

一、流域特点

东江为珠江流域的三大水系之一,发源于江西省寻乌县桠髻钵山,源区包括寻乌、安远、定南三县,上游称寻乌水,在广东省的龙川县合河坝与安远水汇合后称东江。自东北向西南流入广东省境,经龙川、河源、紫金、惠阳、博罗、东莞等县(市)注入狮子洋。

东江干流全长 562 km,其中在江西省境内长 127 km,广东省境内长 435 km,平均坡降为 0.35‰,石龙以上干流长 520 km,广东省境内长 393 km。流域总面积 35 340 km²,其中广东省境内 31 840 km²,占流域总面积的 90%;石龙以上流域总面积 27 024 km²,广东省境内 23 540 km²。东江主要支流有贝岭水、利江、新丰江、秋香江、公庄水、西枝江、石马河、曾田河等,东江干流水质尚属良好,流域内的西枝江、淡水河等部分支流和三角洲区域水质则相对较差。

东江直接肩负着河源、惠州、东莞、广州、深圳以及香港近 4 000 万人的生产、生活、生态用水。东江流域 5 市人口约占广东省总人口的五成,GDP 约 2 万亿元,占全省 GDP 总量的七成,在全省政治、社会、经济中具有举足轻重的地位。东江流域是一个关联度高、整体性强的区域,东江水资源已成为香港和东江流域地区的政治之水、生命之水、经济之水。

(一)上游

寻乌水为东江上游段,源出江西,自东北向西南流,自源头至龙川合河坝汇贝岭水后称东江,全长 127 km,河道平均坡降 2.21‰,其主要支流有马蹄河、龙图河、岑峰河、神光河,全河段处于山丘地带,河床陡峻,水浅河窄。贝岭水又叫定南水,发源于寻乌县境西北大湖崇山峻岭间,主河长 93 km。集水面积 2 364 km²(境内 751 km²),干流全长 140 km(境内 64 km),平均坡降 1.98‰。上游山高、坡陡、植被好、洪患少、水力资源丰富。1974年已在两河汇合后的东江干流上建成枫树坝水库。

(二)中游

龙川合河坝至博罗县观音阁为东江中游段,全长 232 km,河道平均坡降 0.31‰。龙川以下,山势逐渐开展,观音阁附近,东江右岸出现平原,左岸仍为丘陵区。中游段集水面积大于 1 000 km² 的主要支流有浰江、新丰江、秋香江。

浰江发源于和平县杨梅嶂,流经该县浰源、热水、合水、林寨、东水等地,在东水街汇入东江,全流域集水面积 1 677 km²,河长 100 km,坡降 2.2‰。因受构造运动影响,水系呈方格状分布,切割强烈,水流湍急。流域内森林资源丰富,是广东省林业发展的重点地区之一。

新丰江为东江第一大支流,发源于新丰县"云髻山亚婆石",流经新丰、连平、和平、河源四县,在河源市区汇入东江。全流域集水面积 5 813 km²,超过 100 km² 的各级支流 24条。主流河长 163 km,坡降 1.29‰,落差大,水力资源丰富。1960 年在河源市区西北部建成以发电为主,结合防洪、航运等综合利用的新丰江水库。

秋香江发源于紫金县的黎头寨,主流东北—西南向,于紫金江口汇入东江,河长 144km,平均坡降 1.11‰。全流域集水面积为 1 669 km²,其中 95.9% 在紫金县,惠阳、惠东县仅占少数。流域内水土流失较严重,每遇山洪暴发,大量泥沙流入河床,使之不断淤涨。

(三)下游

观音阁至东莞市石龙镇为东江下游段,全长150 km,河道平均坡降0.173‰。观音阁以下,东江河宽大增,河中沙洲多,但河岸仍然稳定。中游段集水面积大于1 000 km² 的主要支流为西枝江。

西枝江为东江第二大支流,发源于紫金县竹坳,主流流经惠东县的高潭、多祝、平山和惠阳区的平潭、马安,于惠州市东新桥汇入东江,主流河长176 km,坡降0.6‰,全流域集水面积4 120 km²。西枝江是惠东县主要河流,也是历史上洪、旱灾害严重的河流。1985年白盆珠水库投入运行后,对下游防洪、灌溉、发电、航运发挥了重要作用。

二、存在问题

(1)实现全年水量调度,水文情势发生改变。

2008年8月颁布实施了《广东省东江流域水资源分配方案》(下称《分水方案》),目前已逐步实现水资源"汛蓄枯放"全年水量调度,在汛期雨量充沛时多蓄存洪水资源,在枯水期来水减少时通过控制新丰江、枫树坝和白盆珠水库三大水库的出库流量,确保东江博罗站日均流量按《分水方案》要求不小于320 m³/s 来满足东江下游生产、生活、生态用水之需。水量调度使得流量年内分配发生明显变化,流速、水位、泥沙量发生改变,从而导致河流栖息地也发生变化。如果流量变化处于鱼类繁殖与植被生长的重要时期,会对鱼类及两岸廊道植被产生影响。

(2)干流梯级较多,纵向连通被阻断。

随着东江梯级工程的建成,东江干流枯水流量有了显著提高和保障,人工化河道也改善了原本较为落后的航运条件,使得东江流域进入了后黄金水道的繁荣期。但同时,梯级水库工程对东江河流的连续性和贯通性也产生破坏。历史上东江盛产洄游性、半洄游性鱼类,每年4—6月,鲥鱼、花鰶等都溯河洄游至新丰江形成渔汛。但20世纪60年代以后,东江下游8个河口中有5个陆续修建了防咸潮水闸,干流和支流也兴建了新丰江水库等水利工程,自2003年东江干流水电梯级开始大规模开发建设后,如枫树坝以下江段完成建设的水电站就有11个之多。各类水利工程从根本上改变了生物长期适应的自然水文节律,阻碍了鱼类等的洄游和繁殖,一定程度上破坏了洪泛区原有的湿地生态系统,也使得东江干流的纵向连通性受到一定损害。

岸线是河流水系生态廊道的重要组成部分,是水生生态系统和陆地生态系统、自然生态系统和人文生态系统相互作用、相互影响的脆弱敏感地带。维护岸线地区原有的生态系统,对保持城市生物多样性具有重大意义。但由于过度的水消耗、污染物的大量排放、硬质化的护岸,造成水面枯竭、水质恶化、动植物栖息地丧失、岸线生态功能逐渐消失,影响了生物基因的交流。

(3)人类活动加剧,生态廊道被破坏。

由于当时绿地的刚性保护未受到足够重视,导致生态廊道不断受到蚕食,建设用地呈现出从中心向外围急剧扩张的态势。尤其是在中心城区外围,包括城乡接合部的城市郊区和村镇地区,因土地供应失控、村镇建设管理失控以及房地产商投机圈地等影响,导致了生态系统以及生态廊道景观破碎化,不能发挥其生境功能及通道功能等生态功能,一方面不符合当今绿色发展的理念,不能实现"经济服务生态,生态贡献经济"的良性循环;另一方面不利于野生动物的迁移,不能有效保护生物多样性。

三、廊道特征

(一)南方河流特点较为典型

东江是珠江的三大水系之一,干流全长562 km,流域面积大,流域南临南海并毗邻香港,西南部紧靠华南最大的经济中心广州市,流域中下游大部分为粤港澳大湾区经济较发达区域,如广州、深圳、东莞、惠州等。东江干、支流上游山区河流,由于河窄坡陡,洪水暴涨暴落,水位变化较大;干流中下游,由于河宽坡缓,水位变化较小,为典型的南方河流。东江上游稀土等矿藏资源丰富,社会经济发展中产生的生态危害和水资源影响比较显著,而下游主要是水污染、供水、水资源调配等方面的问题。随着下游用水户对水质、水量的保障要求越来越高,对东江生态环境的要求也日益增高。东江河流水系廊道作为东江生态环境的重要组成部分,具有保护生物多样性、过滤污染物、防止水土流失、防风固沙等生态服务功能,迫切需要对其开展研究。

(二)地位重要

东江流域是广东省境内比较完整的流域,多年平均径流量326.6亿 m³,是广东省内河源、惠州、东莞、深圳、广州等地市的主要供水水源。同时,东江还担负着向香港特别行政区供水的重要任务,总供水人口接近4 000万人,是广东省重要的"政治水、经济水、生命水",其水质好坏关系到区域可持续发展,受水地区是中国经济发展的重要区域之一,且是打造粤港澳大湾区核心城市、实现率先振兴和同步现代化的重要支撑,在我国生态安全战略格局中有着非常重要的地位,对其开展研究意义重大。

(三)工作基础深厚

东江流域是一个关联度高、整体性强的区域,一直以来都是国内研究机构关注的重点。国家层面,如国务院参事室、国家发展改革委、生态环境部、水利部等单位,均先后对东江流域进行过调查及研究;在省、市层面,江西省、广东省相关部门及香港特区政府有关部门也先后就东江的水质、水量问题进行过接洽和协商,由此积累了良好的工作基础。

第三节　东江生态廊道空间划分

东江流域地势东北部高、西南部低,上中游主要为山区丘陵河谷区,出沙岭峡谷后,进入平原堤围区,在石龙以下是三角洲河网地带,考虑到河网区水系及周边环境复杂,本书生态廊道范围划定暂不考虑石龙以下河网地区。东江是广东省和江西省重要的饮用水水源,依据东江流域地形地貌特征、区域主体功能区规划成果、河流水系情况、水资源及开发利用情况、水环境与水生态状况等基本情况,以及各区域经济社会发展状况,将东江划分为上、中、下游三个河段单元进行生态廊道划定。河流廊道的功能主要有水源涵养、防污功能、防洪功能、景观文化载体功能、生物多样性及特殊空间保护等。东江流域生态廊道的范围划分成果如下(见图3-1-3、表3-1-3)。

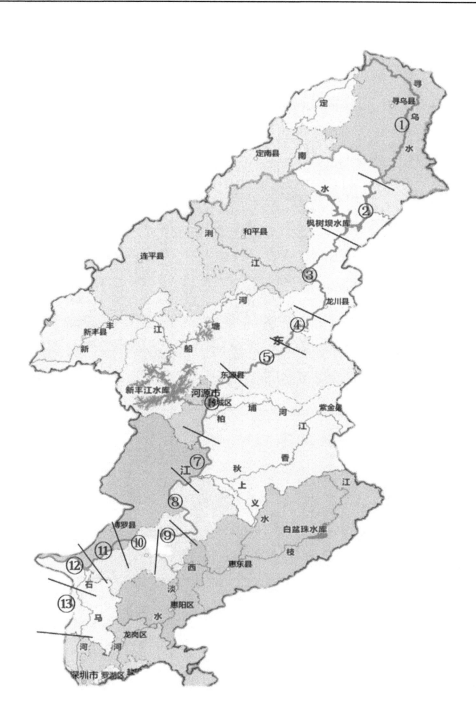

图 3-1-3 东江生态廊道划分示意图

表 3-1-3 东江生态廊道划分

东江	序号	河段名称	河长/km	土地类型	生态廊道范围划分方法
上游	①	源头—龙川县界	110	耕地、林地、矿区	取水源涵养、生物多样性、水土保持等功能所需生态廊道宽度的外包值
	②	龙川县界—枫树坝水库	28	未利用地、林地、草地、天然水域	取水库水源涵养和自然保护区特殊空间保护等功能所需生态廊道宽度的外包值
	③	枫树坝水库—龙川县城段	54	未利用地、林地、草地、天然水域	取水源涵养、生物多样性等功能所需生态廊道宽度的外包值。遇饮用水水源保护区的陆域界线
	④	龙川县城—东源蓝口段	36	耕地、乡村乡镇区	取生物多样性、水土保持功能、防洪功能等功能所需生态廊道宽度的外包值
中游	⑤	东源蓝口—仙塘段	32	未利用地、林地、草地、天然水域	取生物多样性水源涵养等功能所需生态廊道宽度的外包值。遇饮用水水源保护区的陆域界线
	⑥	东源仙塘—紫金段	40	城镇聚落、都市建设用地	取城市河流防洪、防污、景观、文化载体、生物多样性和自然保护等功能所需生态廊道宽度的外包值
	⑦	紫金—观音阁段	32	耕地、乡村乡镇区	取生物多样性、水土保持功能、防洪功能、防污功能等功能所需生态廊道宽度的外包值
下游	⑧	观音阁—独洲洲头段	68	耕地、养殖用地、经济林地、乡村乡镇区段	取水土保持、防洪、生物多样性等功能所需河滨带宽度的外包值。遇饮用水水源保护区的陆域界线
	⑨	独洲洲头—惠州市建业大道段	12	城镇聚落、都市建设用地	取防洪、景观、文化载体功能所需河滨带宽度的外包值。遇饮用水水源保护区的陆域界线
	⑩	惠州市建业大道—宋屋洲洲头段	37	耕地、养殖用地、林地、乡村乡镇区段	取水土保持、景观、生物多样性等功能所需河滨带宽度的外包值。遇饮用水水源保护区的陆域界线
	⑪	宋屋洲洲头—石龙段	33	城镇聚落、都市建设用地	取防洪、景观、文化载体功能所需河滨带宽度的外包值。遇饮用水水源保护区的陆域界线
	⑫	东莞石龙—东江北干流河口段	42	城镇聚落、都市建设用地	取防洪、景观、文化载体功能所需河滨带宽度的外包值。遇饮用水水源保护区的陆域界线
	⑬	东莞石龙—东江南支流河口段	40	城镇聚落、都市建设用地	取防洪、景观、文化载体功能所需河滨带宽度的外包值。遇饮用水水源保护区的陆域界线

一、东江上游段生态廊道范围划定

东江上游段指枫树坝水库以上,河长 138 km,流经江西省安远县、定南县、寻乌县以及河源市龙川县。

(一)东江源头水源涵养区段

东江源头区段位于江西省赣州市,流经安远、定南和寻乌三县的 26 个乡(镇),长约 110 km。东江源头区地形主要为山区丘陵河谷区,人口较少,人口密度小,城镇化率低,经济发展以农业和矿业为主,产业主要为采矿及加工、畜禽养殖及果业种植。在《江西省主体功能区规划》中该区域定位为限制开发的国家重点生态功能区,在《江西省生态功能区划》中归属为东江源水源涵养与水质保护生态功能区,已被批准为国家级生态功能保护区试点。因此,在生态廊道划定时,建议取水源涵养、生物多样性、水土保持等功能所需生态廊道宽度的外包值。

(二)东江上游水源保护区段

东江上游水源保护区段指赣州市寻乌县与河源市龙川县县界至枫树坝水库,长约 28 km,枫树坝水库(省控重点湖库)水质历年均达到国家《地表水环境质量标准》(GB 3838—2002)Ⅰ类标准。水库水体富营养化程度属贫营养,为河源市重要的饮用水水源地,且作为省级自然保护区,面积为 15 806.5 hm²。因此,在生态廊道划定时,建议取水库水源涵养和自然保护区特殊空间保护等功能所需生态廊道宽度的外包值。

二、东江中游段生态廊道范围划定

东江中游段指枫树坝水库至博罗县观音阁,河长 232 km,流经河源市龙川县、和平县、东源县、源城区、紫金县,惠州市博罗县观音阁镇。其中在河源境内长约 193.6 km。

(一)东江中游枫树坝水库—龙川县城段

新丰江是东江的第一大支流,上游的新丰江水库是重要的饮用水水源地。东江和新丰江水质的好坏影响到粤港澳大湾区诸多城市的供水安全,其中龙川县、和平县是东江以及新丰江水库的重要水源涵养区。

枫树坝水库至龙川县县城河段长约 54 km,主要土地类型为未利用地、林地、草地、天然水域,生态性好,该段有枫树坝自然保护区,有大面积的水源涵养林,以维护水源补给区良好的水循环条件与功能,提升水环境质量,提高供水安全保障程度。因此,在生态廊道划定时,建议取水源涵养、生物多样性等功能所需生态廊道宽度的外包值。遇饮用水水源保护区的河段,还应外包二级饮用水水源保护区的陆域边界线。

(二)东江中游龙川县城—东源蓝口段

东江龙川县城至东源县蓝口镇河段长约 36 km,主要土地类型为耕地、乡村乡镇区,该域内部分土壤为花岗岩风化土,因流域内降水充沛、雨量集中,且多出现暴雨,在紫金县、和平县易产生崩岗形式的水土流失,同时境内东江面临防洪防污压力。因此,在生态廊道划定时,建议取生物多样性、水土保持功能、防洪功能、防污功能等功能所需生态廊道宽度的外包值。

(三) 东江中游东源蓝口—仙塘段

东江东源县蓝口镇至东源县仙塘镇段长约 32 km,主要土地类型为未利用地、林地、草地、天然水域,总体生态性好。因此,在生态廊道划定时,建议取生物多样性和水源涵养等功能所需生态廊道宽度的外包值。遇饮用水水源保护区的河段,还应外包二级饮用水水源保护区的陆域边界线。

(四) 东江中游东源仙塘—紫金段

东江中游东源仙塘镇至紫金县县界段长约 40 km,主要土地类型为城镇聚落、都市建设用地,开发强度较大,生态胁迫强度强,该段右岸流域范围内有东江国家湿地公园,为河道自然形成的湿地生态系统;还有新丰江自然保护区,保护区内部两栖爬行动物资源丰富,其中国家 I 级重点保护两栖类有鼋、蟒蛇、圆鼻巨蜥,国家 II 级重点保护动物 2 种,为虎纹蛙、三线闭壳龟(金钱龟);此外,还有胜斑、鳗鱼、光倒刺鲃、斑点叉尾鮰、加州鲈、罗氏沼虾、淡水白鲳、甲鱼、胡子鲶、湘云鲫、虹鳟鱼、鲟鱼、巴西鲷、中华绒毛蟹等一大批名优特品种。

因此,在生态廊道划定时,建议取城市河流防洪功能、防污功能、景观和文化载体功能、生物多样性和自然保护区保护等功能所需生态廊道宽度的外包值。

(五) 东江中游紫金—观音阁段

东江紫金县至博罗县观音阁镇段长约 32 km,该段主要土地类型为耕地、乡村乡镇区。因此,在生态廊道划定时,建议取生物多样性、水土保持功能、防洪功能、防污功能等功能所需生态廊道宽度的外包值。

三、东江下游段生态廊道范围划定

东江下游从博罗县观音阁至东莞市石龙为东江下游段,穿越东莞市及惠州市建成区,河长 150 km,河道平均坡降 0.173‰。处于平原区,河宽增大,流速减慢,河道中多沙洲,每经一次洪水,沙洲位置即发生变化,设有堤围,河岸较稳定。

(一) 观音阁—独洲洲头段

观音阁—独洲洲头段河道长约 68 km,两侧山体、农田、村镇间隔分布,以耕地、养殖用地、经济林地、乡村乡镇区段为主要土地利用类型,生态胁迫程度较强。因此,在生态廊道划定时,建议取水土保持功能、防污功能、生物多样性功能等所需河滨带宽度的外包值。

(二) 独洲洲头—惠州市建业大道段

独洲洲头—惠州市建业大道段穿越惠州主城区,长约 12 km,河道两侧建有堤防,有较大支流西枝江汇入。堤防外以城镇聚落、都市建设用地为主要土地利用类型,生态胁迫程度强。因此,在生态廊道划定时,建议取防洪功能、景观、文化载体功能等功能所需河滨带宽度的外包值。遇饮用水水源保护区的河段,还应外包二级饮用水水源保护区的陆域边界线。

(三)惠州市建业大道—宋屋洲洲头段

惠州市建业大道—宋屋洲洲头段长约 37 km,河道两侧山体、农田、村镇间隔分布,部分河段有堤防,此段末端有东深供水太原泵站取水口。河道两侧以耕地、养殖用地、经济林地、乡村乡镇区段为主要土地利用类型,生态胁迫程度较强。因此,在生态廊道划定时,建议取水土保持、防污功能、生物多样性等功能所需河滨带宽度的外包值。在饮用水水源保护区段,还应外包二级饮用水水源保护区的陆域边界线。

(四)宋屋洲洲头—东莞石龙段

宋屋洲洲头—东莞石龙段穿越东莞市部分镇街建成区,长约 33 km。河道两侧建有堤防,有较大支流石马河汇入,有自来水厂取水口分布。堤防外以城镇聚落、都市建设用地为主要土地利用类型,生态胁迫程度强。因此,在生态廊道划定时,建议取防洪功能、景观、文化载体功能等功能所需河滨带宽度的外包值。遇饮用水水源保护区的河段,还应外包二级饮用水水源保护区的陆域边界线。

(五)东莞石龙—东江北干流河口段

东莞石龙—东江北干流河口段穿越东莞市部分镇街建成区,长约 42 km,为广州和东莞的界河。河道两侧建有堤防,有自来水厂取水口分布,在上游来水较少时会受到咸潮影响。堤防外以城镇聚落、都市建设用地为主要土地利用类型,生态胁迫程度强。因此,在生态廊道划定时,建议取防洪功能、景观、文化载体功能等功能所需河滨带宽度的外包值。遇饮用水水源保护区的河段,还应外包二级饮用水水源保护区的陆域边界线。

(六)东莞石龙—东江南支流河口段

东莞石龙—东江南支流河口段穿越东莞市部分镇街建成区,长约 40 km。河道两侧建有堤防,有自来水厂取水口分布,在上游来水较少时会受到咸潮影响。堤防外以城镇聚落、都市建设用地为主要土地利用类型,生态胁迫程度强。因此,在生态廊道划定时,建议取防洪功能、景观、文化载体功能等功能所需河滨带宽度的外包值。遇饮用水水源保护区的河段,还应外包二级饮用水水源保护区的陆域边界线。

第四节 东江生态廊道保护与修复目标

一、东江生态廊道评价

参照第一篇"基本理论篇"第五章第三节中关于河流生态廊道功能完整性评价指标选取原则,并结合东江生态廊道空间划分成果,合理选取东江生态廊道功能完整性评价指标,其中栖息地功能和通道功能选择相应河段适宜的评价指标。根据河流生态廊道功能完整性评价方法对河流廊道功能行综合评价,反映河流生态廊道功能完整性的总体状况。评价指标选取及评价结果见表 3-1-4。

二、东江生态廊道保护与修复目标

总体上,东江流域从上游到下游开发强度逐渐增强,生态廊道功能完整性也呈现逐渐变

表 3-1-4 东江河流生态廊道功能评价结果分析

河流	序号	河段名称	河长/km	一级功能分类	二级功能分类	评价指标	评价结果
东江上游	①	源头—龙川县界	110	生态服务功能	栖息地功能	河床底质构成指数、河岸带宽度、岸线植被覆盖度、河道蜿蜒度、河岸稳定性、流量过程变异程度、生态流量满足程度、水质状况指数	功能优异
	②	龙川县界—枫树坝水库	28	生态服务功能	栖息地功能	河床底质构成指数、河岸带宽度、岸线植被覆盖度、河道蜿蜒度、河岸稳定性、流量过程变异程度、生态流量满足程度、水质状况指数	功能优异
	③	枫树坝水库—龙川县城段	54	生态服务功能	栖息地功能	河床底质构成指数、河岸带宽度、岸线植被覆盖度、河道蜿蜒度、河岸稳定性、流量过程变异程度、生态流量满足程度、水质状况指数	功能优异
东江中游	④	龙川县城—东源蓝口段	36	生态服务功能、社会服务功能	通道功能、自净功能、防洪功能	河流纵向连通指数、横向连通性、被连续性、水体自净能力、防洪达标率	功能良好
	⑤	东源蓝口—仙塘段	32	生态服务功能	栖息地功能	河床底质构成指数、河岸带宽度、岸线植被覆盖度、河道蜿蜒度、河岸稳定性、流量过程变异程度、生态流量满足程度、水质状况指数	功能优异
	⑥	东源仙塘—紫金段	40	生态服务功能、社会服务功能	防洪功能、自净功能、景观文化载体功能、通道功能	河流纵向连通指数、岸线植被被连续性指数、景观达标率、水景观建设率、景观障碍点密度	功能良好
	⑦	紫金—观音阁段	32	生态服务功能、社会服务功能	栖息地功能、防洪功能、通道功能	河床底质构成指数、河岸带宽度、岸线植被覆盖度、河道蜿蜒度、河岸稳定性、流量过程变异程度、生态流量满足程度、水质状况指数、河流纵向连通指数、横向连通性指数、岸线植被被连续性、防洪达标率	功能优异

续表 3-1-4

河流	序号	河段名称	河长/km	一级功能分类	二级功能分类	评价指标	评价结果
东江下游	⑧	观音阁—独洲洲头段	68	生态服务功能、社会服务功能	防洪功能、通道功能	河流纵向连通指数、横向连通性指数、岸线植被连续性、防洪达标率	功能一般
	⑨	独洲洲头—惠州市建业大道段	12	生态服务功能、社会服务功能	防洪功能、供水功能、景观文化载体功能、通道功能	河流纵向连通指数、横向连通性指数、防洪达标率、水景观建设率、景观障碍点密度、供水水量保证程度、集中式饮用水水源地水质达标率	功能损害
	⑩	惠州市建业大道—宋屋洲洲头段	37	生态服务功能、社会服务功能	防洪功能、通道功能	河流纵向连通指数、横向连通性指数、岸线植被连续性、防洪达标率	功能一般
	⑪	宋屋洲洲头—石龙段	33	生态服务功能、社会服务功能	防洪功能、供水功能、景观文化载体功能、通道功能	河流纵向连通指数、横向连通性指数、防洪达标率、水景观建设率、景观障碍点密度、供水水量保证程度、集中式饮用水水源地水质达标率	功能损害
	⑫	东莞石龙—东江北干流河口段	42	生态服务功能、社会服务功能	防洪功能、供水功能、景观文化载体功能、通道功能	河流纵向连通指数、横向连通性指数、防洪达标率、水景观建设率、景观障碍点密度、供水水量保证程度、集中式饮用水水源地水质达标率	功能损害
	⑬	东莞石龙—东江南支流河口段	40	生态服务功能、社会服务功能	防洪功能、供水功能、景观文化载体功能、通道功能	河流纵向连通指数、横向连通性指数、防洪达标率、水景观建设率、景观障碍点密度、供水水量保证程度、集中式饮用水水源地水质达标率	功能损害

差的趋势。因此,需要通过东江湖滨生态廊道的保护与修复,构筑起一道天然屏障,对人为干扰与自然扰动进行双重隔离。从上中下游的生态廊道保护与修复也应各有侧重,其中,上游生态廊道保护与修复重在水源涵养,实现拦蓄降水、调节径流、净化水质等功能;中游生态廊道保护与修复重在拦截低污染废水,削减水体污染负荷量,通过退房退田还湖还湿地、湖滨带生态修复与湿地建设等措施,有效控制面源污染负荷,恢复河流生态系统,构建由乔、灌、草、挺水、沉水植物等组成的湖滨植物群落带,形成自然和谐的东江滨岸带;下游生态廊道保护与修复重在控源截污,有效改善水质,构建生态隔离带,提供水生动植物生长条件,营造良好的繁育场所,恢复湖滨岸线生物多样性,逐步形成生态系统的良性循环。

因此,确定东江生态廊道保护与修复的总体目标为:打造出一条自然保育、生态平衡、发展持续的蓝绿融合新水轴,既能实现纵横沟通生态生物体系之间的交流,通过系统有机串联,也能结合沿线的秀美风光、风土人情、民族文化等生态要素,丰富旅游资源,提升文化内涵,创造魅力品质,促进城市多元协调发展,同时也提高地方人民幸福生活指数,为实现美丽乡村、特色城市战略奠定基础。

第五节　东江生态廊道保护与修复

东江流域上中游的赣州、河源、韶关、梅州等地经济发展较为平稳,传统农业以种植业为主,流域内以农业面源污染为主;下游的惠州、深圳、东莞等地以门类比较齐全的轻型工业生产为主,流域内以生活和工业污染为主。其中东江流域部分区域水土流失较严重,主要分布在上中游江西赣州的寻乌县、定南县,广东河源市的龙川、和平、紫金、东源、连平以及惠州市的惠东。

根据东江河道生态环境存在的问题,以保护河流生态系统为出发点,在保障水安全的前提下,按照生态系统的整体性、系统性、功能性及内在规律,对现状良好的河流廊道进行保护,对生态受损的河流廊道进行修复。具体对策措施如下(见表3-1-5):

(1)东江源头水源涵养区段、东江上游水源保护区段以及东江中游枫树坝—龙川县城段、东江中游东源蓝口—仙塘段,主要为山区丘陵河谷区,人口较少,人口密度小,城镇化率低,经济发展以农业为主,产业主要为畜禽养殖及果业种植。针对以上类型河段,流域水源涵养、面源污染治理技术、河道栖息地改善、河流蜿蜒性保护与修复技术可适用。其中上游源头水源涵养区段内约10 km河段有采矿集中区,存在水土流失问题,针对该段,水土保持措施可适用。

东江上中游水源涵养类型河段的污染源主要是农业面源污染,流域面源污染治理技术主要通过流域内实施畜禽养殖、水产养殖、农田、地表径流等综合防控工程,包括建设生态沟渠、坡改梯、横坡垄作、人工湿地、氧化塘、种养一体化技术等农田生态工程,降低农业面源污染负荷,保护东江水质。河道栖息地改善技术主要通过调节水流及其与河床或岸坡岩土体的相互作用而在河道内形成多样性地貌和水流条件,增强鱼类和其他水生生物栖息地功能,促使生物群落多样性的提高。河流蜿蜒性保护与修复技术主要通过平面形态设计、断面设计保护和恢复东江自然的河流形态。水土保持措施通过实施谷坊和拦沙坝等工程措施和封山育林、营造水源涵养林和水土保持林、退耕还林和农业耕作模式改造等措施恢复植被,综合治理部分矿迹地,减少人类开发活动对水土的破坏,实现对地表径流的拦截和非点源污染的有效控制。

(2)东江中游龙川县城—东源蓝口段、东江中游紫金—观音阁段,以耕地、乡村乡镇居住区为主,流域水土流失较严重,同时境内东江面临防洪防污压力。生态保护和修复措施主要包括流域点源污染治理技术、面源污染治理技术、岸坡保护与修复技术,河漫滩与河滨缓冲带修复技术、水土保持技术。

其中点源污染治理技术主要是通过排污口规范化建设、生态净化工程、截污导流工程等控源截污措施减少东江水体外源污染物的输入。

岸坡保护与修复技术主要是通过岸坡生态化改造技术,修复水陆生态系统的过渡带,维护各类生物适宜栖息和生态景观完整性的功能。

河漫滩与河滨缓冲带修复技术主要是通过加强岸线管理和划定水域岸线保护红线,重塑河流断面结构,梳理滩区地貌结构,重建河滨带植被,重建河漫滩栖息地和河滨缓冲带。

(3)东江中游东源仙塘—紫金段以城镇聚落、都市建设用地为主,开发强度较大,该段内有新丰江水源保护区、东江国家湿地公园、新丰江自然保护区。生态保护和修复措施主要包括流域点源防污技术、河道内栖息地改善技术、岸坡保护与修复技术、河流廊道连通性改善技术、河漫滩和河滨缓冲带修复技术以及流域生态调度等技术。

(4)东江下游观音阁—独洲洲头段存在的主要生态环境问题是农业面源污染,主要包括农田径流、农村生活污水、农村生活垃圾等;另外,局部水域岸线存在侵占问题。生态修复措施主要包括农田径流污染控制工程、农村生活污水控制工程、河道栖息地改善、河漫滩与河滨带生态保护与修复、水土保持等。

(5)东江下游独洲洲头—惠州市建业大道段存在的主要生态环境问题是城镇排污口水质污染、雨季支流水质污染等。生态修复措施主要包括排污口规范化建设、支流水环境综合整治、现有堤防生态化改造等。

(6)东江下游惠州市建业大道—宋屋洲洲头段存在的主要生态环境问题是农业面源污染,主要包括农田径流、农村生活污水、农村生活垃圾等;另外,局部水域岸线存在侵占问题。生态修复措施主要包括水源地安全保障达标建设、农田径流污染控制工程、农村生活污水控制工程、河道栖息地改善、河漫滩与河滨带生态保护与修复、水土保持等。

(7)东江下游宋屋洲洲头—石龙段存在的主要生态环境问题是城镇排污口水质污染、雨季支流水质污染等。生态修复措施主要包括排污口规范化建设、支流水环境综合整治、现有堤防生态化改造等。

表 3-1-5 东江生态廊道保护和修复措施

	序号	河段名称	主导功能	现状态势	河长/km	适用技术	技术类别	说明
东江 上游	①	源头—龙川县界	水源涵养	山区丘陵河谷区,人口密度小,城镇化率低,经济以农业和矿业为主,拦河建筑物较多,被侵占河道长度约2.42 km	110	水土保持治理,封育治理,栖息地保护,水生态廊道修复技术	保护类+修复类	国家级生态功能保护区试点
	②	龙川县界—枫树坝水库	特殊空间保护	水质Ⅰ类标准。水库水体富营养化程度属贫营养,被侵占河道长度约0.65 km	28	水土保持治理,封育治理,栖息地保护	保护类	枫树坝水库省级自然保护区
	③	枫树坝水库—龙川县城段	水源涵养	土地类型主要为未利用地,林地,草地,天然水域,生态性好,有数个拦河建筑物分布,被侵占河道长度约1.52 km	54	水土保持治理,封育治理,栖息地保护,水生态廊道修复技术	保护类	
	④	龙川县城—东源蓝口段	防污功能	主要土地类型为耕地,乡村乡镇区,该域内部分土壤为花岗岩风化土,易产生水土流失,被侵占河道长度约0.15 km	36	水土保持,水污染源防治技术	修复类	
东江 中游	⑤	东源蓝口—仙塘段	水源涵养	主要土地类型为未利用地,林地,草地,天然水域,总体生态性好,被侵占河道长度约0.76 km	32	水土保持治理,封育治理,栖息地保护	保护类	
	⑥	东源仙塘—紫金段	特殊空间保护	主要土地类型为城镇聚落,都市建设用地,开发强度较大,生态胁迫度强,被侵占河道长度约1.33 km	40	水污染源防治技术,水生态廊道修复	保护类+修复类	东江国家湿地公园,新丰江自然保护区
	⑦	紫金—观音阁段	防污功能	该段主要土地类型为耕地,乡村乡镇区,被侵占河道长度约1.55 km	32	水污染源防治技术	修复类	

续表 3-1-5

	序号	河段名称	主导功能	现状态势	河长/km	适用技术	技术类别	说明
东江	⑧	观音阁—独洲洲头段	防污功能	两侧山体、农田、村镇间隔分布，土地利用以耕地、养殖用地、经济林地、乡镇聚集区段为主，被侵占河道长度约1.02 km	68	水污染源防治技术	修复类	
	⑨	独洲洲头—惠州市建业大道段	防洪功能	河道两侧建有堤防，堤防外以城镇聚落、都市建设用地为主要土地利用类型，被侵占河道长度约0.68 km	12	水污染源防治技术、水环境治理技术、水生态廊道修复	修复类	
	⑩	惠州市建业大道—宋屋洲洲头段	特殊空间保护	河道两侧山体、农田、村镇间隔分布，部分河段有堤防。河道两侧土地利用以耕地、养殖用地、经济林地、乡村乡镇为主，被侵占河道长度约0.17 km	37	水污染源防治技术	保护类+修复类	国家重要水源地（东深供水取水口）
下游	⑪	宋屋洲洲头—东莞石龙	防洪功能	河道两侧建有堤防，水厂取水口。堤防外土地利用以城镇、都市建设用地为主，被侵占河道长度约0.1 km	33	水污染源防治技术、水环境治理技术、水生态廊道修复	保护类+修复类	
	⑫	东莞石龙—东江北干流河口段	防洪功能	河道两侧建有堤防，有自来水厂取水口分布，水质常受咸潮和内涌河涌污染影响。被侵占河道长度约0.47 km	42	水污染源防治技术、水环境治理技术、水生态廊道修复、生态需水保障	保护类+修复类	
	⑬	东莞石龙—东江南支流河口段	防洪功能	河道两侧建有堤防，有自来水厂取水口分布，水质常受咸潮和内涌河涌污染影响。被侵占河道长度约0.43 km	40	水污染源防治技术、水环境治理技术、水生态廊道修复、生态需水保障	保护类+修复类	

第二章　贵州猫跳河生态廊道保护与修复

第一节　猫跳河概况

一、地理位置

猫跳河流域呈狭长形展布,位于贵州省中部,东经 105°59′~106°22′、北纬 26°09′~26°56′。东邻清水河,南与珠江流域蒙江为界,西邻乌江上游河段(三岔河),北至乌江中游河段(鸭池河)。猫跳河流域范围涉及贵阳市、安顺市、黔南州及新成立的贵安新区,流域内包括乌当区、白云区、修文县、息烽县、花溪区、清镇市、平坝区、西秀区、长顺县 9 个县(市、区)。

二、地质地貌

猫跳河流域地处黔中丘原地区,呈现出岩溶丘陵、溶蚀盆地、峰丛洼地、宽浅河谷及深切峡谷等类型多样的岩溶地貌景观。猫跳河流域内山地占 27.5%、丘陵占 48%、平坝占 24.5%。地势南高北低,最高点为清镇市站街镇宝塔山,高程 1 763 m,最低点在河口高程 765.4 m。流域内出露地层以二叠系、三叠系、寒武系为主。岩性组合复杂、断层纵横交错、岩溶发育强烈,岩溶面积约占全流域的 84%。流域内喀斯特面积占 82.3%,石漠化面积占 23.5%。流域地震烈度小于 6 度。流域内水土流失面积占全流域面积的 22.2%,流域内林草覆盖率为 20.5%~33.2%。

三、水文气象

猫跳河流域属亚热带季风湿润气候,雨量充沛,气温较高。多年平均气温 14.1 ℃,极端最低气温 -8.6 ℃,极端最高气温 35.5 ℃。年均相对湿度 80%~84%,以河谷最大。年均无霜期 260~275 d,年均日照 1 300~1 350 h。年均风力在 2 级以下。

流域多年平均年降水量 1 206.4 mm,最大年降水量 1 633.2 mm(1977 年红枫水库站),最小年降水量 769.4 mm(1963 年红板桥站)。河源及上游多年平均年降水量 1 300 mm,中下游多年平均年降水量 1 100 mm。5—9 月降水量占全年降水量的 70%~75%。多年平均年水面蒸发量 700~800 mm。汛期暴雨频繁,多出现在 6—7 月。1963 年 7 月 10 日,红枫水库站发生特大暴雨,24 h 雨量 255.4 mm,1991 年 7 月 8 日,上游七眼桥、黄猫村水文站发生特大暴雨,最大 24 h 雨量分别为 228.8 mm、201.6 mm。1991 年 7 月 9 日红枫水库入库洪峰流量 3 160 m³/s。

四、河流水系

猫跳河流域呈狭长形展布,流域总面积 3 246 km²,其中在贵阳市境内面积为 1 672.1 km²。东邻清水河,南与珠江流域蒙江为界,西邻乌江上游河段(三岔河),北至乌江中游河段(鸭池河)。猫跳河流域范围涉及贵阳市、安顺市、黔南州及新成立的贵安新区,流域内包括西秀区、平坝区、观山湖区、白云区、清镇市、修文县 6 个县(市、区)。

猫跳河河源高程(国家 85 高程,下同)1 314.4 m,在修文县六广镇沙坡村三岔河(鸭池河入口处)注入乌江,河口高程 765.4 m。河长 179 km,落差 549 m,平均坡降 3.07‰,河源至红枫水库入口为上游,红枫水库入口至百花水库坝址为中游,以下为下游。干流上分布有红枫湖和百花湖两个大型水库,上游有后六河、麻线河和乐平河 3 条主要支流汇入,贵阳市境内流域面积大于 100 km² 的支流有 4 条(麦架河、修文河、猫洞河和暗流河),最大支流为暗流河。流域内有地下河 23 条。猫跳河流域主要支流特征参数见表 3-2-1。猫跳河流域水系见图 3-2-1。

表 3-2-1　典型河流猫跳河流域主要支流特征值

支流名称	流域面积/km²	河长/km
羊昌河(猫跳河干流上游段)	817	91
暗流河	273	62
修文河	228	37
乐平河	241	62
麻线河	227	52
麦架河	171	23.6
猫洞河	158	25.7
后六河	106	33.0
东门桥河	55.9	11.5
麦西河	44.5	9.5
长冲河	36.1	17.9
麦城河	32.1	10.0

五、水资源特征

猫跳河河口多年平均年径流量 17.85 亿 m³,5—9 月径流量占年径流量的 75%～80%,最大年径流量 25.9 亿 m³(1991 年),最小年径流量 9.8 亿 m³(1981 年)。猫跳河流域多年平均地表水资源量为 17.85 亿 m³,其中地下水资源量 3.85 亿 m³。

猫跳河流域 1958—1979 年建成 6 座梯级电站,位于猫跳河的中游和下游,依次为红枫电站(一级)、百花电站(二级)、修文电站(三级)、窄巷口电站(四级)、红林电站(五级)、红岩电站(六级),后为充分利用落差,在二级和三级之间又兴建了二级半电站(李官电站),共有 7 座梯级电站。7 座电站总装机容量 313 MW,是我国最早完成梯级开发的中型河流之一。其高程及距离见图 3-2-2。

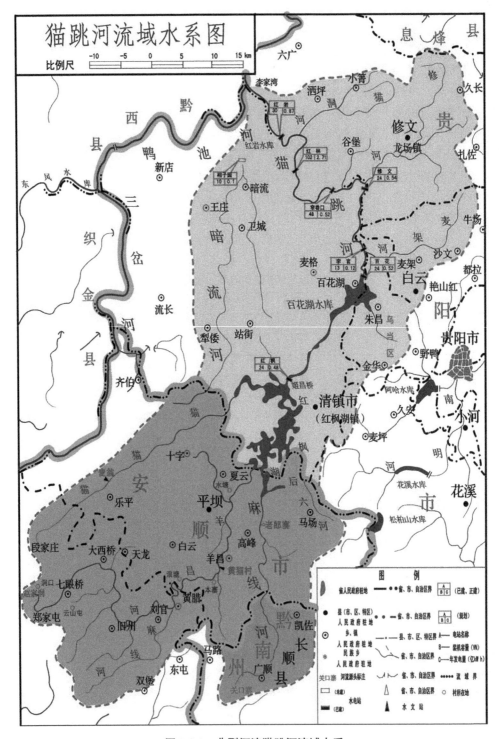

图 3-2-1　典型河流猫跳河流域水系

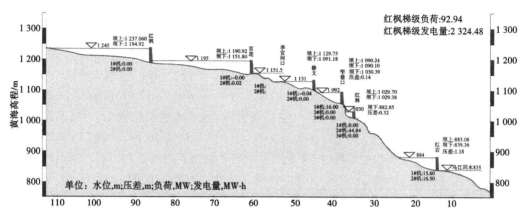

图 3-2-2　猫跳河干流梯级水电站纵剖面示意图

六、水质状况

猫跳河干流、红枫百花湖湖区以及主要支流设有多个水质监测点。根据 2018 年 10 月至 2019 年 8 月为期 4 个季度的水质监测(现状监测)数据,经初步分析可知,监测期间内猫跳河水质状况总体良好。其中,属Ⅰ类水质的断面占比 5%,属Ⅱ类水质的断面占比 32%,属Ⅲ类水质的断面占比 44%,属Ⅳ类水质的断面占比 15%,属Ⅴ类水质的断面占比 1%,属劣Ⅴ类水质的断面占比 3%。

2019 年,猫跳河流域的 4 个县级以上水源地和 5 个国省控断面水质均达标(见表 3-2-2 和表 3-2-3)。

表 3-2-2　2019 年猫跳河流域县级以上水源地水质达标情况

序号	市、县	水源地名称	水源地级别	规定类别	实达类别	是否达标
1	贵阳市	红枫湖	地级	Ⅲ	Ⅱ	是
2	贵阳市	百花湖	地级	Ⅲ	Ⅲ	是
3	修文县	龙场	县级	Ⅲ	Ⅲ	是
4	修文县	岩鹰山水库	县级	Ⅲ	Ⅱ	是

表 3-2-3　2019 年猫跳河流域国省控断面水质达标情况

序号	水体名称	断面名称	规定类别	实达类别	是否达标	断面属性
1	红枫湖	花鱼洞	Ⅲ	Ⅱ	是	国控
2	百花湖	贵铝泵房	Ⅲ	Ⅲ	是	国控
3	猫跳河	龙井	Ⅲ	Ⅱ	是	省控
4	修文河	沙溪村	Ⅲ	Ⅲ	是	省控
5	猫洞河	蜈蚣桥	Ⅲ	Ⅱ	是	省控

七、生物状况

猫跳河流域物种资源丰富,区域范围内有野生动植物近 400 种。其中,野生动物资源为鸟类 112 种,列为国家重点保护野生动物 II 级的 10 种,贵州新记录的 2 种,珍稀种类 1 种;兽类 28 种,列为国家重点保护野生动物 II 级的 8 种;爬行类 17 种,两栖类 11 种,列为国家重点保护野生动物 II 级的 1 种。野生植物资源:陆生维管束植物 152 种,隶属 57 科 91 属,列为国家重点保护野生植物 II 级的 5 种;水生高等植物 56 种,隶属 25 科 40 属,列为国家一级珍稀濒危植物的 1 种,国家重点保护野生植物 II 级的 2 种,贵州特有种 2 种。

目前,猫跳河流域梯级水库有浮游植物约 230 种(含变种和变型),红枫湖、百花湖、修文、红岩以及入乌江口以绿藻居多,窄巷口以硅藻居多,其他水库以绿藻和硅藻居多。红枫湖属于蓝绿藻型水体,百花湖属于蓝绿硅藻型水体,修文、窄巷口、红岩属于绿硅藻型水体。

第二节　猫跳河特点

一、猫跳河

猫跳河源出贵州省安顺市西秀区塔墓山。河源高程 1 314.4 m,在修文县六广镇沙坡村三岔河(鸭池河入口处)注入乌江,河口高程 765.4 m。河长 179 km,落差 549 m,平均坡降 3.07‰,河源至红枫水库入口为上游,红枫水库入口至百花水库坝址为中游,以下为下游。流域面积大于 100 km² 的支流有 6 条,最大支流为暗流河。有地下河 23 条,红枫湖、百花湖 2 座水库。

猫跳河干流的主要情况如下。

(一)上游

河源至平坝农场(红枫水库入口)段(亦称羊昌河),落差 83.4 m,河长 68 km,平均坡降 1.23‰。两岸为浅丘陵、平坝地貌,河谷宽浅、地形舒缓、耕地集中,坝子连片,是贵州主要的农牧业基地之一。河源为岩溶泉水汇流而成。东南流,经洞口水库至郑家屯转向东北流,经七眼桥镇、云山屯国家级"中国历史文化村",至大西桥折南流,于旧州镇转向东,经刘官镇右纳黑秧河折向北,至黄腊、进平坝区境折东流,经路塘至本寨乡折北流,经羊昌河引水工程大坝、黄猫村水文站,至水塘转东北流,右纳麻线河(亦称岩孔河,源于长顺县广顺乡井口寨,河长 52 km,集水面积 227 km²),进入红枫水库。

(二)中游

红枫水库入口至百花水库坝址段河长 50 km,原型河道落差 79.5 m,平均坡降 1.59‰。现为红枫、百花水库区。属中低山、丘陵地貌,多岩溶沟谷、洼地,山间平坝,耕地分布相对集中。猫跳河入红枫水库,复东北流,进清镇市境,右纳后六河(亦称马场河,源于平坝区马场乡哑巴田,河长 33 km,集水面积 106 km²),左纳乐平河(亦称桃花园河,源于西秀区塘官乡段家庄,河长 62 km,集水面积 241 km²)。穿过国家级风景名胜区红枫湖,经姬昌桥进入省级风景区百花湖区,沿清镇、白云边界至百花水电站坝址。

(三) 下游

百花水电站出口至河口,为清镇市与乌江区、白云区、修文县交界河段。河长 61 km,落差 386.1 m,平均坡降 6.33‰,河道窄深、滩多流急,贵阳河流为典型的峡谷河段。傍河村寨,耕地极少,无工矿、城镇分布,主要为自百花水库出口复东北流,至李官水电站,右纳麦架河(亦称李官河,电梯级开发河段,源于修文三元乡,河长 26 km,集水面积 171 km²);经修文三级水电站,至修文河水电站,右纳修文河(亦称蛮子河,源于修文金桥乡,河长 32 km,集水面积 228 km²),折北流,经窄巷口、红林、红岩水电站,左纳暗流河至李家湾汇入乌江。

二、存在问题

(1)人类开发利用影响水文水资源天然情势。

猫跳河流域建有大小水利水电工程 200 多处,基本改变了流域内河道及河水的天然状态,淹没区内的流水生境变成了水库静水环境。坝址下游河段的水情水势也发生了巨大变化,流量因人工调节变得无规律性,大坝泄洪也直接改变下游部分河段水流的流速、流量等。同时,河床及地下水位也发生改变。据水文站的资料推算,40 多年来,猫跳河干流上游河段水量削减率达 24%。局部河段及部分支流的引、提水工程能力已大大超过河流基流量,九溪河段平水期平均流量约 1.7 m³/s,而引、提水工程则需 2 m³/s。干流中下游的水电梯级开发,导致 77 km 的河床水位平均提高 22 m。河流基流量持续时间缩短,暴涨暴落频繁,地下水位下降,泉井干涸。

(2)物理结构改变引起生态破坏。

猫跳河流域山高坡陡,生境脆弱,因喀斯特漏斗、裂隙及地下河网发育,地表径流能较快地汇入地下河系流走,造成石漠化,大面积的地表干旱,对土地生态安全影响较大。修建梯级大大降低河流纵向连通性,阻隔了水生生物特别是鱼类的纵向迁徙,流域陆生生态系统也受到不同程度影响和破坏,水陆过渡带破坏,影响河流横向连通性。经长时间积累,生物生境、种类和数量也发生了改变。同时,因人类干扰活动频繁,河岸带的原有结构也遭受不同程度的破坏,如贵阳市城区、清镇市(县级市)、观山湖区、白云区等城市建成区等段。

(3)生物多样性下降。

猫跳河梯级水库淹没原始林地超过 100 hm²,大量的生境丧失,造成物种数量减少,甚至造成某种植物绝种,使陆地植物的群落结构发生严重改变。原有的亚热带常绿阔叶林目前仅在平坝西北五蟒岭山脉尚有少量残存,现状森林绝大部分为次生林地,但树种单一。同时,富营养化生物也在不断增加,2007—2008 年在猫跳河支流羊昌河流域的水生植物调查表明,喜旱莲子草和满江红大量分布,流域水体在人为活动干扰下已经受到严重污染。此外,随着流域水文条件的改变,生境异质性降低,造成水生动物种类及数量减少,尤其峡谷急流生境的消失,对流域珍稀和特有鱼类更是造成毁灭性影响。20 世纪 60 年代以来,随着河流水文条件的改变、水体遭受污染及掠夺性捕捉(炸、毒),流域内水生鱼类资源惨遭破坏,原有数十种鱼类现所剩无几。现在东门桥河、搓白河、李官河及干流上游的部分河段已无鱼类生存,成了有关工矿和城镇居民的排污河道,水生生物几乎绝迹。

（4）社会服务功能下降。

20 世纪 90 年代后,随着周边城镇建设、厂矿企业、库区养殖业和旅游发展,造成排入两湖的工业和生活污水不断增加,水质逐渐变成劣 V 类。2001 年始,经治理后 V 类和劣 V 类水质的频率有所降低,水质基本稳定在Ⅲ类和 V 类之间,但水质并未根本好转,仍需加强水污染治理工作。此外,猫跳河进行水利工程开发后,红枫湖成为国家级风景名胜区,百花湖为省级风景名胜区,库区景观旅游建设,吸引了大量的游客,增加了当地民众的收入。但由于河水的污染和库区水的富营养化,以及水库职能的转换,近年来红枫湖和百花湖的旅游业受到了重创,呈现衰败景象。库区水质恶化,景观价值溃减,不仅使居住环境质量骤降,生物栖息地遭受破坏,反而制约着当地经济发展。

三、主要特点

猫跳河干流已建成红枫、百花、李官、修文、窄巷口、红林、红岩等 7 座梯级水电站,是我国最早完成梯级开发的中型河流之一。其中红枫、百花水电站建成后形成了红枫湖和百花湖,目前两湖已经成为贵阳市重要的水源地。结合猫跳河流域的自身资源和流域水功能区划,以及周边贵阳市、贵安新区、安顺市的城市发展需求,将猫跳河功能定位为贵阳市和贵安新区的重要水源地;以供水功能为主,兼顾水生生物栖息地、旅游、发电等自然和服务功能。猫跳河后期管理和保护重点是保障猫跳河中重要水源地的水质,提高猫跳河水源地的供水能力,在此基础上保护水生生物栖息地,并构建山青、岸绿、水美的景观生态系统。

(一)上游

河流源头至平坝农场(红枫水库入口)段(亦称羊昌河),落差 83.4 m,河长 68 km,平均坡降 1.23‰。两岸为浅丘陵、平坝地貌,河谷宽浅、地形舒缓,耕地集中、坝子连片,是贵州主要的农牧业基地之一。

(二)中游

红枫水库入口至百花水库坝址段河长 50 km,原型河道落差 79.5 m,平均坡降1.59‰。现为红枫、百花水库区。属中低山、丘陵地貌,多岩溶沟谷、洼地,山间平坝,耕地分布相对集中。大部分消落带已被垦殖,湖滨缓冲拦截功能已基本丧失,导致两湖湖滨消落带岸坡侵蚀和水土流失严重,生物多样性受到破坏。

(三)下游

百花水电站出口至河口,为清镇市与乌江区、白云区、修文县交界河段。河长 61 km,落差 386.1 m,平均坡降 6.33‰,河道窄深、滩多流急,贵阳河流为典型的峡谷河段。傍河村寨,耕地极少,无工矿、城镇分布,主要为自百花水库出口复东北流,至李官水电站,右纳麦架河(亦称李官河),电梯级开发河段。

猫跳河河道特点见表 3-2-4。

表3-2-4　猫跳河河道特点

河道	范围	特点
上游	源头(塔墓山)—小水桥村	约5 km,两侧多为农田,有少量民房
	小水桥村—七眼桥镇(屯堡大道)	约6.4 km,两侧或单侧为城镇聚集地;部分河段有少量农田分布
	七眼桥镇(屯堡大道)—红枫湖入口	约56.6 km,两岸多为大片农田;间歇分布城镇聚集地;部分河段两侧有山体分布
中游	红枫湖入口—百花水电站	约50 km,湖周有大片农田分布;很多村寨紧邻湖周;百花湖中上游为城镇聚集地;两侧有山体分布;风景名胜区;有国家一级重点保护野生植物云贵水韭野生种群分布
下游	百花水电站—窄巷口水电站	约20 km,高山峡谷段,植被良好,17 km处有修文河汇入
	窄巷口水电站—红林水电站	约20 km,高山峡谷段,植被良好,河道两岸有梯田分布,由于隧洞引水导致大部分河段河道断流、河床裸露
	红林水电站—河口	约21 km,高山峡谷段,植被良好,河道两岸有梯田分布

第三节　猫跳河生态廊道空间划分

一、河流廊道的基本宽度确定

猫跳河河流廊道的宽度,根据其上中下游侧重的功能来确定。

其中,当控制洪水和水生、湿地生物保护作为主要功能时,范围可以根据行洪要求和天然河道本身的游荡范围来确定,可供选择的标准有100年一遇的洪水淹没范围、当地防洪规划所确定的行洪断面、恢复天然游荡河道所需的范围、现有的堤防范围等。

在易发生水土流失的陡坡、不稳定的土壤区、过度利用的农田等,河流廊道在这些位置应尽可能包括,或在此扩大范围。

廊道范围应包括与河流有侧向水文联系的洼地、池塘、地下水渗出或补给区等。河流廊道附近的历史文化资源、现状绿地、公园、残迹自然斑块以及其他不适宜建设的土地,均可纳入河流廊道的范围。

猫跳河廊道功能主要有水源涵养、防污、防洪、景观文化载体、生物多样性及特殊空间保护等。按照以上原则,对猫跳河流域生态廊道的宽度进行划分,见表3-2-5。

表 3-2-5　猫跳河生态廊道划分

生态廊道功能	生态廊道宽度	说明
水源涵养	以汇水范围线为界	
生物多样性	两侧第一重山脊线	
防污功能	防污控制带	根据具体情况进行计算
生物多样性	两侧第一重山脊线	
景观文化载体功能	风景名胜区边界	风景名胜区
特殊空间保护	风景名胜区边界线/二级饮用水水源保护区的陆域边界线	饮水水源保护区 云贵水韭野生种群生长区
防洪功能	行洪控制线	

二、河流廊道的纵向分区

从实现最佳的保护效能角度,河流廊道应保持连续。因此,将猫跳河流域从上游到河口,根据流经区域,确定主要的纵向分区,使得猫跳河从源头到河口形成连续的保护带。

猫跳河上游段为源头(塔墓山)至平坝农场(红枫水库入口)段,以农田、乡村乡镇聚落为主要用地类型,部分河段两侧为山体,生态胁迫强度较强,廊道的主要功能为防污功能、防洪功能、水源涵养。

中游段为红枫水库入口至百花水库坝址段,土地利用以农田、村寨、城镇聚落为主,红枫湖和百花湖分别为国家级、省级风景名胜区,生态胁迫强度较强。红枫湖湖畔分布有国家一级重点保护野生植物。廊道的主要功能为景观文化载体功能、防污功能、特殊保护空间、水源涵养。

下游段为百花水电站出口至河口,河长 61 km。河道窄深、滩多流急,贵阳河流为典型的峡谷河段。两岸植被良好,部分河段两侧有梯田,廊道主要功能为水源涵养、生物多样性、防污、水土保持等。

猫跳河流域纵向分区见表 3-2-6。

三、河流廊道宽度的调整和确定

结合河流廊道所流经的不同区域,对廊道的宽度进行一定的调整。猫跳河生态廊道划分成果见图 3-2-3、表 3-2-7。

表 3-2-6 猫跳河生态廊道纵向分区

猫跳河	序号	范围	纵向长度/km	土地类型	生态廊道范围划分方法
上游	①	源头(塔磨山)—小水桥村	5	两侧多为农田,有少量民房	取防污功能,防洪功能,水源涵养所需河滨带宽度的外包值
	②	小水桥村—七眼桥镇(屯堡大道)	6.4	两侧或单侧为城镇聚集地;部分河段有少量农田分布	
	③	七眼桥镇(屯堡大道)—红枫湖入口	56.6	两岸多为大片农田;间歇分布有城镇聚集地;部分河段两侧有山体分布	取防污功能,景观文化载体功能,水源涵养功能,特殊空间保护所需河滨带宽度的外包值,遇饮用水水源保护区的河段,还应取外包二级饮用水水源保护区的陆域边界线
中游	④	红枫湖入口—百花水电站	50	湖周有大片农田分布;很多村寨紧邻湖;百花湖中上游为城镇聚集地;两侧有山体分布	
	⑤	百花水电站—窄巷口水电站	20	高山峡谷段,植被良好,17 km 处有修文河汇入	取水源涵养、生物多样性功能所需河滨带宽度的外包值
下游	⑥	窄巷口水电站—红林水电站	20	高山峡谷段,植被良好,由于隧洞引水导致大部分河段河道断流,河床裸露	取防污功能,防洪功能,水源涵养所需河滨带宽度的外包值
	⑦	红林水电站—河口	21	高山峡谷段,植被良好	

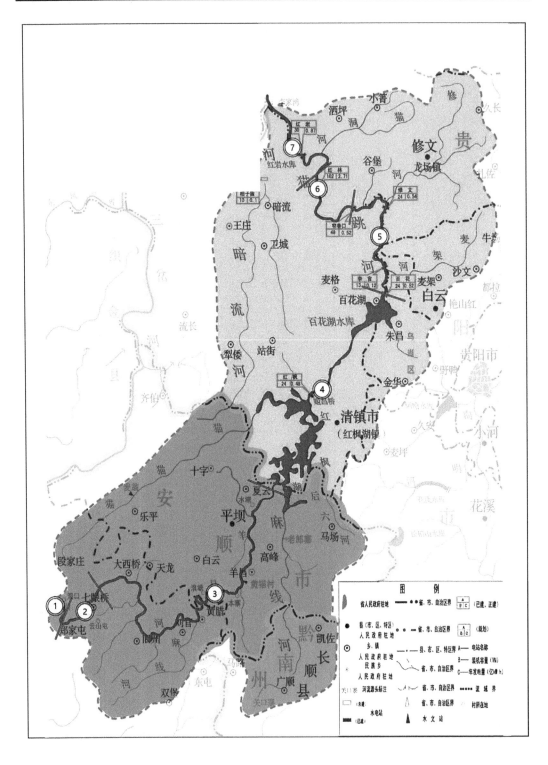

图 3-2-3 猫跳河生态廊道划分示意图

表 3-2-7 猫跳河生态廊道划分

一级分类	二级因子	生态廊道纵向分区	三级因子	生态廊道宽度	说明	
山地	无胁迫或轻度胁迫	百花水电站—宽窄口水电站段	水源涵养	以汇水范围线为界		取各功能所需河滨带宽度的外包值
			生物多样性	生物多样性保护范围分界线		
		宽窄口水电站—河口段	防污功能	防污控制带	根据具体情况进行计算	同上
			水源涵养	以汇水范围线为界		
			生物多样性	生物多样性保护范围分界线		
丘陵	中度胁迫	红枫水库入口—百花水库坝址段	景观文化功能	风景名胜区边界	风景名胜区	同上
			防污功能	防污控制带	根据具体情况进行计算	
			特殊空间保护	二级饮用水水源保护区的陆域边界线	饮水水源保护区、云贵水韭野生种群生长区	
平坝	中度胁迫	源头(塔墓山)—平坝农场(红枫水库入口)段	防污功能	防污控制带	根据具体情况进行计算	同上
			防洪功能	行洪控制线		
			水源涵养	以汇水范围线为界		

第四节　猫跳河生态廊道保护与修复目标

一、猫跳河生态廊道评价

参照第一篇第五章第三节河流生态廊道功能完整性评价指标选取原则,结合猫跳河生态廊道空间划分成果,合理选取猫跳河生态廊道功能完整性评价指标,其中栖息地功能和通道功能选择相应河段适宜的评价指标。根据河流生态廊道功能完整性评价方法对河流廊道功能进行综合评价,反映河流生态廊道功能完整性的总体状况。评价指标选取及评价结果见表 3-2-8。

表 3-2-8 猫跳河河流生态廊道功能评价结果分析

河流	序号	河段	河长	一级功能分类	二级功能分类	评价指标	评价结果
上游	1	源头（塔墓山）—小水桥村	5	生态服务功能	栖息地功能	河床底质构成指数、河道弯曲度、河岸稳定性、河岸带宽度、岸线植被覆盖率、水质状况指数	功能优异
	2	小水桥村—七眼桥镇（屯堡大道）	6.4	生态服务功能	栖息地功能、自净功能	河床底质构成指数、河道弯曲度、河岸稳定性、河岸带宽度、岸线植被覆盖率、水质状况指数、水体自净能力	功能优异
	3	七眼桥镇（屯堡大道）—红枫湖入口	56.6	生态服务功能、社会服务功能	通道功能、供水功能	河流纵向连通指数、横向连通性指数、岸线植被被连续性、供水水量保证程度、集中式饮用水水源地水质达标率	功能良好
中游	4	红枫湖入口—百花水电站	50	生态服务功能、社会服务功能	栖息地功能、通道功能、供水功能	生态流量满足程度、流量过程变异度、河流纵向连通指数、横向连通性指数、岸线植被被连续性、供水水量保证程度、集中式饮用水水源地水质达标率	功能一般
下游	5	百花水电站—窄巷口水电站	20	生态服务功能、社会服务功能	栖息地功能、供水功能、通道功能	生态流量满足程度、流量过程变异度、河流纵向连通指数、横向连通性指数、岸线植被被连续性、供水水量保证程度、集中式饮用水水源地水质达标率	功能损害
	6	窄巷口水电站—红林水电站	20	生态服务功能、社会服务功能	栖息地功能、供水功能、通道功能	生态流量满足程度、流量过程变异度、河流纵向连通指数、横向连通性指数、岸线植被被连续性、供水水量保证程度、集中式饮用水水源地水质达标率	功能损害
	7	红林水电站—河口	21	生态服务功能、社会服务功能	栖息地功能、供水功能、通道功能	生态流量满足程度、流量过程变异度、河流纵向连通指数、横向连通性指数、岸线植被被连续性、供水水量保证程度、集中式饮用水水源地水质达标率	功能损害

二、猫跳河生态廊道保护与修复目标

猫跳河为国内最早完成梯级开发的河流,由于早期(1958—1981 年)出于满足电力负荷剧增的需要,梯级电站的功能定位以发电为主,并未充分考虑到河流的生态用水需求。20 世纪 90 年代,贵州省将两湖确定为贵阳市主要饮用水水源之一,同时肩负发电和供水双重压力,生产生活水和河流生态需水的矛盾较为尖锐。猫跳河流域多年平均天然径流量为 62.3 mm,梯级电站建成后,多次出现最小日均流量为 0 m 级电站的现象,流域水资源开发利用极大地改变了河流的天然水文情势,梯级电站的现状运行调度规则,难以满足下游河段的生态水量。

总体而言,猫跳河河流的生态廊道功能完整性较高,最突出的问题是干流梯级电站的建设严重改变了河流的天然水文情势和河流连通性。猫跳河上游和中游生态廊道保护与修复重在水污染防治和水环境治理,下游生态廊道保护与修复重在栖息地保护和生态流量保障。

第五节　猫跳河生态廊道保护与修复

猫跳河整个流域以喀斯特丘陵地貌为特色(占 85%),岩溶发育,生态脆弱,生态环境不稳定,加之随着城市化进程的发展,人类社会为获取更多的土地资源与经济利益,对河流廊道沿线林地斑块及湿地造成了破坏。猫跳河流域生态廊道整体条件良好,但部分河段,由于人类对河流廊道沿线用地进行了不同程度的干预,导致了空间资源异质性增强,生态斑块破碎化,对生物迁徙、居民游憩等功能造成了一定的影响。尤其是中上游靠近红枫湖和百花湖水源地的区域,许多村寨紧邻河湖边,人类干扰活动频繁,面源污染严重。

根据猫跳河河道及生态廊道现状,结合猫跳河地域特色等,以保护河流生态系统为出发点,在保障水安全的前提下,按照生态系统的整体性、系统性、功能性及内在规律,对现状良好的河流廊道进行保护,对生态受损的河流廊道进行修复。具体对策措施见表 3-2-9。

表 3-2-9　猫跳河水系生态廊道保护与修复对策措施

河段	主导功能	现状态势	长度/km	适用技术	技术类别	说明
源头(塔墓山)—红枫湖入口	防污功能	两岸为农田,并分布有城镇聚集地	68	水污染源防治技术 水环境治理技术	修复类	

续表 3-2-9

河段	主导功能	现状态势	长度/km	适用技术	技术类别	说明
红枫湖入口—百花水电站	特殊空间保护	湖周有大片农田分布,消落带被垦殖;很多村寨紧邻湖周	16	水污染源防治技术 水环境治理技术 水土保持治理	修复类	
		城镇聚集地	8.8	水污染源防治技术 水环境治理技术	修复类	红枫湖下游、百花湖上游
		两侧山体、植被良好	4.2	水生态廊道保护 栖息地保护	保护类	红枫湖下游、百花湖上游
百花水电站—河口	水源涵养	两侧山体、植被良好	50	水生态廊道保护 栖息地保护 生态流量预防保护	保护类	百花水电站—窄巷口水电站,红林水电站—河口
		植被良好,隧洞引水导致大部分河段断流、河床裸露	11	水生态廊道保护 水生态廊道修复 栖息地保护 生态需水保障 生态流量预防保护	保护类 + 修复类	腊脚村—黄草坝

第三章 横琴天沐河生态廊道保护与修复

第一节 天沐河概况

一、河流概况

天沐河位于横琴岛,横琴岛位于珠江出海口西侧,东隔十字门水道与澳门相邻,南濒南海,西临磨刀门水道,北接马骝洲水道,现状河长约 8.0 km,河宽为 40~470 m,水深为 2~4 m,局部 1.50 m 左右,水下地形平坦。天沐河位于岛中大小横琴山之间平原区域的中部,其东、西侧分别通过东堤水闸和西堤水闸与十字门水道和磨刀门水道相接。根据外海涨落潮情况,通过两侧调度水闸对天沐河进行补水换水,河道水量充沛。

天沐河原名为中心沟,其所在地横琴岛南北长 8.6 km,东西宽约 7.0 km,总面积 106.46 km²。岛上有两大山体,南侧为大横琴山,北侧为小横琴山,天沐河即位于大小横琴山之间,横贯岛屿东西。

横琴原本只是大横琴山与小横琴山两座小岛,20 世纪 70 年代,因在两座山之间约 14 km² 区域的中心沟进行了围海造田,才形成如今承载横琴岛历史文化记忆的天沐河。天沐河是横琴起航的起点,也是当前横琴粤澳深度合作区发展历史的见证。随着横琴城市的快速发展,在新阶段天沐河有了新的历史使命,根据《广东万里碧道总体规划》,天沐河将重点打造都市型碧道,塑造浪漫、现代、活力的多元化的都市形象,展现横琴粤澳深度合作区的人文生活,树立市民体验人文活动的示范,作为区域水文化载体,它将成为区域人才汇集、活力集聚、创新孵化的新家园。

近些年来,天沐河已陆续完成河道管理范围划定、河道和岸线整治、海绵城市建设及碧道建设等工作,整个河道畅通,河中无阻碍行洪、影响河道流畅的构筑物,沿线道路兼作防汛抢险通道,道路通畅无阻,河段防洪(潮)标准达到 50 年一遇,有效降低保护片区洪(潮)涝灾害的发生风险。同时,通过开展海绵城市建设工作,两岸雨水直接排河现象得以减少,既减轻了河流的防洪排涝压力,也对横琴整个中心片区的水安全起到强有力的保障作用。

二、地形地貌

天沐河流域范围覆盖横琴岛,在区域上位于珠江三角洲断陷区南缘,珠江磨刀门出海口的东北侧。区域内原为浅海环境下的古海湾,孤立海岛分布其间,随着时间的推移,因大量泥沙不断淤积,浅滩逐渐抬高,岸线向南梯次推进,孤岛与平原相连,形成现今低山丘陵与三角洲冲积平原相间分布的地貌形态。天沐河南侧为大横琴山,最高海拔 456.5 m,北侧为小横琴山,最高海拔 194.6 m。天沐河位于大小横琴山之间平原区域的中部,坡降平缓,大致呈东西走向。

三、水文气象

(一)气象特征

横琴岛地处南海之滨,北回归线以南,属亚热带海洋性季风气候区,海洋对本地气候的调节作用十分明显,冬无严寒,夏无酷暑,气候温暖湿润,多雨无霜,受冬季寒潮及夏、秋季台风的影响,该区域常有大风、暴雨。

据珠海气象站资料统计,多年平均气温,年平均气温的年际变化在 21.6~23.3 ℃,最高气温出现于 7—8 月,历年最高气温 38.7 ℃(2005 年 7 月 19 日),最低气温出现于 12 月至翌年 1 月,历年最低气温 1.7 ℃(1975 年 12 月 4 日)。

本区域附近有珠海(香洲)气象站,珠海气象站建立于 1975 年,为国家一级站,观测项目主要有气温、降雨、蒸发量、日照、湿度、风速、风向等。

横琴岛西侧设立有大横琴潮位站,自 1975 年开始观测潮位、降水量至今。

(二)降雨

横琴岛雨量充沛,多年平均降水量为 1 892.8 mm,降雨最多的 1983 年为 2 873.4 mm,最少的 1991 年为 1 039.0 mm。4—9 月为雨季,前期(4—6 月)盛行西南季风,水汽充沛,与南下冷空气相遇,常出现强降雨过程;后期(7—9 月)东南季风占优势,太平洋及南海生成的热带气旋带来大量水汽,形成强风暴雨。10 月至翌年 3 月盛行北风,为旱季。据大横琴站 1975—2012 年资料统计,历年最大降水量为 2 873.4 mm(1983 年),历年最小降水量为 1 039.0 mm(1991 年),多年平均降水量为 1 892.8 mm,历年日最大降水量为 559.6 mm(1982 年 5 月 28 日),历年月最大降水量为 1 027.9 mm(1982 年 5 月)。

四、水利设施

天沐河起点和终点分别为环岛西堤水闸和滨海东路水闸,东西两座水闸均满足 100 年一遇防潮标准。其中,西闸设计流量为 354 m³/s,东闸设计流量为 228 m³/s。流域设计防洪标准为 50 年一遇洪水碰外海 5 年一遇高潮位,排涝标准为 25 年一遇涝水碰 5 年一遇高潮位。东闸 4 孔,工作闸门底坎高程为-1.50 m,闸墩顶部高程 5.10 m,孔口净宽 4 m,孔口净宽高程,双向挡水。东西两座水闸除有挡潮、排洪、水体交换等多个任务外,还兼具景观特色,是当地的文化符号点。

天沐河北片区设置有 20 条排洪渠,主要汇集区域内雨水及承接小横琴山山洪;南片区设置有 25 条排洪渠,汇集区域内雨水及承接大横琴山山洪;另设有澳门大学排洪渠,主要汇集澳门大学横琴校区的雨水。天沐河内接南北区多条排洪渠,外接磨刀门水道和十字门水道,总体上水网结构相对复杂。

第二节 区域定位及建设要求

一、区域建设定位

(一)区域历史建设定位

天沐河所在的横琴岛为当时珠海市域内的重点建设区,2009年6月24日,国务院常务会议原则通过《横琴总体发展规划》,规划为横琴制定了"三基地一平台"的发展定位:粤港澳区域性商务服务基地,世界级旅游度假基地,融合港澳优势的国家级高新技术产业基地;重点发展研发设计、教育培训、文化创意等产业,服务港澳、服务全国的区域创新平台。同年8月14日,国务院关于横琴总体发展规划的批复,再次明确要求横琴新区作为内地开放度最高的"先行先试"区域和未来的开放岛、活力岛、智能岛、生态岛,将逐步建设成为"一国两制"下探索粤港澳合作新模式的示范区、探索改革开放和科技创新的先行区、促进珠江口西岸地区产业升级的新平台;横琴开发已上升到国家战略高度,使其成为继上海浦东新区、天津滨海新区之后,第三个由国务院批准的国家级新区。

(二)横琴粤澳深度合作区成立

2020年10月14日,习近平总书记强调要"加快横琴粤澳深度合作区建设"。2021年9月5日,中共中央、国务院正式公布《横琴粤澳深度合作区建设总体方案》。横琴粤澳深度合作区位于珠三角西岸、珠江出海口西侧,毗邻港澳,与澳门一河之隔。通过港珠澳大桥、莲花大桥与香港、澳门两个国际自由贸易港互联互通。围绕"促进澳门经济适度多元发展"这条主线,国家赋予合作区"促进澳门经济适度多元发展的新平台、便利澳门居民生活就业的新空间、丰富'一国两制'实践的新示范、推动粤港澳大湾区建设的新高地"四大核心战略定位,横琴粤澳深度合作区进入发展新纪元。

横琴粤澳深度合作区地处中国经济最为活跃的粤港澳大湾区、"一国两制"的交汇点和"内外辐射"的接合部,地理区位极为优越。而天沐河作为横琴的母亲河,东西横贯横琴岛,是横琴最具魅力的景观中轴线,是城市中心区的生态长廊,也是一条彰显无穷魅力的都市滨水艺术走廊。

二、碧道建设要求

高质量规划建设万里碧道是广东全面推行河(湖)长制的生动实践,是巩固和发展治水成果的创新举措,是新时代生态文明建设的重要内容。由于天沐河已被确立为广东省的省级碧道,本节援引《广东万里碧道设计技术指引》《广东万里碧道建设评价标准》的相关内容并进行拓展,阐述广东省推行碧道建设的相关要义。

(一)碧道释义

1. 碧道概念

碧道是广东省首创的概念,其被定义为:以水为纽带,以江河湖库及河口岸边带为载体,统筹生态、安全、文化、景观和休闲功能建立的复合型廊道。碧道讲求的是以系统思维实现共建共治共享,通过优化廊道的生态、生活、生产空间格局,形成碧水畅流、江河安澜的安全行洪通道,水清岸绿、鱼翔浅底的自然生态廊道,留住乡愁、共享健康的文化休闲漫道,以及高质量发展的生态活力滨水经济带,最终成为人民群众美好生活的好去处,"绿水青山就是金山银山"的好样板,践行习近平生态文明思想的好窗口。

2. 碧道空间范围

总体上,碧道建设将打造"三道一带"的空间范围(见图3-3-1),其中,"三道"指的是:以安全为前提,依托堤防等防洪工程,构建碧水畅流、江河安澜的安全行洪通道;以生态保护与修复为核心,以河道管理范围为主体,依托水域、岸边带及周边陆域绿地、农田、山林等构建水清岸绿、鱼翔浅底的自然生态廊道;以滨水游径为载体,串联临水的城镇街区和乡村居民点、景区景点等,带动水系沿线历史文化资源的活化利用和公共文化休闲设施建设,并与绿道和南粤古驿道等实现"多道融合",打造连续贯通、蓝绿融合的滨水公共空间,构建留住乡愁、共享健康的文化休闲漫道;"一带"指的是以高质量发展为目标,为河湖水系注入多元功能,系统带动河湖水域周边产业发展,引领形成的生态活力滨水经济带。

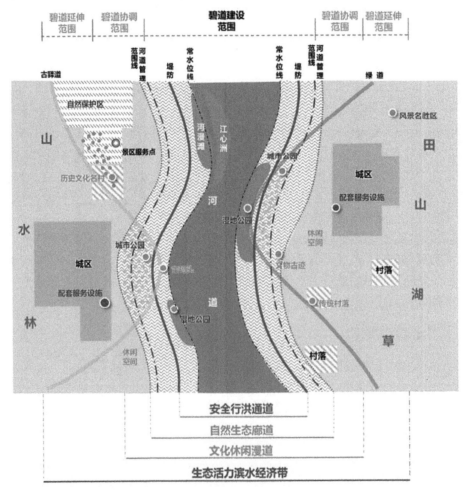

图3-3-1 碧道"三道一带"空间范围示意图

(引自《广东省万里碧道总体规划(2020—2035年)》)

关于碧道范围,主要分碧道建设范围、协调范围及延伸范围,其中,碧道建设范围主要为河道管理范围;碧道协调范围主要为临水第一街区、滨水农村居民点、景区景点服务区;碧道延伸范围主要为河湖水系周边地区。在每一类范围中,建设重点亦有所不同,其中,在碧道建设范围内,重点建设安全行洪通道、自然生态廊道、文化休闲漫道;在碧道协调范围内,重点整合沿线的各类自然生态、历史人文、城市功能要素,强化"三道"的建设;在碧道延伸范围内,重点建设生态活力滨水经济带(见图3-3-2)。

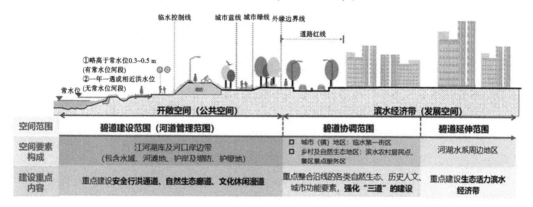

图 3-3-2 碧道建设单侧断面示意图

针对城市(镇)地区而言,开展碧道建设除了"三道一带"建设任务外,还需统筹考虑水岸周边的城市绿线、蓝线和道路红线区域等内容(见图3-3-3)。

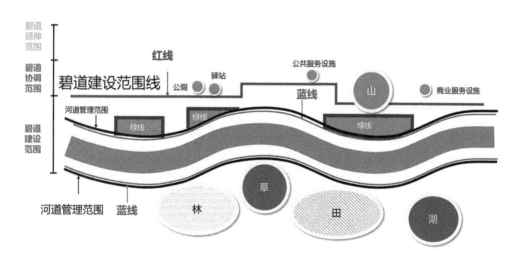

图 3-3-3 河道管理范围,城市绿线、蓝线、道路红线四线统筹空间范围平面示意图
(引自《广东省万里碧道总体规划(2020—2035)》)

3. 碧道建设重点任务

碧道建设共包括"5+1"重点任务,即水资源保障、水安全提升、水环境改善、水生态保护与修复、景观与游憩系统构建五大建设任务和共建生态活力滨水经济带一项提升任务(见图3-3-4)。从建设任务看,碧道建设坚持治理先行,逐层递进,在巩固水资源保障、水污染防治和防洪减灾建设成果的基础上,统筹推进水生态保护与修复、景观和游憩系统建设。

图 3-3-4 碧道建设"5+1"重点任务示意图
(引自《广东省万里碧道总体规划(2020—2035)》)

在碧道建设任务重,水资源保障任务包括优化水资源调度、加强河湖水系连通;水安全提升任务包括完善防洪工程、河道空间管控、缓解城镇内涝、应对海平面上升、灾害应急能力建设等;水环境改善任务包括推进水环境治理、入河排污口整治、岸边带面源污染控制、饮用水水源地保护、河道垃圾整治等;水生态保护与修复任务包括水源涵养区保护和水土流失治理、岸边带生态修复、保护生物栖息地等;景观与游憩系统构建任务包括营造多元景观、水文化保护与展示、建设特色游径、打造碧道公园等重要节点;共建生态活力滨水经济带任务包括推动碧道沿线产业提档升级、加强碧道沿线联动治理、打造"碧道+"产业群落等。

4. 碧道建设三个阶段

总体上,按照碧道建设目标路径,碧道建设分为稳固基础、建设成型、发展成熟共三个阶段。其中,在稳固基础阶段,强调采用新理念对各相关部门原有的水资源、水安全、水环境等工作进行整合、优化、提升,夯实碧道建设基础;在建设成型阶段,以水生态保护与修复、文化休闲设施建设、景观与游憩系统构建为重点,注重提升碧道的生态、文化和公共服务功能;在发展成熟阶段,以促进碧道沿线地区协同发展为目标,通过政府引导、市场发力等综合措施,形成共建共治共享格局,打造高质量发展的生态活力滨水经济带(见图 3-3-5)。

5. 碧道分类

按所处河段特征的不同,碧道可分为都市型、城镇型、乡野型和自然生态型等四种类型(见图 3-3-6)。结合河流水系、周边城乡建设及功能特点,各类型的碧道建设任务总量和重点亦有所区别,各有侧重点。

都市型碧道依托流经大城市城区的水系建设,针对其人口、经济、文化等活动密集的特点,强化公共交通设施、文化休闲设施、公共服务功能以及亲水性业态的复合,构建高质

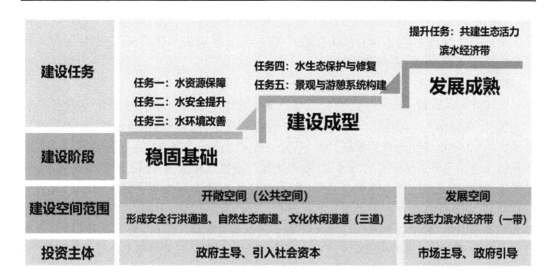

图 3-3-5　碧道各阶段建设任务示意图
（引自《广东省万里碧道总体规划(2020—2035)》）

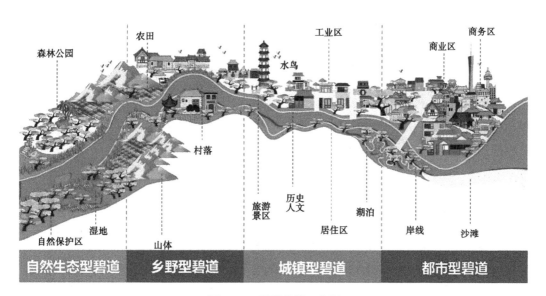

图 3-3-6　碧道分类示意图
（引自《广东省万里碧道总体规划(2020—2035)》）

量发展的生态活力滨水经济带。

城镇型碧道依托流经中小城市城区及镇区的水系建设,针对中小城市及城镇地区人口相对稠密的特点,在满足居民康体、休闲、文化等需求的同时,强调生态、经济功能,突显地域特色。

乡野型碧道依托流经乡村聚落及城市郊野地区的水系建设,针对乡野地区农田、村落、山林等景观美丽多彩的特点,尽量维护保留原生景观风貌,减少人工干预,以大地景观的多样性满足各类人群的休闲需求。

自然生态型碧道依托流经自然保护区、风景名胜区、森林公园、湿地等生态价值较高地区的水系建设,坚持生态保育和生态修复优先、人工干预最小化等原则,充分发挥碧道自然生态在美学、科普、科研等方面的价值。

6. 碧道建设的意义

碧道建设是践行习近平生态文明思想的重要载体。习近平总书记2018年考察广东时强调,广东要深入抓好生态文明建设,进一步统筹山水林田湖草系统治理,给老百姓营造水清岸绿、鱼翔浅底的自然景观,为广东省生态文明建设明确了特色路径及要求。珠海市积极响应广东省万里碧道建设号召,明确了要打造集安澜通道、净碧水道、生态廊道、优美景道、休憩游道为一体的珠海特色碧道,为老百姓提供美好生活去处的目标。这一举措,正是深刻贯彻落实习近平生态文明思想中"绿水青山就是金山银山"绿色发展观、"人与自然和谐共生"科学自然观、"山水林田湖草是生命共同体"整体系统观以及"良好生态环境是最普惠的民生福祉"基本民生观的重要举措,也是落实习近平总书记考察广东重要讲话、重要指示批示精神,更是广东省生态文明建设迈上新台阶的重要途径。

碧道建设是探索广东省治理最高目标的生动实践。在国家关于治水的总体要求下,广东省一直积极探索具有时间阶段性、区域差别化特点的河湖治理模式,在实践中形成了一批可复制、可推广的"广东治水经验"。从落实全省"五清"及水利部要求的"清四乱"专项行动落实河湖治理的基础环节,到《让广东河更美大行动方案》要求"八水共治"的升级阶段,再到推行万里碧道的河湖治理最高目标,广东省按照自身河湖实际,系统推进保护水资源、保障水安全、防治水污染、改善水环境、修复水生态、管控水空间、强化水执法等治水工作,开展了一系列科学有效治水和可持续治水模式的探索。同样,碧道建设作为河湖治理最高目标,是广东省在以往治水基础上的工作总结与提升,也是建设湾区宜居宜业宜游优质生活圈的一项重要举措。

碧道建设是落实新时期河(湖)长制的有力抓手。全面推行河(湖)长制,是解决复杂水问题、维护河流健康生命的有效举措,是完善水治理体系、保障水安全的制度创新。广东推行河(湖)长制具有几个亮点:一是设立省、市、县、镇、村五级河(湖)长,解决河湖管护"最后一公里"问题;二是整治水污染从源头抓起,确保河湖治理效果,使水质持续改善;三是凸显建立治水制度机制,强化绿色发展执行力。在河(湖)长制工作框架下,广东省以河湖综合整治为抓手,系统推进保护水资源、保障水安全、防治水污染、改善水环境、修复水生态、管控水空间、强化水执法等七大重点任务,全面铺开河湖整治和管理保护工作。碧道建设工作由河(湖)长办牵头,推行具体措施,正是在创造性落实河(湖)长制中过程中不断提升河湖治理水平,因此碧道建设是推行河(湖)长制的有力抓手,也是提升各河(湖)长强监管的重要途径。

(二)碧道对生态廊道的建设要求

广东省河流水系众多,经济迅速发展中不合理的人类活动导致河流生态系统退化加速,生物多样性减少,水体生态系统质量和服务功能整体下降。结合广东省河流水生态现状调查情况及国内外水生态治理研究有关成果,碧道生态廊道的建设侧重于水生态的保护与修复。广东省碧道建设针对不同类型的河流其生态廊道建设要求也有所不同,其要求如下。

1. 大江大河

大江大河指广东省集雨面积 3 000 km² 以上的东江、西江、北江、韩江和鉴江等干流水道。大江大河流域面积大,涉及生态元素众多,因此其生态修复重要性突出。其水生态保护与修复主要措施包括:

(1)加强自然保护区及水产种质资源保护区管理与维护,修复重要水生生物修复栖息地。

(2)保护天然漫滩和江心洲,限制城镇及农田向河道扩张,对水鸟生境进行保护和营造。

(3)水利水电工程增设鱼道,保护鱼类"四场",有条件的地区可采取人工增殖放流等措施增加渔业资源数量及多样性。

(4)提升支流汇入水质,保证大江大河水生物栖息环境。

(5)划定 30~80 m 以上的单侧生态缓冲带宽度,至少应宽于河道管理范围,尽量减少路、桥等人为因素造成的廊道断点,增加廊道的物种多样性。

(6)结合流域水资源分配方案,开展库群联合调度,合理安排下泄时段、下泄流量,保障河道生态需水量,重点保障枯水期生态基流等。

2. 中小河流

中小河流指广东省集雨面积在 50~3 000 km² 的河流。中小河流大多数沿岸分布着众多的城镇、村庄和农田。其河流的生态性往往会被忽略。水生态保护与修复主要包括:

(1)利用砾石群、丁坝等构筑增加河道的蜿蜒性,尽量采用复合式断面,局部可通过生态护岸和硬质河床修复来增加断面生态性,构造河流丰富生境。

(2)保护和利用缓冲带,通过生态沟渠、滞留塘等措施缓解农业面源污染造成的生态破坏。

(3)对影响生境的小水电站进行改造或拆除,通过加强流量监控、增设鱼道的措施保障河流生态流量。

(4)划定 20 m 以上的单侧生态缓冲带宽度,保证廊道连通性及物种多样性等。

3. 城市河涌

城市河涌指主要分布在珠江三角洲城市群中,通过水闸控制与外江隔离的河涌。城市河涌通常具有河道狭窄、水质不优、物种单一的特点。城市河涌水生态保护与修复主要包括:

(1)利用砾石群、景观构筑等增加河道的蜿蜒性,加强对直立护岸的生态化改造,构造河流丰富生境。

(2)保护和利用缓冲带,结合海绵城市理念,利用植草沟、人工湿地等技术缓解城市面源污染。

(3)推进雨洪资源利用,提升污水处理厂出水水质,实施闸坝联合调度,增加河流水动力,保障河流生态流量。

(4)划定 6 m 以上的单侧生态缓冲带宽度,保证河道的连通性,尽量减少人为断点等。

4. 感潮河道

感潮河道主要指三角洲网河区受潮汐影响的干流水道。感潮河道不仅分布有生活在河流的物种,还分布有生活在海洋的物种,是广东省物种多样性最丰富的区域,有丰富的渔业资源,是全球候鸟迁飞的重要中转站。其水生态保护与修复主要包括:

(1)保护和修复红树林湿地,严厉禁止非法占滩,控制城市的扩张,利用碧道建设推动滩地退还。

(2)对岸滩采用补砂引擎、人工沙丘的方式进行修复,营造海岸防护林,为鸟类创造觅食及栖息地。

(3)有条件的地方建造生态海堤和多级堤防,增加河口多样生境,推广人工鱼礁等生态设计,提升渔业资源数量及多样性等。

(4)主要干流划定30~80 m以上的单侧生态缓冲带宽度,海堤划定100 m以上,保证廊道的连通性,增加廊道物种多样性。

此外,广东省对碧道的建设提出的"九宜"及"九不宜"也同样适用于生态廊道建设,见表3-3-1、表3-3-2。

表 3-3-1　万里碧道生态廊道建设"九宜"

序号	九宜
1	碧道建设宜根据"三道一带"划定河流生态廊道,从河流功能和结构出发,统筹河道与岸边带。廊道宽度能宽则宽,确保廊道的连通性,尽量减少断点
2	河道地貌形态的修复宜在断面设计中,参考自然河道断面,保护滩地,因地制宜设计河槽断面结构,断面多样性修复要以改善河湖生态系统的结构,充分发挥多元性栖息地功能,提高生物群落多样性为目的
3	渠化河道宜在小空间尺度下通过设置人工砾石群、丁坝等构筑物,在河流横断面上设置深潭-浅滩序列等措施,促使河道内水流方向改变,恢复局部水流的蜿蜒特性;或者结合亲水台阶和亲水平台,采用多个弧形台阶贯连的方式,在弧形交叉的这个突出部位结合石料和植被种植,起到一定的增加河道蜿蜒性的作用
4	山区中小河流宜在碧道建设中拆除或改造影响鱼类洄游、生态基流无法保障河段上的小水电站,以恢复河道的自然连通性
5	都市和城镇型碧道的护岸主要考虑景观休闲和亲水的需要,宜采用工程和植物相结合的护岸形式;乡野型和自然生态型碧道护岸在平原流速较小的河段,除有通航要求的河段外,宜采用自然型护岸,在山区流速较大的河段,宜采用生态友好的工程护岸,如叠石、生态石笼等
6	生物多样性保护宜采取就地保护为主、迁地保护为辅的原则,划定禁止开发和限制开发河段、区域,设置警示标识实施保护并加强对外来入侵物种的管理
7	水生动物栖息地修复宜从流域整体出发,调查其繁殖和早期生态习性,分析其产卵场、庇护场和索饵场需求,以塑造水流结构多样性和增加微生境复杂度为原则,确定保护与修复措施类型和方案,包括底质保护与修复、人工鱼巢构建等

续表 3-3-1

序号	九宜
8	河道宜保留一定的缓冲带,在面源污染严重的区域因地制宜地采取生态沟渠、人工湿地、稳定塘等措施缓解
9	沿海碧道建设宜低影响开发,利用碧道建设加强海岸线生态修复,包括红树林湿地保护与恢复、海岸侵蚀防护、鱼类和鸟类栖息地构建等内容

表 3-3-2　万里碧道生态廊道建设"九不宜"

序号	九不宜
1	碧道建设不宜过度人工化,应以生态保护和修复为首要出发点,低影响开发
2	碧道建设不宜缩小堤防间距,侵占河湖滩地等水生态空间,河道形态避免人工裁弯取直
3	河道不宜采用"三面光"的形式,断面不宜矩形化,护岸不宜采用直立形式
4	不宜在江心洲建设与生态保护和修复无关项目
5	水产种质资源洄游通道上不宜设置拦河建筑物,确有必要建设的,应按照环境影响评价要求,为保障鱼类洄游和生物多样性保护等采取必要的工程技术措施
6	不宜在饮用水水源保护区、自然保护区等生态敏感区建设不符合相关法律法规的项目
7	不宜在湿地生态保护控制红线范围内建设与保护湿地无关项目,需严格遵守《湿地保护管理规定》
8	岸边带植物群落构建不宜采用疏林草坡的形式,因地制宜采取乔、灌、草相结合的植被群落结构,选择以土著种为主的植物搭配,以增加生物多样性
9	河流生态修复措施不宜一刀切,需经多专业专家充分论证

(三)横琴深合区碧道对生态廊道的建设要求

在广东省万里碧道建设要求基础上,横琴深合区因地制宜,从碧道建设中的角度出发,提出了生态廊道建设的四点要求,其要求如下:

(1)预防监督水土流失,建设生态清洁流域。

根据横琴深合区水土流失重点预防区,按照各水平年目标要求,强化重要水源地范围的水土流失预防,以封育保护为主要措施,发挥生态自然修复能力,不断提高其水土保持和水源涵养能力。开展水土保持清洁型小流域建设,推进小流域综合治理工作,加强森林碳汇工程建设,加大生态自然修复和水土保持林、水源涵养林建设的力度,控制水土流失,减轻面源污染,保护水源水质。

(2)强化水生生境保护与修复,构建水系生态廊道。

岸边带生态系统具有廊道功能、缓冲功能和植被护岸功能,尤其在非点源污染和土壤侵蚀防治方面具有不可替代的作用。强化岸边带生态修复,维护河流形态多样性,尽量保留和维持河流自然状态、浅滩、河漫滩、天然堤坝、冲积扇以及河流阶地、滩涂、湿地等独特的河流地貌。对侵占自然河湖、湿地等水源涵养空间的"四乱"现象予以清理。采用生态工法,通过生态化改造、岸坡修复等措施,对河湖水系形态进行生态修复,构建河湖、海岸生态廊道。

(3)加强湿地保护修复,保护水生生物栖息地与生物多样性。

开展湿地公园、人工湿地建设,加大鸟类、水生动植物重要栖息地保护力度,保护水生生物栖息地、觅食、繁殖生境。推进湿地生物多样性保护,加强湿地珍稀、濒危物种的基础调查,摸清湿地珍稀、濒危物种濒危状况、地域分布、环境胁迫影响,加强国家级重点保护野生动植物物种及其栖息地保护,规划野生动植物物种繁育基地、鸟类环志站,通过救护、繁育、野化等措施,扩大野生种群。加强对外来生物物种及其生态灾害影响的调查评估,建立外来物种风险评估体系,科学评价外来物种的生态学价值和影响。把成片的原生红树林纳入自然保护区范围,将原生的小块红树林纳入自然保护点进行多形式的保护,建立红树林苗圃基地,培育红树林优良苗木,开展红树引种试验。建立水鸟救护和环志站,将珍稀水鸟分布集中的区域区划为自然保护区,开展水鸟栖息地恢复。开展水松林保护和恢复工作,开展林缘岸线加固防浪工程,清除残破的旅游度假屋,建立水松种苗繁育基地,大量繁育水松种苗,扩大水松种群。

(4)因地制宜,建设生态堤防。

在保证碧道水体沿线堤防安全的基础上,紧紧围绕水碧岸美的愿景,综合考虑安全、生态、景观、休闲、文化等要素,打造形式丰富的生态堤岸。因地制宜,针对已加固堤防可采用自然生态型或生态休闲型的断面结构;针对正在加固或未加固的堤防可采用生态防护型断面结构。

第三节　生态现状及存在问题

一、天沐河碧道生态廊道健康现状

(一)廊道空间范围简况

按照河道管理范围规定,天沐河左岸以用地红线为管理边界线,右岸以用地红线为管理边界线,临近澳门大学段以迎水侧堤肩线为基准线外延 10 m 划定。

根据天沐河碧道建设的实际占地情况,天沐河划定生态缓冲带比例已达到 100%,生态缓冲带单岸建设宽度达到 80~100 m。根据碧道专项研究对城市河流生态缓冲带的建议值(12~30 m),天沐河的生态缓冲带建设宽度远高于其要求。

(二)岸线形式及植被情况

天沐河河道岸线采用自然驳岸、直立挡墙、生态小岛等形式,沿河岸实施 13.4 km 生态堤改造,生态岸线比例达到 100%。天沐河的岸线形式多样,其中大多岸线为抛石缓坡、沙滩驳岸,抛石驳岸种植有挺水植物,另有局部景观平台段为直立挡墙。天沐河的生态岸线比例高,且形式多样,在起到稳固河岸作用的同时,也为天沐河水、陆的物质能量交换、生物迁徙提供了较好的基底条件。

天沐河碧道生态系统中作为初级生产力的植物多样性低,且蜜源性、食源性植物较少，天沐河河岸滨水带植被分布主要为：近水低滩主要是草本植物，向河岸方向，逐渐由草本向灌木、由灌木向乔木演替。天沐河河岸带灌木层优势种为马缨丹。天沐河河岸带草本层优势种为白花鬼针草，藤本层优势种有鸡矢藤。外来入侵物种有白花鬼针草（*Bidens alba*）、薇甘菊（*Mikania micrantha* Kunth）、飞机草（*Eupatori-um odoratum*）、钻叶紫菀（*Symphyotrichum subulatum*（Michx.）G. L. Nesom）、银合欢（*Leucaena leucocephala*（Lam.）de Wit）、三裂叶薯（*Ipomoea triloba* L.）、青葙（*Celosia argentea* L.）、龙珠果（*Passiflora foetida* L.）。其中，白花鬼针草是广东省境内的重要外来杂草，原产于美洲。目前天沐河碧道范围内由现有的植物群落吸引的昆虫、小型陆生动物较少。

（三）水生生物分布情况

历史资料显示，天沐河中分布有底栖无脊椎动物、鱼类、水生植物等。其中底栖无脊椎动物有瘤拟黑螺、藤壶、河蚬、河虾、贻贝等，鱼类主要有杜氏棱鯷、罗非鱼、花鰶鱼、舌鰕虎鱼、乌鳢、长棘银鲈、赤眼鳟，水生植物（含湿生植物）主要有芦苇、莲子草、莎草、水龙、田菁、狐尾藻等。

（四）水鸟分布情况

根据《珠海市横琴岛陆生野生脊椎动物资源本底调查报告：2021》，珠海市观鸟协会2020—2021年4个季度共8次对天沐河水鸟资源开展本底调查，天沐河共观测到28种279只水鸟。优势种为绿翅鸭、赤颈鸭、小白腰雨燕、白鹭、八哥、红颈滨鹬6种鸟类。水鸟种类和数量具有明显的季节变化，且以候鸟居多，反映了该区域是候鸟在东亚—澳大利西亚迁飞区的重要节点之一。

天沐河共记录到鸟类28科61种，占横琴岛已记录186种的32.80%，占全国鸟类1491种的4.09%。生境较为多样化，有常绿阔叶林、灌木丛、浅海水域和滩涂、红树林、草本沼泽、草地、农田等。

二、天沐河碧道生态廊道存在的问题

（一）廊道空间生态支持能力有待强化

在近60年内，天沐河两岸变化可谓沧海桑田，原有"山-田-山"的区域空间，变成"水-陆"廊道。从生态岸线来看，在有条件的区域，已经通过缓坡护岸、干砌石护脚等形式，营造了生态护岸；生态缓冲带空间较宽（20~70 m），但树种单一、冠幅小，大片草地无法为野生动物提供庇护空间，生境及廊道支持功能弱。

同时，历史上天沐河生态廊道原与大小横琴山的山林生态资源相连通，但由于两岸商住区建设，导致河流生态斑块与山地生态斑块相对隔离。对鸟类而言，建筑物的高度和玻璃幕墙造成的光污染将影响其飞行路线；对脑背山上的小灵猫等哺乳类动物而言，城市建筑也将阻断脑背山通往小横琴山的生态廊道，造成部分生境呈现破碎化的状态。

（二）廊道生物多样性仍有待提高

根据鸟类监测数据，在天沐河发现的针尾沙锥已成为区域鸟类观测的新记录。但由于植物群落单一、食源性植物少，区域生物多样性也随之较差，长此以往，对底栖动物和水鸟的生境也会产生不利影响。另外，由于天沐河水位受水闸人工调控，一些环境敏感的鱼类无法在天沐河生存，导致天沐河当前鱼类的多样性还较低。

现状天沐河的底栖无脊椎大型动物以瘤拟黑螺为主,是天沐河大型底栖无脊椎动物中的优势物种,此物种可进行有性繁殖及无性繁殖,具有较高的繁殖力且具有较强的耐环境胁迫能力,这些特点可使此物种具有较高的竞争优势,挤压其他物种的生存空间,致使天沐河大型底栖无脊椎动物的多样性指数也极低。

第四节　天沐河生态廊道建设目标及措施

一、碧道框架下天沐河生态廊道建设目标

城市滨水绿地是城市绿地空间的一类,随着城市发展及人民需求的改变,这一空间从传统"堤路结合"为主的形式转变为能承载市民休闲场地的公共空间。滨水绿地的植被群落为周边提供了生态系统服务功能,针对滨水绿地生态系统的相关研究主要关注绿地生态系统对人类社会的服务功能,譬如绿色植物配置对城市空气的影响,如降温、增湿、吸收有害物质、杀菌减噪等。但作为受损(或重建)的城市自然生态系统斑块之一,若要成功打造天沐河碧道,还需加强河流生态廊道系统的稳定性、多样性。

由于天沐河周边的建设规划以高端CBD、居住区为主,且承接了对澳门户的作用,因此在探讨天沐河滨水生态廊道保护与恢复可采取的措施时,首先要明确我们的生态恢复目标。天沐河生态廊道恢复目标是在尊重滨水绿地空间的城市休闲服务功能的基础上,遵循生态学原理,结合当地的生态要素进行设计,提高城市滨水生物群落结构及生境的多样性、稳定性。不能一味地强调自然生态条件的恢复,而否定了城市开放空间的市民休闲、景观效益。通过生态恢复措施的实施,协调好人与自然对同一空间的需求,让滨水绿地空间更好地服务人与其他城市生物,重建人与自然的连接。

综上所述,碧道框架下天沐河生态廊道建设目标为:协调好人与自然对同一空间的需求,让滨水绿地空间更好地服务人与其他城市生物,提升城市滨水绿地空间中生物及生境节点的多样性、稳定性;打造人与自然相拥的范本,连通天沐河区域的山水连通廊道、滨水生态廊道。

二、天沐河生态廊道建设措施

(一)廊道生态恢复的理论依据

植物作为生物金字塔最底层的生产者,可为整个生态系统提供能量来源。生物链中,不同的消费者喜食的植物类型不同,如草鱼喜食黑藻、苦草、马来眼子菜等,蝴蝶喜欢开花的蜜源性植物,鸟类喜食浆果类植物果实以及植物间的昆虫。

此外,植物还能为各类动物提供生境支撑。如植物群落是城市鱼类和鸟类的重要栖息地,植物是鱼类产卵场的重要组成部分,适宜的水深及植物生长形成的环境是草上产卵类型和营巢性产卵类型鱼类产卵的重要生境因素。鹭类对营巢树种的要求是枝干硬度高的乔木,乌鸫、白头鹎一般在树冠盖度好的高大乔木上筑巢繁殖,麻雀的城市化适应性较好,棕头鸦雀则主要在盖度较好的灌木层中营巢(王彦平,2003)。

从食物链结构、动物生境要素两个角度来看,可通过不同类型的植物群落的设计,进

行城市绿地系统的生态恢复。按照"恢复生态学"理论中的人为设计理论,其认为通过工程等人工措施,将物种的生活史作为群落(尤其是植物群落)恢复的重要因子,人为调整、控制物种的生命活动来加速群落的稳定恢复。因此,植物群落作为先锋生物,是生态修复的调控工具(谭珣,2016)。

在针对目标动物群体调整植物群落的基础上,还可根据目标动物的生活习性,有针对性地人工搭建生物栖息节点,供生物停留栖息使用。该类型的生物栖息节点的打造,除可在城市滨水绿地中为小型动物创造专属的栖息空间外,还可为市民体察自然提供便利,发挥其宣教功能。

(二)天沐河生态廊道保护与修复措施

1. 廊道空间资源的保护

天沐河碧道的东西向为水岸生态廊道,连通磨刀门水道及十字门水道,有较好的生态岸线空间资源。天沐河已完成河道管理范围划定工作,左岸以用地红线为管理边界线,右岸以用地红线为管理边界线,临近澳门大学段以迎水侧堤肩线为基准线外延 10 m 划定。因此,需通过牢牢坚守河道管理范围线,守护天沐河生态廊道空间。

在天沐河河流生态廊道与大小横琴山的山地生态资源连通上,根据天沐河建设的相关规划,南北向规划有 3 条带状空间,可连接大、小横琴山,为横琴岛的陆生、两栖动物提供水陆迁徙空间。因此,在实际的开发建设过程中,需从廊道斑块的连通角度,对该三条带状空间进行合理的生态景观设计,既满足城市景观带的休闲需求,也要兼顾生物迁徙活动的需求。

2. 生物群落多样性提升

提升植物多样性是加强生态系统稳定的关键因素,城市滨水绿地空间可通过植物的多维度设计助力片区内的生态恢复。滨水绿地主要的承载生命体为植物,通过在绿地植被系统的设计中,结合滨水绿地系统所在的区域生态系统各要素特征,尤其是周边的鸟类、昆虫、小型哺乳类动物、两栖、水生动物的特点,调控植物群落的结构与空间分布,兼顾人与"动物"对绿色植被的食用、栖息、观赏需求,均衡动物生活及人类休憩的空间需求。

在滨水绿地系统的岸坡高处,干燥的土壤环境下,通过种植杂木林、中小林、灌木,形成隐蔽的栖息场所,可吸引小型啮齿类哺乳动物。通过大乔木、密林与地被的群落打造,可以提供食物、筑巢和庇护空间,吸引松鼠、鸟类等消费者。通过花卉、草坪的群落打造,形成宽敞且有蜜源性食物的供给,可吸引昆虫类。结合滨水绿地空间内的低洼地带,打造雨水花园,形成湿润的环境,可吸引两栖、爬行类动物栖息停留。

在城市滨水绿地的水陆交界带,由于滨水景观建设及人为扰动,原有的"植物—昆虫—水生生物—鸟类"的食物链系统已经被破坏。为改善滨岸廊道的生态群落单一化、脆弱化的情形,首先可针对植物群落进行改造,通过筑牢金字塔底部的生产者群落,由下而上地让生态系统自发地恢复。滨岸植被群落的改造,主要通过搭配适生的湿生植物、挺水植物、浮叶植物、沉水植物,形成较为稳定的植物群落,以此为藻类附着、鱼类鸟类觅食以及部分虾、蟹、贝类停留提供空间。

3. 差异化生境节点打造

差异化的生境节点打造,既可以为生物提供多样的栖息场所,同时也可以为市民体验和感知大自然提供场所,提升市民的生态环境保护意识。目前城市绿地在设计过程中,主要结合当地动物、林草的物种特点及"山水林"的空间分布特征,在局部段打造出鸟类、昆虫的适生生境,以及雨水花园或深浅不一的滨岸带生物群落适生区。由于鸟类适生生境需结合鸟类迁徙路线来考虑,不适用于所有的城市,因此本书不对此展开描述,本书将简介雨水花园、滨岸带生物群落适生区、昆虫旅馆三种类型的生境节点。

(1)雨水花园。

雨水花园是自然形成或人工挖掘的浅凹绿地,被用于汇聚并吸收来自屋顶或地面的雨水,通过植物、沙土的综合作用使雨水得到净化,并使之逐渐渗入土壤,涵养地下水,或补给景观用水、厕所用水等城市用水,是一种生态可持续的雨洪控制与雨水利用设施。

在滨水绿地生态恢复建设中,尤其是针对较为宽阔的滨岸带,可巧用雨水花园的场地,通过适当的景观补水,确保其有长流水,维持其湿润的环境。

结合雨水花园的建设,增设有长流水的水洼,吸引两栖动物迁徙到绿地水洼中栖息。湿润的水洼旁,展现出极高的生物多样性潜力,市民可以进入观察便道,观察湿生环境下的植物与动物。

(2)滨岸带生物群落适生区。

城市水陆交错带的生态恢复除考虑滨水植被的搭配外,还要考虑生态系统中动物、微生物等的生存条件,综合为各类本土滨水生物提供良好的生存繁衍的栖息环境。

局部静水区恢复蜿蜒的河岸,形成深浅交替的水生生物适生区,这块特殊的区域在吸引水生小动物栖息方面提供了巨大的潜力。该区域可适当搭配种植水生蕨类及水生被子植物,供草食性鱼类食用。在水岸植物种植带外缘,设置松木桩,供鸟类停歇觅食。在鸟类停靠点旁,可适当搭配种植眼子菜、芦苇、纸莎草、苔草等鸟类可食用的植物,可供食植鸟类食用。

为丰富软性护岸的生物栖息环境,可打造生态巨石等空间,既可为蟹类、贝类提供其栖息的缓流区,亦可为鱼类觅食提供避难场所,同时可为食肉鸟类及杂食性鸟类提供食物。在构建多元生物栖息场所的同时,也为市民抓鱼、寻蟹提供空间,为市民体察、接触自然提供场所。

(3)昆虫旅馆。

为增加生物多样性,可"订制"局部生境节点,可以在城市滨水绿地系统中营造特殊的生物成长空间,便于市民们在宽广的视觉环境中,细致观察生物群落,提高人与自然的连接。在蜜源性植物旁,设置昆虫居所,为昆虫繁殖生长提供场所,吸引小型动物前来捕食。另外,可增设昆虫旅馆讲解牌,为城市滨水绿地植入生态环境保护的科教元素。

参 考 文 献

[1] Ahern J. Greenways as a Planning Strategy[J]. Landscape and Urban Planning, 1995,33(1/2/3):
131-155.

[2] Brazier J R,Brown G W. Buffer Strips for Stream Temperature Control[M]. Forest Research Laboratory,
School of Forestry,Oregon State University,Corvallis,OR, 1973:9-15.

[3] Brown M T,Schaefer J M, Brandt K H. Buffer zones for water wetlands and wildlife in the east central Flor-
ida Center for Wetlands[M]. University Florida,Gainesville,FL, 1990:71-77.

[4] Budd W W,Cohen P L,Saunders P R,et al. Stream Corridor Management in the Pacific Northwest:Deter-
mination of Stream-corridor Widths[J]. environ. Mange, 1987,11(50):587-597.

[5] Elton C. Animal Ecology[M]. New York: Macmillan, 1957.

[6] Cooper J R, Gilliam J W,Jacobs T C. Riparian areas as a control of nonpoint pollutant[M]//Correll D L
ed. Watershed Research Perspectives. Washington D C:Smithsonian Institution Press,1986:166-192.

[7] Copper J R,Gilliam J W,Daniels R B, et al. Riparian areas as filters for agricultural sediment[J]. Soil
Science Society of America Journal,1987,51:416-420.

[8] Corbett E S,Lynch J A, Sopper W E. Timber harvesting practices and water quality in the eastern Untied
States[J]. Journal of Forestry,1978,76:484-488.

[9] Costanza R, et al. The value of the world's ecosystem services and natural capital (Reprinted from Na-
ture, vol 387, pg 253, 1997)[J]. Ecological Economics, 1998,25(1): 3-15.

[10] Csuti C,Canty D,Steiner F,et al. A path for the Palouse:an example of conservation and recreation plan-
ning[J]. Landscape and Urban Planning,1989(17):1-9.

[11] Dail G C. Nature's Services:Societal Dependence on Natural Ecosystems[J]. Island Press B: Biological
Sciences,1997,365(1537):5-11.

[12] Hutchinson G E. Concluding Remarks[J]. Cold Spring Har-bor Symposia on Quantitative Biology,
1957,22(2): 415-427.

[13] Forman R T T,Godron M. Landscpae ecology[M]. New York:Wiley,1986:121-155.

[14] Forman R T T. Land mosaics:the ecology of landscape and regions[M]. New York:Cambridge University
Press,1995a:145-157.

[15] Forman R T T. Land Mosaics:the Ecology of Landscape and Regions[M]. London: Cambridge University
Press,1995:35-38.

[16] Forman G. Landscape Ecology. 1986.

[17] Forman R T T,Alexander L E. Roads and their major ecological effects[J]. Annual Review of Ecology
and Systematics, 1998,29: 207-210.

[18] Forman R,Godron M. Landscape Ecology[M]. John Wiley & Sons,New York, 1986:6-152.

[19] Fremier A K, Kiparsky M, Gmur S, et al. A Riparian Conservation Network for Ecological Resilience
[J]. Biological Conservation, 2015, 191: 29-37.

[20] Fuentes M. On sustainability of human ecological niche construction[J]. Ecology and Society, 2014,19
(4).

[21] Gilliam J W,Skaggs R W,Doty C W. Controlled Agricultural Drainage: An Alternative to Riparian be

Getation, In: Correll, D. L. , watershed Research Perspectives[M]. Smithsonian In stitution Press, Washington, DC. , 1986:225-243.

[22] Hurlbert H S. The Measurement of Niche Overlap and some Relatives[J]. Ecology and Society, 1978, 59: 67-77.

[23] Harris L D. The Fragmented Forest[M]. Chicago: University of Chicago Press, 1984:10-12.

[24] Juan A, Vassilias A T, Leonardo A. South Forida greenways: a conceptual framework for the ecological reconnectivity of the region[J]. Landscape and Urban Planning, 1995(33):247-266.

[25] Kristensen P A. Linking research to practice : The landscape as the basis for integrating social and ecological perspectives of the rural[J]. Landscape and Urban Planning, 2013, 120: 248-256.

[26] Large A R G, petts G E. Rehabilitation of river margins[J]. River Restoration, 1996, 71:106-123.

[27] Little C E. Greenways for America[M]. London: Johns Hopkins University Press, 1990.

[28] Lowrance R, McIntyre S, Lance C. Erosion and deposition in a field /forest system estimated using cesium-137 activity[J]. Journal of Soil and Water Conservation, 1988, 43:195-199.

[29] Mui-How Phua, Mitsuhiro Minowa. A GIS-based mufti -criteria decision making approach to forest conservation planning at a landscape scale: A case study in the Kinabalu Area, Sabah, Malaysia[J]. Landscape and Urban Planning, 2005, 71: 207-222.

[30] Marcelino V R, Verbruggen H. Ecological Niche Models of Invasive Seaweeds[J]. Journal of Phycology, 2015. 51(4): 606-620.

[31] Marcelo G, delinma, Claude Gascon. The Conservation Value of Linear Forest Remnants in Central Amazonian[J]. Biological Conservation, 1999, 91:241-247.

[32] Mazel F, et al. The Geography of Ecological Niche Evolution in Mammals[J]. Current Biology, 2017, 27 (9):1369-1374.

[33] Naomi E. Detenbeck, Carol A. Johnston, Gerald J. Niemi. Wetland effects on lake water quality in the Minneapolis/St. Paul metropolitan area[J]. Landscape Ecology, 1993, 8(1).

[34] New bold J D, Erman D C, Roby K B. Effects of logging on macroinvertebrates in streams with and without buffer strips[J]. Canadian Journal of Fisheriesand Aquatic Science, 1980, 37:1076-1085.

[35] Pace F. The Klamath corridors: preserving biodiversity in the Klamath national forest[M]//W. E. Husdon, Landscape Linkages and Biodiversity. Island Press, Washinfton, DC, 1991:105-116.

[36] Peterjohn W T, Correll D L. Nutrient Dynamics in an Agricultural Watershed: Obserbations of the Role of a Riparian Forest[J]. Ecology, 1984, 65(5):1466-1475.

[37] Ranney J W, Bruner M C, Levenson J B. The importance of edge in the structure and dynamics of forest islands[M]//burgess R L, Sharpe D M, eds. forest island dynamicsinman-dominated landscape. New York: Springer-Verlag, 1981:67-95.

[38] Johnson R H. Determinate Evolutioninthe Color Pattern of the Lady-beetles[J]. Washington Comegie Znstitution of Washington Public, 1910.

[39] Rohling J. Corridors of Green[J]. Wild life in North Carolina, 1998, 88(5):22-27.

[40] Sarah E. Gergel Monica G. Turner Editors. Learning Landscape Ecology: A Practical Concepts and Techniques[M]. 2001, Springer Verlag.

[41] Smith D S, Hellmund P C. Ecology of greenways: design and function of linear conservation areas[M]. Mineapolis: University of Minnesota Press, 1993b:58-64.

[42] Stauffer D F, Best L B. Habitat selection by birds of riparian communities: evaluating effects of habitat alterations[J]. Journal of Wildlife Management, 1980, 44(1):1-15.

[43] Steinblums I J, Froehlich H A, Lyons J K. Designing Stable Buffer Strips for Stream Protection[J]. J. For. ,1984,82:49-52.

[44] Tang C G, Liu C Q J E M, Assessment. Nonpoint Source Pollution Assessment of Wujiang River Watershed in Guizhou Province, SW China[J]. Environ Model Assess,2008,13(1):155-167.

[45] Turner T. Greenway planning in Britain: recent work and future plans[J]. Landscape and Urban Planning, 2006,76(1-4):240-251.

[46] Wilson E, Willis E. Applied Biogeography[M]. Cambridge:Havard University Press,1975: 522-534.

[47] 边博,吴海锁.复合型前置库系统去除面源主要污染物的研究[J].湖泊科学,2013,25(3).

[48] 车生泉.城市绿色廊道研究[J].城市生态研究,2001,25(11):44-48.

[49] 王浩.城市生态园林与绿地系统规划[M].北京.中国林业出版社,2003.

[50] 陈利顶,傅伯杰.景观连接度的生态学意义及其应用[J].生态学杂志, 1996(4): 39-44,75.

[51] 陈秀铜.改进低温下泄水不利影响的水库生态调度方法及影响研究[D].武汉:武汉大学,2010.

[52] 达良俊,陈克霞,辛雅芬.上海城市森林生态廊道的规模[J].东北林业大学学报,2004(4):16-18.

[53] 丁圣彦,李志恒.开封市的城市生态位变化分析[J].地理学报, 2006(7):752-762.

[54] 董哲仁.河流生态修复的尺度格局和模型[J].水利学报,2006(12):1476-1481.

[55] 董哲仁.生态水利工程学[M].北京:中国水利水电出版社,2019.

[56] 段祖亮,天山北坡城市群城市多维生态位研究[J].中国科学院大学学报, 2014,31(4): 506-516.

[57] 杜鹃, 何飞,史培军.湘江流域洪水灾害综合风险评价[J].自然灾害学报, 2006(6): 38-44.

[58] 杜文鹏,闫慧敏,甄霖,等.西南岩溶地区石漠化综合治理研究[J].生态学报,2019,39 (16): 5798-5805.

[59] 付飞,董靓.城市河流景观规划设计研究现状分析[J].城市发展研究,2010(12):8-11.

[60] 傅伯杰.景观生态学原理及应用[M].2版.北京:科学出版社,2016.

[61] 干晓宇,陈一,周波.河流廊道的城市景观生态意义分析——以四川省邛崃市为例[J].长江流域资源与环境,2014,23(12):1678-1683.

[62] 龚梦丹.人工曝气技术在黑臭河道治理中的应用[J].环保科技,2020,26(1):45-49,55.

[63] 韩博平,金建华.我国红树林资源状况及其管理对策[J].资源环境,1995(1):40-42.

[64] 何东进,洪伟,胡海清.景观生态学的基本理论及中国景观生态学的研究进展[J].江西农业大学学报, 2003(2):276-282.

[65] 何琴飞.人为干扰对滨海红树林湿地的影响[J].湿地科学与管理,2009,5(3):44-46.

[66] 侯佳明.基于改进隔阻系数法的全国主要河流纵向连通性评价[D].北京:中国水利水电科学研究院,2020.

[67] 胡曦.基于雨洪安全的水绿生态廊道网络构建研究[D]. 长沙:湖南大学,2017.

[68] 金广君,吴小洁.对"城市廊道"概念的思考[J].建筑学报,2010(11):90-95.

[69] 凯文·林奇.城市意向[M]. 北京:华夏出版社,2017:35-63.

[70] 来雪文.基于绿色基础设施空间规划模型的城市河流廊道景观优化研究——以成都市为例[D].成都:西南交通大学,2018.

[71] 李欣格.甘肃省清水县生态廊道规划设计研究[D].西安:西安建筑科技大学,2018.

[72] 李兴泰.城市绿地系统规划中的生态修复专项规划策略研究——以平邑县为例[D].济南:山东建筑大学,2019.

[73] 李金昌.生态价值论[M].重庆:重庆大学出版社,1999.

[74] 李双成.生态系统服务地理学[M].北京:科学出版社,2014.

[75] 李文华.生态系统服务功能价值评估的理论、方法与应用[M].北京:中国人民大学出版社,2008.

[76] 李亚萌.基于生态位理论的城市新区生态网络构建[D].广州:华南理工大学,2020.

[77] 李晓翠.顾及生态网络格局与功能的生态红线划定——以鄂州市为例[D].武汉:武汉大学,2017.

[78] 李娟.生态廊道在生态恢复中的应用分析[J].科技风,2019(11):126.

[79] 练继建.水库运行对下游河道横向连通性的影响[J].天津大学学报(自然科学与工程技术版),2017,50(12):1288-1295.

[80] 连小莹,金秋,李先宁,等.氮形态对人工湿地氮去除效果的影响[J].环境科技,2011,24(1):26-28.

[81] 梁雄伟.阿什河流域绿色河流廊道景观格局解析及功能评价[J].中国给水排水,2017,33(11):49-55.

[82] 梁晓旭.适度恢复目标下大清河流域生态廊道构建指标体系研究[D].保定:河北大学,2021.

[83] 刘海龙,李迪华,韩西丽.生态基础设施概念及其研究进展综述[J].城市规划,2005,29(9):6.

[84] 刘厚恕.浅谈环保船与环保疏浚[J].船舶,1998(6):6-1142.

[85] 刘亚.城市生态廊道中的生态瓶颈研究——以南京城东区域为例[D].南京:东南大学,2019.

[86] 刘伟,周驰誉,周晓林,等.提高生态浮岛对受污染水体净化效率的研究进展[J].净水技术,2022,41(8):16-22,186.

[87] 刘洋.“地水整合”的城市水系整体空间规划建设研究[D].重庆:重庆大学,2015.

[88] 刘明清,郭振仁,陈清华.珠江口咸潮上溯对水生植物群落的影响研究[J].环境科学与技术,2014,37(8):21-25.

[89] 陆志浩,周源,张莹.初始含水率对白马湖疏浚淤泥透气真空排水效果的影响[J].河海大学学报(自然科学版),2014,42(1):57-61.

[90] 罗坤,蔡永立,郭纪光.崇明岛绿色河流廊道景观格局[J].长江流域资源与环境,2009,18(10):908-913.

[91] 倪福生.国内外疏浚设备发展综述[J].河海大学常州分校学报,2004(1):1-9.

[92] 牛慧.基于生态系统服务理论的城市河流廊道景观规划设计[D].北京:北京林业大学,2020.

[93] 钱宁.河床演变学[M].北京:科学出版社,1987:8.

[94] 秦小萍.中国绿道与美国 Greenway 比较研究[D].北京:北京林业大学,2012.

[95] 秦立春,傅晓华.基于生态位理论的长株潭城市群竞合协调发展研究[J].经济地理,2013,33(11):58-62.

[96] 瞿巾苑,刘晓光.七台河市倭肯河水系生态廊道建构探讨[J].绿色科技,2014(11):115-117.

[97] 群彪,李金红,陈洪斌.强化絮凝-生物氧化工艺中强化絮凝效果的研究[J].环境科学与管理,2005(3).

[98] 邵姝遥,曹罗丹,田鹏,等.甬江流域土地利用时空格局变化特征分析[J].浙江农业科学,2019,60(8):1324-1329.

[99] 孙鹏,王志芳.遵从自然过程的城市河流和滨水区景观设计[J].城市规划,2000,24(9):19-22.

[100] 谭珣.杭州城市水陆生态交错带的植物景观设计研究[D].杭州:浙江农林大学,2016:10-11.

[101] 由井正敏,石井信夫.林と野生鸟との共存に向けて[M].东京:日本林业调查会,1994.

[102] 滕明君,周志翔,王鹏程,等.基于结构设计与管理的绿色廊道功能类型及其规划设计重点[J].生态学报,2010,30(6):1604-1614.

[103] 汪雪格.吉林西部生态景观格局变化与空间优化研究[D].长春:吉林大学,2008.

[104] 王洪涛.蜿蜒型河流地貌异质性及生态学意义研究进展[J].水资源保护,2015,31(6):81-85.

[105] 王艺.2006年珠江压咸补淡应急调水综述[J].人民珠江,2006(1):6,71-72.

[106] 王锌鑫,江朝华,孙逸琳,等.低碳地聚合物固化处理疏浚淤泥力学性能试验研究[J].水运工程,

2022(8):40-44,57.

[107] 王彦平.鸟类对城市化的适应性研究[D].杭州:浙江大学,2003:30-33.

[108] 王强,肖帅,宋伟.水解酸化工艺处理城市污水的效果[J].中国给水排水,2011,27(18):87-89.

[109] 王丽萍.文化遗产廊道构建的理论与实践——以滇藏茶马古道为例[J].南方文物,2012(4):190-193.

[110] 王如松,马世骏.边缘效应及其在经济生态学中的应用[J].生态学杂志.1985(2):38-42.

[111] 王鑫.城市河流廊道规划设计策略——以西宁北川河为例[J].中外建筑.2012(8):102-106.

[112] 邬建国.景观生态学——概念与理论[J].生态学杂志,2000(1):42-52.

[113] 汪吉青.高含水量河道淤泥固化处理技术研究及环境安全评价[J].山西水利,2021,37(9):37-41.

[114] 魏雁冰,陈对航.新型固化法处理疏浚淤泥土的试验研究[J].河南水利与南水北调,2021,50(4).

[115] 肖笃宁,李秀珍.景观生态学的学科前沿与发展战略[J].生态学报,2003(8):1615-1621.

[116] 肖华斌.基于河流生态修复的城市河流廊道景观规划研究——以广州市石井河为例[D].广州:中山大学,2007.

[117] 邢忠."边缘效应"与城市生态规划[J].城市规划,2001(6):44-49.

[118] 徐煜辉,汪先为.基于边缘效应的滨水区城市设计方法初探——以万州江南新区滨江地段城市设计为例[J].新建筑,2015(5):127-130.

[119] 徐文辉.绿道规划设计理论与实践[M].北京:中国建筑工业出版社,2010.

[120] 徐宗学,李鹏,侯昕玥.河道生态基流理论基础与计算方法研究[J].人民黄河,2019,41(10):119-127.

[121] 徐承志,操家顺,罗景阳.活性污泥数学模型在污水处理中的研究进展[J].应用化工,2021,50(5):1341-1347,1354.

[122] 许春莲,蒋进元.污泥机械脱水技术发展现状及前景[J].环境工程,2016,34(11):90-93.

[123] 熊芬.生态导向下南方丘陵城市滨河空间规划策略研究[D].长沙:湖南大学,2018.

[124] 俞孔坚,李迪华,刘海龙,等."反规划"途径[M].北京:中国建筑工业出版社,2005.

[125] 闫爱萍,李孟,张倩.水解酸化工艺处理混合型城市污水的应用研究[J].中国给水排水,2016,32(1):74-77.

[126] 岳隽,王仰麟,彭建.城市河流的景观生态学研究:概念框架[J].生态学报,2005,6(25):1422-1429.

[127] 袁道先.西南岩溶石山地区重大环境地质问题及对策研究[M].北京:科学出版社,2014.

[128] 杨芳,万东辉,解河海.西江水库生态调度探索与实践[C]//第九届全国河湖治理与生态文明发展论坛论文集.2017:300-305.

[129] 张娜.景观生态学[M].北京:科学出版社,2014.

[130] 张象枢,等.环境经济学[M].北京:中国环境科学出版社,1998.

[131] 张春英.福州市绿地景观的绿道功能分析[J].福建建筑,2009(2):2.

[132] 张定青,党纤纤,张崇.基于水系生态廊道建构的城镇生态化发展策略——以西安都市圈为例[J].城市规划,2013,37(4):32-36.

[133] 张蕾.河流廊道规划理论与案例[D].北京:北京大学,2004.

[134] 张沈斋,张国防.一种新型土体固化剂用于河道淤泥固化的应用研究[J].绿色环保材料,2020(1).

[135] 赵建峰.河道清淤疏浚施工技术的应用研究[J].河北水利,2019(12):42-43.

[136] 郑好,高吉喜,谢高地,等.生态廊道[J].生态与农村环境学报,2019,35(2):137-144.

［137］周年兴,俞孔坚,黄震方.绿道及其研究进展［J］.生态学报,2006,26(9):3108-3116.

［138］周尚意,王海宁,范砾瑶.交通廊道对城市社会空间的侵入作用——以北京市德外大街改造工程为例［J］.地理研究,2003(22):96-104.

［139］朱强,俞孔坚,李迪华.景观规划中的生态廊道宽度［J］.生态学报,2005(9):2406-2412.

［140］朱仕霞.济南市南部山区生态廊道的建设研究［D］.济南:山东师范大学,2011.

［141］朱春全.生态位态势理论与扩充假说［J］.生态学报,1997(3):324-332.

［142］邹艳苹.水利水电工程下泄水气体过饱和研究［J］.水电能源科学,2021(12):141-143,155.